电力行业"十四五"规划教材
高等教育电气与自动化类专业系列

模式识别基础

翟永杰　王亚茹　马燕鹏　王乾铭　编著
毋立芳　主审

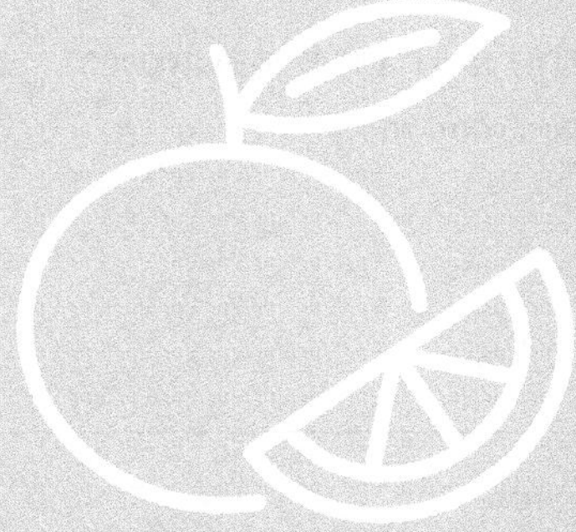

中国电力出版社
CHINA ELECTRIC POWER PRESS

内 容 提 要

本书为电力行业“十四五”规划教材。

本书主要介绍了模式识别的基础知识，包括贝叶斯决策、近邻法、线性判别法、神经网络、支持向量机、聚类分析、特征选择与提取、深度学习部分算法原理与实现方法，并附相应例程。

本书可作为高等学校电子信息类本科和研究生课程的教材使用，也可作为高职院校相关专业课程教材，同时可供对该领域感兴趣的读者自学使用。

图书在版编目（CIP）数据

模式识别基础/翟永杰等编著. -- 北京：中国电力出版社，2025.8. -- ISBN 978-7-5198-9820-5

Ⅰ. O235

中国国家版本馆 CIP 数据核字第 2025F3K952 号

出版发行：中国电力出版社
地　　址：北京市东城区北京站西街 19 号（邮政编码 100005）
网　　址：http：//www.cepp.sgcc.com.cn
责任编辑：乔　莉
责任校对：黄　蓓　马　宁
装帧设计：郝晓燕
责任印制：吴　迪

印　　刷：北京天泽润科贸有限公司
版　　次：2025 年 8 月第一版
印　　次：2025 年 8 月北京第一次印刷
开　　本：787 毫米×1092 毫米　16 开本
印　　张：11.5
字　　数：270 千字
定　　价：43.00 元

前言

人工智能是研究开发用于模拟、延伸和扩展人的智能的技术科学，模式识别是目前人工智能领域应用最广泛的技术之一，是实现人工智能中机器感知的重要手段。模式识别与机器学习、计算机视觉等内容高度交叉，有很广泛的应用场景，是研究人工智能应用（如智能驾驶、智能机器人）的基础。模式识别有近百年的历史，最早可以追溯到1929年奥地利工程师古斯塔夫·陶谢克（Gustav Tauschek）发明的光电阅读机，它是人类力图使机器具有分类识别能力的首次尝试。在20世纪60年代以前，模式识别主要局限于统计学领域中的理论研究。计算机的出现，推动了模式识别理论和技术的发展。20世纪80年代，BP神经网络算法得到了突破，模式识别技术得到了较为广泛的应用。光学字符识别（Optical Character Recognition，OCR）是模式识别技术最早得到成功应用的技术之一，此后的应用有人脸检测、手势识别、表情识别、语音识别、图像信息检索、图像理解、数据挖掘等。2006年杰弗里·辛顿（Geoffrey Hinton）提出了深度学习算法，引领了人工智能发展的新一轮热潮，尤其是在以模式识别为基础的计算机视觉领域，取得了很多令人瞩目的研究成果与实际应用。

模式识别本身是一门贴近生活的学科，有很多实际应用，但过多的、枯燥的公式会使很多初学者产生畏惧感。鉴于此，编者将多年来模式识别课程的教学心得梳理成书，降低学习的理论难度，目的是让更多的人都能够去了解它，让更多的人有兴趣去研究它。

本书内容从一个简单例子入手，参考历史发展来介绍模式识别中的主要算法。每一部分都有例程演示，由易到难，循序渐进，符合学生学习的认知规律，这也是根据多年来教学过程中学生的反馈而设计的。与模式识别经典教材及著作相比，本书更注重学生学习体验。学完本书之后，学生可以再进行更深层次的经典教材及著作的学习。

本书结构：

本书从一个生活中最简单的水果识别的例子开始，引出最近邻法和最小距离分类法两种分类方法，用最简单的方法说明分类原理（第1章 模式识别概述），然后对这两种方法分别展开介绍。

首先由最近邻法引出贝叶斯决策方法（第2章 贝叶斯决策），用来说明统计模式识别的基础，并说明最小错误率贝叶斯决策的概率结果。

然后依此对近邻法的错误率进行分析（第3章 近邻法），证明近邻法的方法既简单而且效果也不错。近邻法的问题之一是计算量和存储量的需求比较大，会造成模式识别应用系统实践中的用户体验变差。书中介绍了几种常用的快速近邻法，以缩短算法识别未知样本时的响应时间，提升用户体验。

在讲解近邻法之后，本书对最小距离分类法进行介绍。由最小距离分类法介绍线性判别方法（第4章 线性判别法），根据最小距离分类法可能遇到的因样本分布造成学习样本被错误分类的问题，引出了迭代法。介绍了迭代法的思路及实现方法，讲解了感知器准则函数和梯度下降法，用最简化的固定增量算法实现了一个分类示例。

紧接着提出了线性判别法解决不了的问题：异或问题（第 5 章 神经网络），引出了多层神经网络及 BP 算法。然后参照机器学习的发展轨迹进行了延伸，基于最小平方误差准则函数介绍了函数拟合问题和时间序列预测问题，由神经网络的过学习问题引出支持向量机（第 6 章 支持向量机）。

学习问题中还包括无监督学习问题，在神经网络和支持向量机算法之后讲解无监督的学习方法——聚类分析（第 7 章 聚类分析），针对无类别标签的训练样本，探讨如何根据特征进行类别的聚合。

各种模式识别算法都会遇到特征选择的问题，特征的数量越多，分类效果不一定就越好，因此，书中接下来讨论了特征的选择与抽取问题（第 8 章 特征选择与提取），即如何从高维的特征中选择合适的特征组合成低维的特征，或者如何将高维的特征提取变换为低维的特征。

在特征生成方面，深度学习方法与之前的方法有很大差别（第 9 章 深度学习）。这部分内容涉及特征生成、特征学习以及计算机视觉等内容，主要介绍深度学习的关键点，以及计算机视觉领域中主要的深度学习算法——卷积神经网络。

全书示例以简单易行为原则，水果识别用于入门，引出近邻法和最小距离法；特殊的水果样本引出梯度下降法；异或问题引出非线性分类方法；四维特征的 IRIS 数据用于特征选择与特征抽取示例；0～9 字符图像数据引出特征生成；MNIST 数据用于深度学习算法的实现示例。

特别说明：

（1）本书作为模式识别的入门学习教材，宗旨是让零基础读者对模式识别有一个初步的总体的认识。因此，为了提高直观性，减少阅读和理解的难度，本书通过简单的示例进行说明，个别示例在数学上不够严格，希望大家理解。

（2）本书的示例，样本数量较少，目的在于使示例更加直观、简洁，便于理解与课堂展示。样本数量仅用于问题的说明，从统计学角度来讲可能未达到样本分布要求。

（3）书中较多地使用问答的方式，以提高阅读性。

（4）模式识别分为统计模式识别和结构模式识别，本书仅讲解统计模式识别的主要内容。

（5）本书例程采用 MATLAB 语言编写，为便于学生理解及课堂教学展示，没有使用过多的函数调用。程序代码放置于封面二维码里，同时提供了对应的 Python 程序。

（6）未接触过模式识别的学生及研究人员也可轻松阅读本书，不需要太多的编程基础，不需要太多的行业领域知识，学习过“高等数学”“线性代数”“概率论与数理统计”等相关课程即可。

本教材第 1～6 章由翟永杰编写，第 7～9 章由王亚茹编写，王乾铭编写了书中 MATLAB 程序，马燕鹏编写了本书对应的 Python 程序，翟永杰对全书进行了审校。

感谢在本教材写作过程中给予支持和帮助的各位朋友、老师和同学们。张冀老师、苏攀老师、刘洋老师给予了极大的鼓励，研究生杨旭、胡哲东、杨珂、赵振远、郭聪彬、陈年昊、张祯琪等同学为本书的写作付出了辛勤的努力。

特别感谢北京工业大学毋立芳教授在百忙之中审阅了全部书稿，并提出了十分细致和宝贵的修改意见。

限于编者水平，教材中难免有不足或疏漏之处，希望读者批评指正。

编　者

2025 年 5 月

目录

第 1 章　模式识别概述

1.1　模式识别的定义

人类具有很强的认知能力，当看到图 1－1 所示的图片时，会很容易地说出里面的水果名称，苹果、橘子、葡萄、梨等，这就是人类的模式识别能力。当然，这个识别过程一般是递进的：首先识别出是水果图片，然后识别出各类水果，最后可能还会进一步区分是橘子还是橙子，是葡萄还是提子。

图 1－1　水果图片

人类每天通过感官和大脑认识身边的世界。用眼睛看世界，识别物体，看书识别文字，理解信息；用耳朵听世界，识别声音，识别语言，与他人进行交流。这种通过视觉、听觉和触觉等感觉器官来认识和识别外界环境中信息的能力，是人类的模式识别。简而言之，凡是人类能用其感官直接或间接接收的外界信息都称为模式，人类感知系统最基本的任务就是将不同的模式进行分类。人工智能领域中的模式识别是指用计算机来模拟或实现人类的模式识别能力，即完成人类智能中通过视觉、听觉和触觉等感觉器官来认识和识别外界环境中信息的能力。模式识别在闭集问题上等价于模式分类，又常称作模式分类。因此，可以简单地理解为，模式识别就是分类，把待识别的事物分到相应的类中。例如，对水果的识别就是把看到的水果划分到苹果、橘子、葡萄等类别中；对阿拉伯数字的识别就是把看到的字符划分到对应的数字 0～9 类别中。

计算机比人类具有更强的数值计算能力。随着计算机计算速度和计算能力的提高，在需要大量计算的竞赛中，它的优势得以发挥。例如，1997 年 IBM 公司的深蓝计算机击败了人类国际象棋大师卡斯帕罗夫；2016 年 DeepMind 公司的 AlphaGo 击败了人类围棋大师李世石。在这类规则明确的竞赛中，计算机具有强于人类的能力。相比而言，人类具有更强的非数值计算能力，模式识别能力非常强。例如，对于人类来说，识别水果和阿拉伯数字很容易，经过简单的学习就能掌握。但这件“小事”对计算机来讲，就需要做大量的工作。

目前，在模式识别领域，研究人员正在进行着大量的研究工作，力图使计算机的模式识别能力达到人类的水平，并已经发表了大量的研究成果。尤其是近年来，以深度学习为核心的计算机视觉技术在某些特定目标的识别领域，已经达到甚至超过了人类的水平。

1.2 模式识别的应用

人类具有非常强的模式识别能力，例如，可以从电话的一声问候“喂”中听出打电话的人是谁，能在人声鼎沸的火车站广场与自己的朋友交谈，能从人群中认出戴着口罩和墨镜的朋友。既然人类具有如此高的模式识别能力，那么为什么还要研究计算机模式识别技术呢？主要有下述两个目的。

一是希望能由机器来代替人类完成枯燥的工作，把人类从繁重的体力劳动中解脱出来。在人类社会中，每天会有很多枯燥的工作发生，例如，早期邮局的工作人员每天要按照信封上收件人的邮政编码，对大量的邮件进行分拣送往各地；文字录入人员每天要把大量的手稿或语言陈述录入计算机；安检人员每天要从屏幕中检查识别出易燃易爆以及刀具等危险品。是否可以让计算机具有人类的识别能力？是否可以让计算机替代人来完成这些枯燥的工作？毕竟计算机只会 CPU 发热，不会腰酸背疼，而对于人类个体来讲，这些工作往往是重复性的简单无聊的工作。于是，人们开始研究如何使计算机具有人类的识别能力，替代人类完成这些枯燥的工作。

二是希望能够用计算机来扩展人类的能力，完成人类所不能完成的识别任务。人类的感官功能是有限的，比如人耳能感受的振动频率是 20～20000Hz，最敏感的声波频率是 1000～3000Hz。如果使用超声波等手段，结合模式识别技术，就可以扩展人类的听觉能力，检测到更大频率范围内的声音；人类对光线的感知能力在可见光频谱范围内，如果使用红外测量手段，结合模式识别技术，则可以实现对发热物体的识别与检测。

模式识别技术最初是从解决枯燥乏味的工作开始的，目前在很多领域有着广泛的应用，具体应用领域如下：

（1）字符及文字的识别。它起源于邮件自动分拣方法的研究，主要用于识别邮政编码数字。光学字符识别（OCR）是最早得到成功应用的模式识别技术，包括对印刷体或手写体字符和文字的识别。目前，手写体识别技术在手机上已得到了广泛应用，实现了手写输入；基于车牌字符识别的停车场及小区停车管理系统能够实现门禁管理和收费自动计算；智能交通管理系统能够自动判断是否有汽车闯红灯，并记录闯红灯车辆的车牌号码。

（2）语音识别与理解。它是以语音为研究对象，通过语音信号处理，使用模式识别技术让计算机自动识别和理解人类口述的语言，并转换为相应的文本或命令，实现文字的语音输入及指令的下发。目前这项技术在智能手机、智能家居前端中已经得到了广泛应用。

（3）生物特征识别。它是近几年来在全球范围内迅速发展起来的计算机安全技术，原理是根据每个人独有的可以采样和测量的生物学特征（生理特征）和行为学特征进行身份识别，包括指纹识别、人脸识别、掌纹识别、声音识别、虹膜识别以及姿态识别等。目前基于指纹、人脸、虹膜的考勤机和门禁系统已经在现实生活中得到了广泛应用。

（4）医学影像的识别与辅助诊断。医学影像主要包括超声、X 射线、计算机断层摄影（CT）、核磁共振（MRI）、数字血管剪影（DSA）、正电子断层摄影（PET）、心电图和脑电图等，基于模式识别技术可进行图像和波形的分析，实现辅助诊断。

（5）遥感图像分析。模式识别技术可通过对资源卫星照片和气象卫星照片的处理，进行农作物收成的估计、土壤评估、矿业资源评估，以及大气、水源、环境的监测分析。

（6）工业自动检测。在工业领域中，可使用模式识别技术实现对产品质量的自动检测，如电子电路板自动检测、工业部件的表面缺陷检测、设备的故障诊断等。

（7）军事方面的应用。在军事领域中，模式识别可实现巡航导弹的目标识别、航空图像的分析、基于雷达与声呐图像的目标检测与跟踪等。

同时，随着技术的发展，模式识别也在不断拓展其应用领域，如经济领域的模式分析、工业生产过程的优化等。

1.3 模式识别方法示例

1.3.1 特征与特征向量

每个人自呱呱坠地之日起，便开始了不断学习和应用模式识别的一生。睁开眼睛观察这未知的纷繁世界，用耳朵捕捉这世界上的声音。牙牙学语时，我们的父母、长辈一遍遍地拿着水果或者指着水果图片告诉我们：“这是苹果，苹果是红的；这是橘子，橘子是黄的”。在模式识别中，这些水果（或图片），称之为学习样本（或训练样本），被告知的这些用来区分不同水果特点的信息，称之为特征。

人类对水果的识别很容易，但对计算机来说，就不是一件容易的事情了。这里用一个非常简单的例子——苹果和橘子的识别（见图 1-2），来说明如何让计算机完成人类的模式识别任务。

图 1-2 苹果和橘子图片

在模式识别中，每一个被用来观察的对象称为样本。人类对样本的区分往往是基于其特征进行的，特征是指可以作为被观察对象特点的征象、标志等，例如，水果的特征包括形状、颜色、质量、香味和质感等。对样本来说，这些特征便构成了对样本的描述。

如果一个样本 $\boldsymbol{x}$ 有 m 个特征，通常用小写英文字母 x_1，x_2，x_3，…，x_m 分别表示不同的特征，构成 m 维列向量表示样本 $\boldsymbol{x}$，该列向量被称为特征向量，即

$$\boldsymbol{x}=\begin{pmatrix}x_1\\x_2\\\vdots\\x_m\end{pmatrix}=(x_1\quad x_2\quad\cdots\quad x_m)^{\mathrm{T}}\tag{1-1}$$

若 $\boldsymbol{x}$ 为水果样本，则对应 $\boldsymbol{x}$ 的特征向量为

$$\boldsymbol{x}=\begin{pmatrix}\text{形状}\\\text{颜色}\\\text{质量}\\\text{香味}\\\text{质感}\end{pmatrix}=(\text{形状}\quad\text{颜色}\quad\text{质量}\quad\text{香味}\quad\text{质感})^{\mathrm{T}}$$

假设共有 n 个样本，每个样本均有 m 个特征，则这些样本可构成一个 m 行 n 列的矩阵，即样本集 $\boldsymbol{X}$，见表 1-1。

表 1-1　样本集 $\boldsymbol{X}$ 的特征表示

特征＼样本	$\boldsymbol{x}_1$	$\boldsymbol{x}_2$	…	$\boldsymbol{x}_i$	…	$\boldsymbol{x}_n$
x_1	x_{11}	x_{12}	…	x_{1i}	…	x_{1n}
x_2	x_{21}	x_{22}	…	x_{2i}	…	x_{2n}
⋮	⋮	⋮	⋮	⋮	⋮	⋮
x_j	x_{j1}	x_{j2}	…	x_{ji}	…	x_{jn}
⋮	⋮	⋮	⋮	⋮	⋮	⋮
x_m	x_{m1}	x_{m2}	…	x_{mj}	…	x_{mn}

在模式识别中，还有一个类别的概念。例如，上述例子中样本有的是苹果，有的是橘子，对应为苹果类和橘子类，通常称之为模式类，一般用 ω_i 表示。假设苹果为类别 1，表示为 ω_1，橘子为类别 2，表示为 ω_2。又如，阿拉伯数字的识别分为从 0～9 共十个类别（0，1，2，3，4，5，6，7，8，9），这些类别可分别用 ω_0～ω_9 表示。因此，模式识别的问题就变成了根据样本 $\boldsymbol{x}$ 的 m 个特征来判别 $\boldsymbol{x}$ 属于哪一类的问题。

日常生活中，人们习惯用颜色和形状来区分水果。但对计算机来说，形状特征的数学描述是比较复杂的，涉及图像处理中的边缘检测、图像分割等工作，需要较多的计算机基础知识。因此，在本例中绕开形状特征，采用更简单的特征来设计一套水果识别系统，用以说明模式识别的方法，如图 1-3 所示。

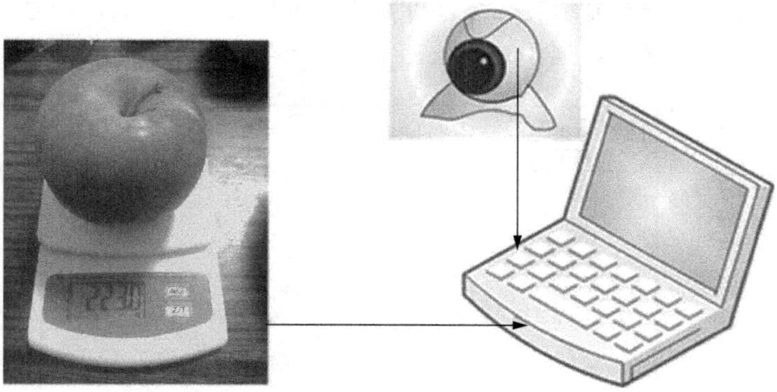

图 1－3　简单的水果识别系统示意图

取两个比较容易处理的特征：质量和颜色。质量特征可以通过电子秤采集完成，并将数据传递给计算机，以 g（克）为单位，记作 x_1。颜色特征可以通过 CCD 相机采集水果的图像并进行处理来获得，提取图像中各像素对应的［R，G，B］值，依据 R 值的均值大小来定义红色程度，以百分比为单位，记作 x_2。由 x_1 和 x_2 组成 $(x_1, x_2)^{\mathrm{T}}$，构成特征向量。

例如，图 1－4 中，苹果的质量为 223.0g，红色程度为 91.72％，则该苹果的特征向量为 $(223.0, 91.72)^{\mathrm{T}}$；橘子的质量为 86.4g，红色程度为 84.74％，则该橘子的特征向量为 $(86.4, 84.74)^{\mathrm{T}}$。

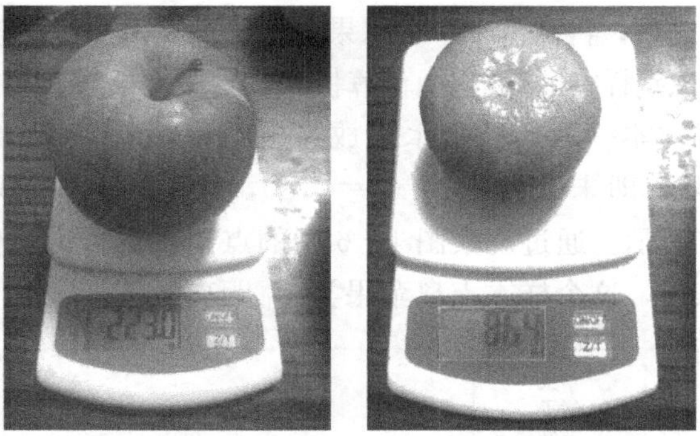

图 1－4　质量测量

1.3.2　学习（训练）样本表示

假设有三个苹果和三个橘子，把这些已知类别的样本称为学习样本（或训练样本）。苹果样本分别表示为 $\boldsymbol{x}_1^{(1)}$、$\boldsymbol{x}_2^{(1)}$、$\boldsymbol{x}_3^{(1)}$，橘子样本分别表示为 $\boldsymbol{x}_1^{(2)}$、$\boldsymbol{x}_2^{(2)}$、$\boldsymbol{x}_3^{(2)}$，右上括号中的 1、2 分别代表第 1 类、第 2 类，见表 1－2。

表 1－2　水果样本数据

特征 \ 样本	$\boldsymbol{x}_1^{(1)}$	$\boldsymbol{x}_2^{(1)}$	$\boldsymbol{x}_3^{(1)}$	$\boldsymbol{x}_1^{(2)}$	$\boldsymbol{x}_2^{(2)}$	$\boldsymbol{x}_3^{(2)}$
x_1	220	240	220	80	85	85
x_2	90	95	95	85	80	85

将表 1-2 中的六个样本显示在二维坐标系中，如图 1-5 所示，符号“o”为苹果，属于 ω_1 类，符号“*”为橘子，属于 ω_2 类。

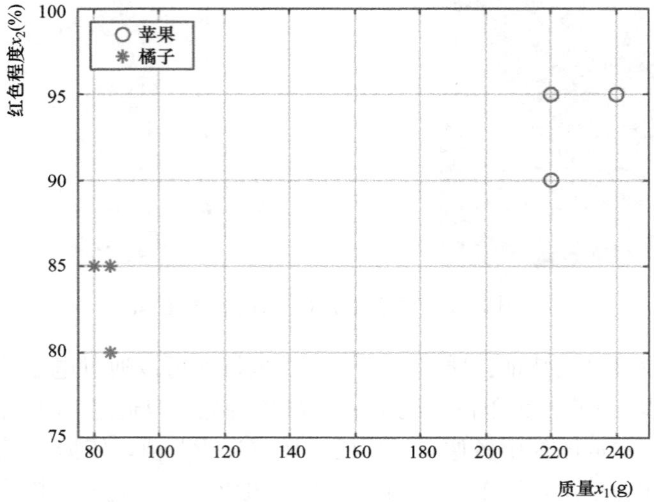

图 1-5　已知样本的二维显示

1.3.3　最近邻法

在完成前面的工作之后，再次拿来一个水果，对于计算机来说，该水果的类别是未知的，称之为未知样本（或待识别样本）。如果由计算机来判别该水果属于哪一类，该如何处理呢？

首先，和处理学习样本一样，先把水果放在电子秤和 CCD 摄像头下，测得其质量为 180g，红色程度为 90%，即未知样本为 $\boldsymbol{x}'=(180,90)^{\mathrm{T}}$。把它标识于二维坐标系中，用“△”表示，如图 1-6 所示。通过观察图 1-6 中的点，直觉告诉我们这个水果是苹果，原因在于，从图中直观来看，这个样本点离苹果类 ω_1 距离更近。

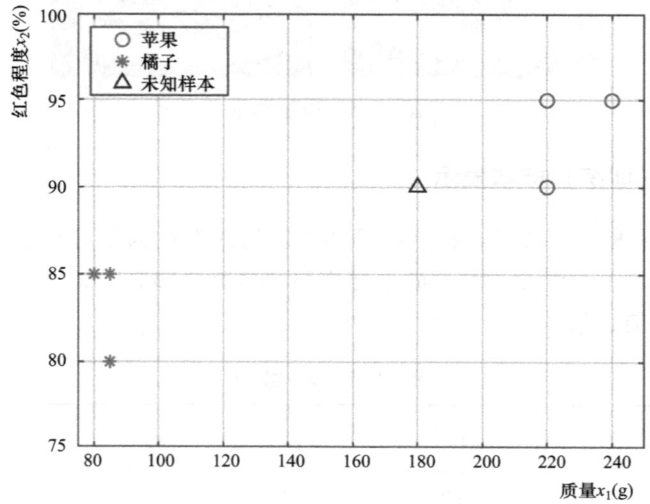

图 1-6　未知样本的二维显示

这里，“距离更近”这个感觉，包含了模式识别中相似性原理和相似性测度的概念。分析未知样本与哪一类已知样本最相似，就相当于判定未知样本属于该类别，即相似性原理。上例用未知类别样本点和已知类别样本点之间的距离来确定相似性，“距离更近”的样本更相似，也就是常用的基于欧氏距离的相似性测度。

计算未知样本 $\boldsymbol{x}'=(x_1', x_2')^{\mathrm{T}}$ 与所有六个样本点之间的欧氏距离分别为

$$d_1=\sqrt{(x_1'-220)^2+(x_2'-90)^2}=\sqrt{(180-220)^2+(90-90)^2}=40$$

$$d_2=\sqrt{(x_1'-240)^2+(x_2'-95)^2}=\sqrt{(180-240)^2+(90-95)^2}=60.2$$

$$d_3=\sqrt{(x_1'-220)^2+(x_2'-95)^2}=\sqrt{(180-220)^2+(90-95)^2}=40.3$$

$$d_4=\sqrt{(x_1'-80)^2+(x_2'-85)^2}=\sqrt{(180-80)^2+(90-85)^2}=100.1$$

$$d_5=\sqrt{(x_1'-85)^2+(x_2'-80)^2}=\sqrt{(180-85)^2+(90-80)^2}=95.5$$

$$d_6=\sqrt{(x_1'-85)^2+(x_2'-85)^2}=\sqrt{(180-85)^2+(90-85)^2}=95.1$$

经过计算，可以看到，未知类别样本与第一个样本的距离最近，因为第一个样本属于第一类，所以未知样本也属于第一类，即苹果类。

这种方法就是最简单的最近邻法，其分类思想很简单：已知一组学习样本，每个样本的类别已知，如果未知样本 $\boldsymbol{x}'$ 与其中某一样本 $\boldsymbol{x}_i$ 之间的距离最小，而 $\boldsymbol{x}_i$ 属于第 j 类，$\boldsymbol{x}_i\in\omega_j$，则决策 $\boldsymbol{x}'\in\omega_j$。

这里，欧氏距离的计算公式，就是一种相似性测度，是计算机进行分类决策的一个标准。(注：需要特别说明的是，为了使例子简单易懂，这里直接使用了质量和红色程度两个数据。事实上，在做分类之前，要先进行特征数据的归一化，以消除量纲的影响。)

通过下面的例子介绍最近邻法。

【例 1-1】 有三个苹果样本和三个橘子样本：

苹果:x 表示 [220,90]' [240,95]' [220, 95]'

橘子:o 表示 [80,85]' [85,80]' [85,85]'

使用 MATLAB 软件用二维图形表示六个训练样本。

拿来一个水果,让计算机自己去判别,放在电子秤和 CCD 摄像头下,测得数据为[180,90]。给出判别的结果,并使用 MATLAB 软件在原图中表示出这个未知样本。

例程

```
%%%%%%%%%%%%%%%%%%%%%%%%%%%%%%%%%%%%%%%%
%% 演示最近邻法程序
%% 功能:将未知样本与两类已知样本进行距离计算,绘制二维图像
%%%%%%%%%%%%%%%%%%%%%%%%%%%%%%%%%%%%%%%%
clc             % 清除命令窗口的内容
clear all    % 清除工作空间的所有变量、函数和 MEX 文件
close all    % 关闭所有的 Figure 窗口

%% 已知样本特征向量
class_apple= …    %% 苹果类样本
     [220 240 220;
```

```
        90 95 95]
class_orange= … %%  橘子类样本
        [80 85 85;
        85 80 85]

%%  待识别样本特征向量
X=[180;90];

%%  绘图
figure;
box on;
axis([75 250 75 100]);
pos=axis;

out_x=strcat('\fontname{Times New Roman}x_{1}',CreatSpace(40),'\fontname{宋体}质
量/克');
out_y= strcat('\fontname{Times New Roman}x_{2}',CreatSpace(20),'\fontname{宋体}红色
程度/\fontname{Times New Roman}% ');
xlabel(out_x,'position',[0.82* pos(2) pos(3)-1.5]);
ylabel(out_y,'position',[pos(1)-10 0.935* pos(4)]);
hold on;

plot(class_apple(1,:),class_apple(2,:),'o','MarkerSize',8,'LineWidth',1.2)
hold on;
plot(class_orange(1,:),class_orange(2,:),'* ','MarkerSize',8,'LineWidth',1.2)
hold on;
plot(X(1,:),X(2,:),'k^','MarkerSize',8,'LineWidth',1.2);
hold on;

legend('\fontname{宋体}宋体','\fontname{宋体}橘子','\fontname{宋体}Î'未知样本','Fon-
tSize',10)

set(gca,'FontSize',11,'FontName','Times New Roman')
set(gca,'linewidth',1)
set(legend,'Location','NorthWest');
grid;

%%  计算与所有样本距离
[m_apple,n_apple]= size(class_apple);
[m_orange,n_orange]= size(class_orange);

for i=1:n_apple
```

```
        d(i,1)=(X-class_apple(:,i))'*(X-class_apple(:,i))
end
for i= 1:n_orange
        d(i+n_apple,1)=(X-class_orange(:,i))'*(X-class_orange(:,i))
end

%% 找到最小的距离及点位
[Y,I]=min(d);

%% 根据最小点的类别给出待识别点的类别
if I<=n_apple
        X_class='Apple'
else
        X_class='Orange'
end

msgbox(X_class)

%% 空格函数
function [str_space]=CreatSpace( num )
str_space=[];
for i=1:1:num
str_space=[str_space,32];
end
end
```

1.3.4　基于类中心的最小距离分类法

［例 1－1］除采用最近邻法之外，还可采用其他的计算方法，即基于类中心的最小距离分类法。例如，首先计算每一类所有样本的特征平均值，见表 1－3。

表 1－3　　各类特征平均值

特征 \ 样本均值	$\overline{\boldsymbol{X}}^{(1)}$	$\overline{\boldsymbol{X}}^{(2)}$
x_1	226.7	83.3
x_2	93.3	83.3

得到特征平均值后，认为该平均值最能代表该类别，然后计算未知样本与各类特征平均值（$\overline{\boldsymbol{X}}$）之间的欧氏距离，即

$$d_1=\sqrt{(x_1'-226.7)^2+(x_2'-93.3)^2}=\sqrt{(180-226.7)^2+(90-93.3)^2}=46.8$$

$$d_2=\sqrt{(x_1'-83.3)^2+(x_2'-83.3)^2}=\sqrt{(180-83.3)^2+(90-83.3)^2}=96.9$$

可以看出，未知样本与第一类的平均值（即代表点）之间的距离最短，因此未知样本判别为第一类。

这种方法称为基于类中心的最小距离法，也是模式识别中最基本的方法，即计算未知样本与各类已知样本代表点之间的距离，基于该距离判定未知样本的类别。有时，也可以采用指定法，即指定每类中某个最具有代表性的样本作为代表点，用 $\boldsymbol{R}$ 表示，这种方法又称为基于代表点的最小距离法。

例如，指定第一类和第二类的代表点分别为

$$\boldsymbol{R}^{(1)}=(220,\ 95)^{\mathrm{T}},\quad \boldsymbol{R}^{(2)}=(85,\ 80)^{\mathrm{T}}$$

同样可以采用距离最近的解决思路，计算未知样本与两个代表点之间的欧氏距离，得到

$$d_1=\sqrt{(x'_1-220)^2+(x'_2-95)^2}=\sqrt{(180-220)^2+(90-95)^2}=40.3$$

$$d_2=\sqrt{(x'_1-85)^2+(x'_2-80)^2}=\sqrt{(180-85)^2+(90-80)^2}=95.5$$

可以看出 $d_1<d_2$，说明未知样本与第一类的距离更近，与第一类更相似，则可以判断该未知样本属于第一类，即苹果类。

基于代表点的最小距离分类法是一种非常简单且直观的分类方法，这种方法通过在每一类别中确定一个代表点，然后计算未知样本与代表点之间的距离，将未知样本归类于距离最近的那个类别中。

需要特别说明的是，为了使得例子简单易懂，这里直接使用了质量和红色程度数据，事实上，在做分类之前，要先进行特征数据的归一化，以消除量纲的影响。

至此，我们会对模式识别有了一个初步的认识。首先，获取一些已知类别样本的特征向量，然后通过比较未知样本与已知类别样本的特征相似程度，判定未知样本的类别归属。最简短的语言表示就是“分类”。

上述例子的结论与人类的直觉相同，这是因为，模式识别是人工智能（Artificial Intelligence，AI）领域中的一种方法。人工智能研究的内容是通过计算机的软硬件系统模拟人类某些智能行为的基本理论、方法和技术，研究的目标是用计算机系统模拟人类的思维过程和智能行为。因此，人工智能中很多研究过程、结果和人类的思维方式与判断是一致的。

1.4 模式识别基本概念

1.4.1 分类器

基于 1.3.4 节中的例子，还可以继续引入模式识别的另一种数学转化。将判断未知样本 $\boldsymbol{x}'$ 与哪一类更近的问题转化为两个步骤：

（1）先求分类线，使分类线上的点与两类的距离相同；

（2）再判断未知样本在分类线哪一侧，由此判断类别。

前述例子中，求分类线的条件为 $d_1=d_2$，等同于 $d_1^2=d_2^2$，即

$$f(\boldsymbol{x})=d_1^2-d_2^2=0$$

前述基于类中心的最小距离法的例子中，有

$$f(\boldsymbol{x})=[(x_1-226.7)^2+(x_2-93.3)^2]-[(x_1-83.3)^2+(x_2-83.3)^2]=0$$

化简后得到最终分类线方程

$$f(\boldsymbol{x})=-286.8x_1-20x_2+46220=0$$

图 1－7 所示即为基于类中心的最小距离法的分类线。

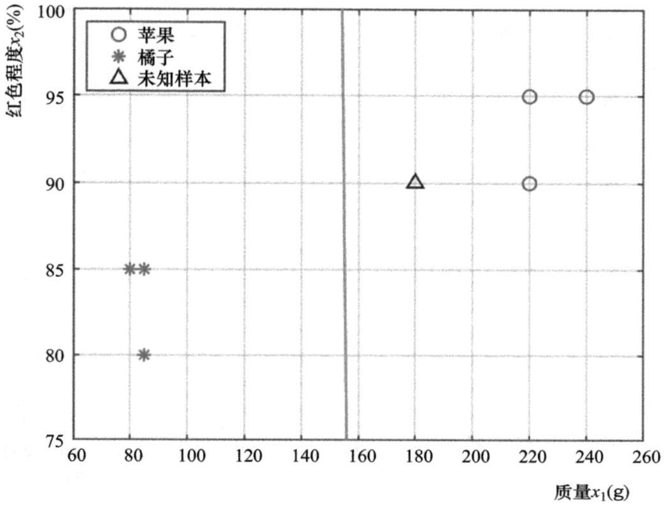

图 1－7　基于类中心的最小距离法的分类线

判别规则为

$$\begin{cases}f(\boldsymbol{x})>0\Rightarrow d_1>d_2\Rightarrow \boldsymbol{x}\in\omega_2\\ f(\boldsymbol{x})<0\Rightarrow d_1<d_2\Rightarrow \boldsymbol{x}\in\omega_1\end{cases}$$

这里有一个问题，如果 $f(\boldsymbol{x})=0$，即 $d_1=d_2$，如何来判断该样本 $\boldsymbol{x}$ 属于哪一类？答案是无法判断，在模式识别中称为拒绝分类。在前述近邻法中也存在拒绝分类问题。

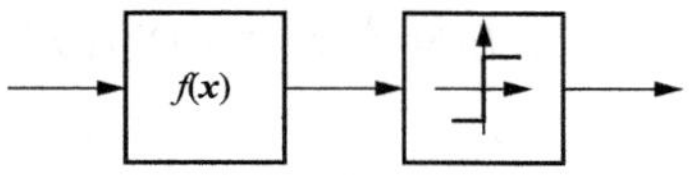

图 1－8　分类器组成

这样就完成了分类器的设计，如图 1－8 所示。可以看出：完整的分类器由两部分组成：判别函数（分类线）和判别规则。

完成了分类器的设计后，将未知样本 $\boldsymbol{x}'=(180,90)^{\mathrm{T}}$ 代入分类线方程中，有

$$f(\boldsymbol{x}')=-286.8\times180-20\times90+46220=-7204<0$$

根据判别规则得 $\boldsymbol{x}'\in\omega_1$。

当然，本例中分类器还可以有另外一种形式。

判别函数（分类线）方程为

$$g(\boldsymbol{x})=d_2{}^2-d_1{}^2=9x_1+x_2-1460=0$$

判别规则为

$$\begin{cases}g(\boldsymbol{x})>0\Rightarrow d_1<d_2\Rightarrow \boldsymbol{x}\in\omega_1\\ g(\boldsymbol{x})<0\Rightarrow d_1>d_2\Rightarrow \boldsymbol{x}\in\omega_2\end{cases}$$

同样，针对指定点为代表点的例子如下：

$$f(\boldsymbol{x})=[(x_1-220)^2+(x_2-95)^2]-[(x_1-85)^2+(x_2-80)^2]=0$$

化简后得到最终分类线方程

$$f(\boldsymbol{x})=-9x_1-x_2+1460=0$$

图 1-9 所示即为以指定点为代表点的分类线。

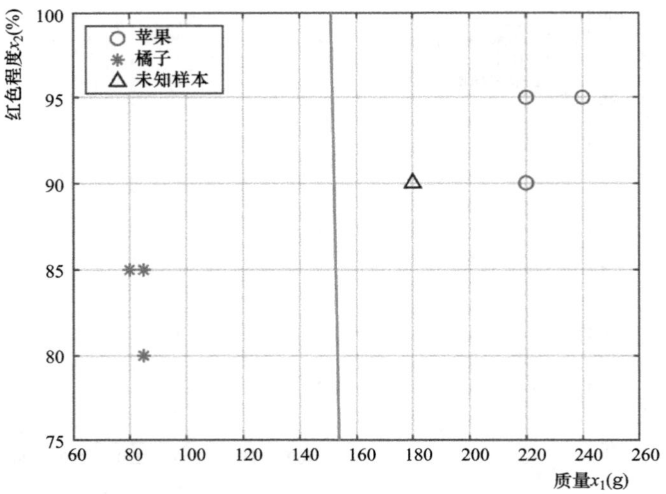

图 1-9　指定点为代表点的分类线

判别规则为

$$\begin{cases} f(\boldsymbol{x})>0\Rightarrow d_1>d_2\Rightarrow \boldsymbol{x}\in\omega_2 \\ f(\boldsymbol{x})<0\Rightarrow d_1<d_2\Rightarrow \boldsymbol{x}\in\omega_1 \\ \quad\text{当 } f(\boldsymbol{x})=0 \text{ 时，拒绝分类} \end{cases}$$

将未知样本 $\boldsymbol{x}'=(180,90)^{\mathrm{T}}$ 代入分类线方程中，有

$$f(\boldsymbol{x}')=-9\times180-90+1460=-250<0$$

依判别规则得 $\boldsymbol{x}'\in\omega_1$。

【例 1-2】 用基于代表点的最小距离法解决［例 1-1］的问题。

例程

```
%%%%%%%%%%%%%%%%%%%%%%%%%%%%%%%%%%%%%%%%%%%%%%
%% 演示最小距离法程序
%% 功能:将未知样本与两类已知样本进行距离计算,绘制二维图像
%%%%%%%%%%%%%%%%%%%%%%%%%%%%%%%%%%%%%%%%%%%%%%
clc             % 清除命令窗口的内容
clear all     % 清除工作空间的所有变量、函数和 MEX 文件
close all     % 关闭所有的 Figure 窗口

%% 已知样本特征向量
class_apple= …    %% 苹果类样本
        [220 240 220;
        90 95 95]
```

```
class_orange= …   %% 橘子类样本
      [80 85 85;
      85 80 85]

%% 计算两类代表点
%% 第一种选取办法:计算平均值
R_apple= mean(class_apple,2)   %% mean(x,2)返回 x 矩阵每行的平均值
R_orange= mean(class_orange,2)

%% 第二种选取办法:直接指定
% R_apple= [80;150]
% R_orange= [60;100]

%% 待识别样本特征向量
X= [180;90];

%% 计算待识别样本与两类代表点之间的距离
d_apple= (X- R_apple)'* (X- R_apple)
d_orange= (X- R_orange)'* (X- R_orange)

%% 根据距离远近判断待识别样本类别
if d_apple> d_orange
      X_class= 'Orange'
end
if d_apple< d_orange
      X_class= 'Apple'
end

%% 判别线
syms x y;
k_mid=-1/((R_apple(1,:)-R_orange(1,:))/(R_apple(2,:)-R_orange(2,:)))
b_mid=((R_apple(1,:)+R_orange(2,:))/2)-k_mid*((R_apple(2,:)+R_orange(2,:))/2)

k_mean=(R_apple(1,:)-R_orange(1,:))/(R_apple(2,:)-R_orange(2,:))
b_mean=R_apple(1,:)-k_mean*R_apple(2,:)

figure;
plot(class_apple(1,:),class_apple(2,:),'o','MarkerSize',8,'LineWidth',1.2)
hold on;
plot(class_orange(1,:),class_orange(2,:),'* ','MarkerSize',8,'LineWidth',1.2)
hold on;
plot(X(1,:),X(2,:),'k^','MarkerSize',8,'LineWidth',1.2);
```

```
hold on;
h= ezplot(eval('x- k_mid*y- b_mid'),[60,260,75,100]);
set(h,'linewidth',1.5);

% 第一种方法的输出标题
title('\fontname{Times New Roman}- 286.8x_{1} -20x_{2}+46220=0');
% 第二种方法的输出标题
%  title('\fontname{Times New Roman}- 9x_{1}-x_{2}+1460=0');
hold on;

legend('\fontname{宋体}宋体','\fontname{宋体}橘子','\fontname{宋体}Î'未知样本','Fon-
tSize',10)
set(gca,'FontSize',11,'FontName','Times New Roman')
set(gca,'linewidth',1)
set(legend,'Location','NorthWest');

box on;
axis([75 250 75 100]);
pos=axis;
out_x=strcat('\fontname{Times New Roman}x_{1}',CreatSpace(40),'\fontname{宋体}质
量/克');
out_y=strcat('\fontname{Times New Roman}x_{2}',CreatSpace(20),'\fontname{宋体}红色
程度/\fontname{Times New Roman}% ');
xlabel(out_x,'position',[0.82* pos(2) pos(3)-1.5]);
ylabel(out_y,'position',[pos(1)-10 0.935* pos(4)]);
hold on;
grid;

%%  空格函数
function [ str_space]=CreatSpace( num )
str_space=[];
for i=1:1:num
str_space=[str_space,32];
end
end
```

1.4.2 模式识别方法的基本框架

由上面的例子可以简单归纳出：模式识别方法的基本框架分为两个过程、四个环节，如图 1-10 所示。

两个过程是指学习（训练）过程和识别（测试）过程。学习过程是基于学习样本完成分类器的设计；识别过程则是根据分类器来完成未知样本的分类决策。

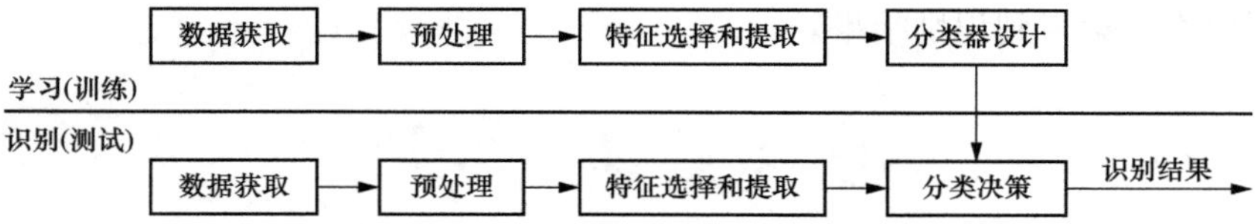

图 1-10　模式识别的基本框架

四个环节是指数据获取、预处理、特征选择和提取、分类器设计与分类决策。

1. 数据获取

为了使计算机能够计算处理各种信息，需要通过测量、采样和量化等方法，将外界信息转化为计算机可以处理的数据，如物理参量、逻辑值、波形和图像等。

2. 预处理

预处理的目的是去除噪声，加强有用的信息，并对因输入测量仪器或其他因素所造成的退化现象进行复原，包括去噪声、复原、归一化等操作。

3. 特征选择和提取

数据进入计算机后，提取有用信息以生成特征向量。例如，[例 1-2] 中通过电子秤和 CCD 摄像机得到水果质量和红色程度的数据，构成特征向量。特征的选择和提取是指按一定原则尽量选用最有代表性的对象特征，从而可以使用较少的特征来完成分类识别的功能。这个环节的结果表现为特征向量维数的降低。通常用来描述对象的特征有很多，但分类器使用的特征越多，分类效果并不一定越好。有些情况下特征太多反而会造成干扰，使得分类效果变差。我们应该使用最能突出不同类之间显著差别的特征，而不是不加约束地使用更多的特征；同时，这样有选择地使用特征也可以简化数据采集工作、节省计算机的存储空间、减少计算时间等。

4. 分类器设计与分类决策

在学习过程中，学习样本经过前述三个环节后得到特征向量，采用不同的算法进行分类器设计，得到分类器。

在识别过程中，未知样本经过与学习过程相同的三个环节，得到相同结构的特征向量，送入设计好的分类器进行分类决策，最终输出识别结果。

1.4.3　训练集与测试集

1. 训练集

训练集是指用来设计分类器的样本集合，是针对学习过程的，有时也称为学习集。在这个集合里面，如果每个样本的类别是已知的（如上述苹果和橘子识别的例子），则称为有监督的模式识别或有教师的模式识别，是一种应用很广泛的分类方法。还有另外一种情况，即学习样本的类别未知，这种情况下进行模式识别，则称为无监督的模式识别，或无教师的模式识别。一般首先采用聚类分析方法进行学习样本的类别划分，再进行分类器设计和对未知样本的分类决策。

2. 测试集

测试集指用来实际应用的样本集合，在设计分类器时没有使用过的独立样本集，是针对测试过程的。在这个集合中，样本的类别未知，将样本的特征向量代入训练后得到的分类器，进行分类决策得到识别结果。

习　题

1.1　列举生活中模式识别的例子。

1.2　编程实践：水果样本识别。

三个苹果样本和三个橘子样本分别为：

苹果：$(220, 90)^T$，$(240, 95)^T$，$(230, 90)^T$；

橘子：$(90, 85)^T$，$(85, 80)^T$，$(85, 85)^T$。

(1) 使用 MATLAB 软件用二维图形表示这六个训练样本。

(2) 现有一个水果，让计算机自己去判别放在电子秤和 CCD 摄像头下，测得数据为 $(200, 85)^T$。请编程给出判别的结果，并使用 MATLAB 软件在原图中表示出这个测试样本。

第2章　贝叶斯决策

2.1 错　误　率

通常，在分类器的设计过程中，训练阶段使用训练样本集进行分类器参数调整；测试阶段使用测试样本集进行分类决策，验证所设计的分类器是否合适，并对分类器进行改进。这样，就涉及另一个问题，如何判断所设计的分类器是否合适。评价原则就是其是否能够对样本进行正确分类，使用最多的指标是分类错误率。

例如，表2－1所列出的训练样本集。

表2－1　　训练样本集

特征 \ 样本	$\boldsymbol{x}_1^{(1)}$	$\boldsymbol{x}_2^{(1)}$	$\boldsymbol{x}_3^{(1)}$	$\boldsymbol{x}_1^{(2)}$	$\boldsymbol{x}_2^{(2)}$	$\boldsymbol{x}_3^{(2)}$
x_1	220	240	220	80	85	85
x_2	90	95	95	85	80	85

若有一个小的青苹果，质量为150g，红色程度为85％，即 $\boldsymbol{x}=(150,85)^{\mathrm{T}}$，使用最简单的近邻法进行分类，可以得到该样本与六个样本点距离的平方分别为：4925，8200，5000，4900，4250，4225。

待识别样本与第六个样本点最近，计算机则会把它判别为橘子类，而事实上 $\boldsymbol{x}$ 是一个苹果，因此出现了错误分类。测试样本中分类错误的样本数量与测试样本总数量之比，称为测试错误率。

当分类器的设计完成后，对待识别样本进行分类。分类结果一定正确吗？如果有错误分类，是在哪种情况下发生的？发生错误分类情况的可能性有多大？这些都是模式识别中所涉及的重要问题。对于一个模式识别系统来说，最重要的性能指标之一是分类错误率。要分析模式识别系统的错误率，首先要研究一种重要的模式识别方法，即贝叶斯决策。

2.2　基于最小错误率的贝叶斯决策

2.2.1　简单的例子

首先举一个不太严格的例子来说明基于最小错误率的贝叶斯决策（又称最小错误率贝

叶斯决策）的思路，还是同样的水果分类问题。假设随机抽取学习样本1000个，已知其中有苹果700个，橘子300个。如果再从需要分类的样本中随机抽取一个未知类别的样本 $\boldsymbol{x}$，如何判别它的类别呢？直觉上，它应该归类于苹果。

为什么会归类为苹果呢？其判别思想是依据已知样本的类别概率，即根据随机抽取的1000个样本，直观估计出现苹果的概率，或者说苹果样本数量占总样本数量的比例，苹果类占70%。同样地，可以估计出现橘子的概率，或者说橘子样本数量占总样本数量的比例，橘子类占30%。可表示为

$$\hat{P}(\omega_1)=0.7,\quad \hat{P}(\omega_2)=0.3$$

$\hat{P}(\omega_1)$、$\hat{P}(\omega_2)$ 分别为苹果类、橘子类的先验概率的估计值。苹果类的先验概率估计值 $\hat{P}(\omega_1)$ 大于橘子类的先验概率估计值 $\hat{P}(\omega_2)$，说明是苹果出现的概率更大，因此判别样本 $\boldsymbol{x}$ 的类别为苹果类，即 ω_1。但是该样本 $\boldsymbol{x}$ 还有30%的概率是橘子，因此将样本 $\boldsymbol{x}$ 判别为苹果的分类错误率为30%。这种判别思想基于先验概率，但是所使用的信息量太少了，甚至完全没有使用到样本的特征。

现在，增加对每一类样本特征的概率分析。假设700个已知苹果样本中，质量约为220g（范围在200～240g的归为220g）的样本有420个，占60%；300个已知橘子样本中质量约为220g的样本有90个，占30%。可以进行不严格的概率估计，记作

$$\hat{p}(220\,|\,\text{苹果})=0.6,\quad \hat{p}(220\,|\,\text{橘子})=0.3$$

即

$$\hat{p}(\boldsymbol{x}\,|\,\omega_1)=0.6,\ \hat{p}(\boldsymbol{x}\,|\,\omega_2)=0.3$$

其中：$\boldsymbol{x}=220$；ω_1 为苹果类；ω_2 为橘子类。

式中：$p(*\,|\,\#)$ 称为类条件概率密度；“|”后面的“#”为条件；“*”为某个事件；$\hat{p}(\boldsymbol{x}\,|\,\omega_i)$ 为其估计值。为简化公式形式，后续论述中不再区分估计值和实际值，直接采用 $P(\omega_i)$ 和 $p(\boldsymbol{x}\,|\,\omega_i)$ 表示。

这时，如果抽取一个未知样本 $\boldsymbol{x}$，经计算机数据采集得到该样本的质量为220g，那么应该如何判别 $\boldsymbol{x}$ 类别？如果能知道这个样本 $\boldsymbol{x}$ 属于苹果类和橘子类的概率，是否就可以判别了？

这个质量为220g的未知样本 $\boldsymbol{x}$ 属于苹果类的概率记为 $P(\text{苹果}\,|\,\boldsymbol{x})$，属于橘子类的概率记为 $P(\text{橘子}\,|\,\boldsymbol{x})$，这里的 $P(\text{苹果}\,|\,\boldsymbol{x})$ 和 $P(\text{橘子}\,|\,\boldsymbol{x})$ 称为后验概率，即 $P(\omega_i\,|\,\boldsymbol{x})$。

求取后验概率时，使用全概率公式，即

$$P(\omega_i\,|\,\boldsymbol{x})=\frac{p(\boldsymbol{x}\,|\,\omega_i)P(\omega_i)}{P(\boldsymbol{x})} \tag{2-1}$$

其中：$P(\boldsymbol{x})=\sum_{i=1}^{C}p(\boldsymbol{x}\,|\,\omega_i)P(\omega_i)$，$C$ 为类别数量。

2.2.2 贝叶斯决策

对于上面的小例子，可以做如下总结。假设已知先验概率为

$$P(\omega_1)=0.7,\ P(\omega_2)=0.3$$

类条件概率密度（见图2-1）为

$$p(220\,|\,\omega_1)=0.6,\ p(220\,|\,\omega_2)=0.3$$

可以求得后验概率（见图 2－2）为

$$P(\omega_1|220)=\frac{0.6\times0.7}{0.6\times0.7+0.3\times0.3}=\frac{0.42}{0.42+0.09}=0.8235$$

$$P(\omega_2|220)=\frac{0.3\times0.3}{0.6\times0.7+0.3\times0.3}=\frac{0.09}{0.42+0.09}=0.1765$$

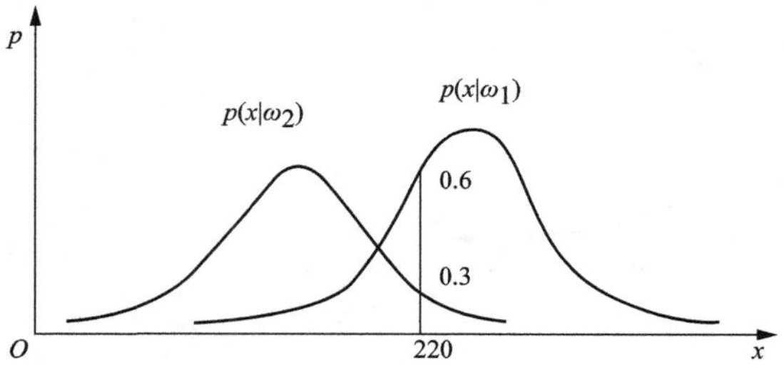

图 2－1　类条件概率密度

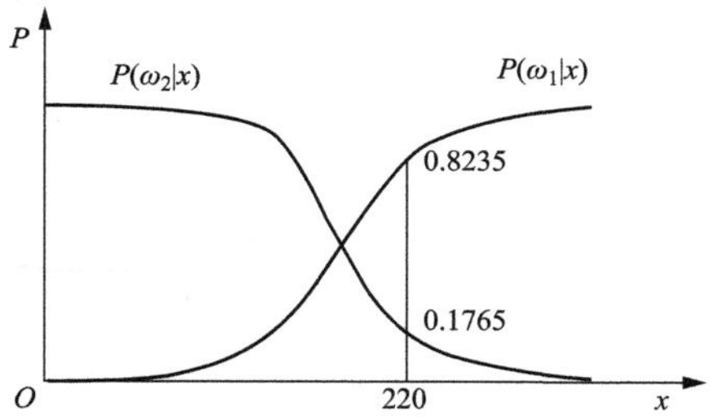

图 2－2　后验概率

获得了后验概率值后，该如何判断样本的类别？直观感觉，因为 $P(\omega_1|\boldsymbol{x})>P(\omega_2|\boldsymbol{x})$，其概率意义指 $\boldsymbol{x}$ 属于 ω_1 的概率大于属于 ω_2 的概率，故判别 $\boldsymbol{x}\in\omega_1$。

这种判别方法称为基于最小错误率的贝叶斯决策，数学表示为

$$\begin{cases}若\ P(\omega_1|\boldsymbol{x})>P(\omega_2|\boldsymbol{x})，则\ \boldsymbol{x}\in\omega_1\\ 若\ P(\omega_1|\boldsymbol{x})<P(\omega_2|\boldsymbol{x})，则\ \boldsymbol{x}\in\omega_2\end{cases}\tag{2-2}$$

2.2.3　错误率分析

为什么称这种方法为基于最小错误率的贝叶斯决策？其分类错误率是否是最小的？可以对这种判别方法进行定性和定量分析。

首先，可以先进行定性分析。

如果对于样本 $\boldsymbol{x}$，若 $P(\omega_1|\boldsymbol{x})>P(\omega_2|\boldsymbol{x})$，则判别 $\boldsymbol{x}$ 属于 ω_1，但是 $\boldsymbol{x}$ 还有属于 ω_2 类的可能性，即概率 $P(\omega_2|\boldsymbol{x})$，因此判别的错误率是 $P(\omega_2|\boldsymbol{x})$；同理，如果将该样本判别为 ω_2，则错误率为 $P(\omega_1|\boldsymbol{x})$。

即对于 $P(\omega_1|\boldsymbol{x})>P(\omega_2|\boldsymbol{x})$，错误率为

$$P(e|\boldsymbol{x})=\begin{cases}P(\omega_2|\boldsymbol{x})，若判别为\ \omega_1\\ P(\omega_1|\boldsymbol{x})，若判别为\ \omega_2\end{cases}$$

由此可以得到，当 $P(\omega_1|\boldsymbol{x})>P(\omega_2|\boldsymbol{x})$ 时，判别 $\boldsymbol{x}$ 属于 ω_1 的错误率要小。同样可以得到，当 $P(\omega_1|\boldsymbol{x})<P(\omega_2|\boldsymbol{x})$ 时，判别 $\boldsymbol{x}$ 属于 ω_2 的错误率要小。

因此，可以得到下述的结论：对于多个待识别样本，如果对每一个待识别样本 $\boldsymbol{x}$ 的判别都选取了错误率小的策略，那么总体上分类错误率是最小的。

定性分析之后，还可以对其进行分类错误率的定量分析。首先应该指出，所谓错误率是指平均错误率，用 $P(e)$ 来表示，即

$$P(e)=\int_{-\infty}^{+\infty}P(e,\boldsymbol{x})\mathrm{d}\boldsymbol{x}=\int_{-\infty}^{+\infty}P(e|\boldsymbol{x})p(\boldsymbol{x})\mathrm{d}\boldsymbol{x}\tag{2-3}$$

式中：$\boldsymbol{x}$ 为 m 维特征，$\boldsymbol{x}\in\mathbb{R}^m$；$\int_{-\infty}^{+\infty}P(\cdot)\mathrm{d}\boldsymbol{x}$ 表示在整个 m 维空间上的积分。

这里以特征向量为一维为例进行说明，其方法和结果可以推广到多维情况。当特征向量为一维时，如果令判别点为 t，t 为 $\boldsymbol{x}$ 轴上的一个点，而且 t 将 x 轴划分为两个区域，$\mathbb{R}_1$ 和$\mathbb{R}_2$。如图 2－3 所示，当 $\boldsymbol{x}\in R_1$ 时，判别为 ω_1；当 $\boldsymbol{x}\in R_2$ 时，判别为 ω_2。

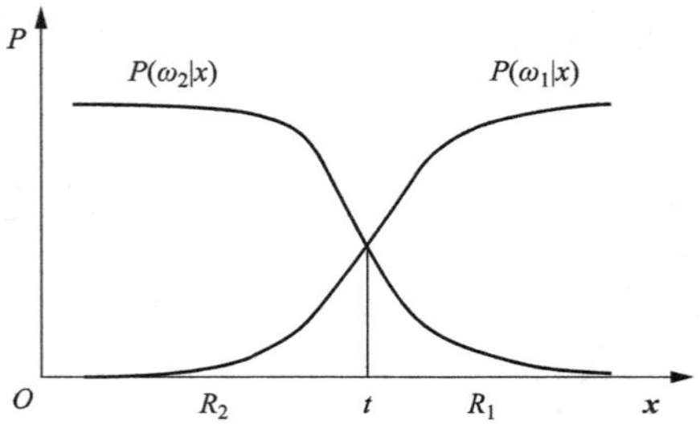

图 2－3　后验概率

判别的错误率为

$$P(e)=\int_{-\infty}^{t}P(\omega_1\mid\boldsymbol{x})p(\boldsymbol{x})\mathrm{d}x+\int_{t}^{+\infty}P(\omega_2\mid\boldsymbol{x})p(\boldsymbol{x})\mathrm{d}x \tag{2-4}$$

根据全概率公式，又有

$$\begin{cases}P(\omega_1\mid\boldsymbol{x})p(\boldsymbol{x})=p(\boldsymbol{x}\mid\omega_1)P(\omega_1)\\P(\omega_2\mid\boldsymbol{x})p(\boldsymbol{x})=p(\boldsymbol{x}\mid\omega_2)P(\omega_2)\end{cases} \tag{2-5}$$

故

$$P(e)=\int_{-\infty}^{t}p(\boldsymbol{x}\mid\omega_1)P(\omega_1)\mathrm{d}x+\int_{t}^{+\infty}p(\boldsymbol{x}\mid\omega_2)P(\omega_2)\mathrm{d}x \tag{2-6}$$

可以写为

$$\begin{aligned}P(e)&=P(x\in R_2,\ \omega_1)+P(x\in R_1,\ \omega_2)\\&=P(x\in R_2\mid\omega_1)P(\omega_1)+P(x\in R_1\mid\omega_2)P(\omega_2)\\&=P(\omega_1)\int_{R_2}p(x\mid\omega_1)\mathrm{d}x+P(\omega_2)\int_{R_1}p(x\mid\omega_2)\mathrm{d}x\\&=P(\omega_1)P_1(e)+P(\omega_2)P_2(e)\end{aligned} \tag{2-7}$$

如图 2－4 所示，判别点 t 取 $p(x\mid\omega_1)P(\omega_1)=p(x\mid\omega_2)P(\omega_2)$ 时，格纹线面积为 $P(\omega_1)P_1(e)$，斜线面积为 $P(\omega_2)P_2(e)$，两者之和为 $P(e)$，错误率为阴影面积。

若判别点 t 不取 $p(\boldsymbol{x}\mid\omega_1)P(\omega_1)=p(\boldsymbol{x}\mid\omega_2)P(\omega_2)$ 时对应的 $\boldsymbol{x}$ 值，则会出现图 2－5 所示的 A 区域，与图 2－4 相比，阴影的面积会变大，即错误率会变大。

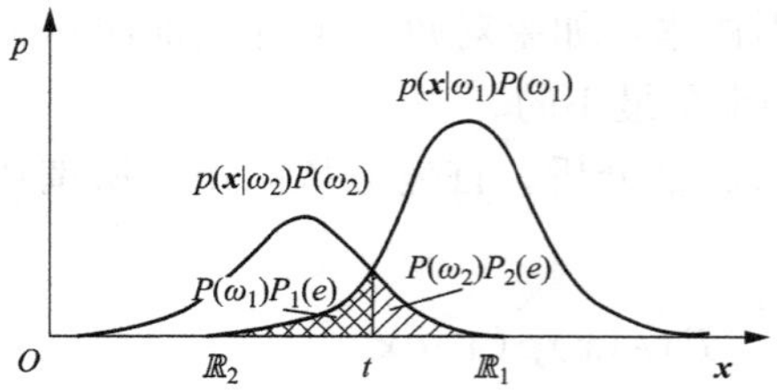

图 2－4　错误率

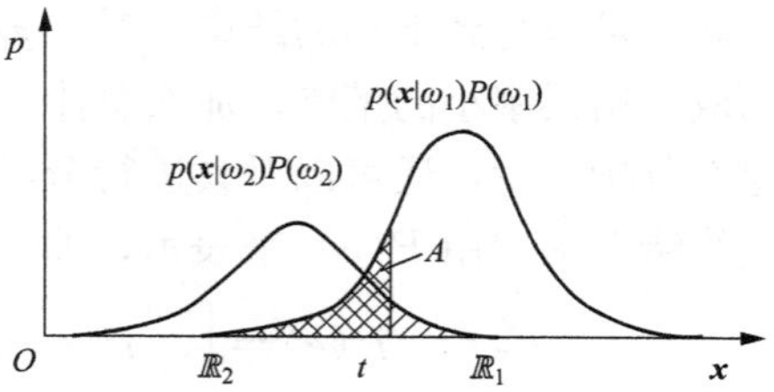

图 2－5　不同判别点的错误率

因此，判别点 t 取 $p(\boldsymbol{x}|\omega_1)P(\omega_1)=p(\boldsymbol{x}|\omega_2)P(\omega_2)$ 对应的 $\boldsymbol{x}$ 值时，阴影的面积是最小的，即错误率最小。判别点也可以表示为

$$P(\omega_1|\boldsymbol{x})=P(\omega_2|\boldsymbol{x})$$

$$\begin{cases}\text{若 } P(\omega_1|\boldsymbol{x})>P(\omega_2|\boldsymbol{x})\text{，则 } \boldsymbol{x}\in\omega_1\\ \text{若 } P(\omega_1|\boldsymbol{x})<P(\omega_2|\boldsymbol{x})\text{，则 } \boldsymbol{x}\in\omega_2\end{cases}$$

通过上述分析说明，在类别数和各类总体概率分布已知的情况下，上述这种判别规则为最小错误率贝叶斯决策，所构成的分类器是最优分类器。

2.2.4　最小错误率贝叶斯决策的不同形式

（1）后验概率形式为

$$\begin{cases}\text{若 } P(\omega_1|\boldsymbol{x})>P(\omega_2|\boldsymbol{x})\text{，则 } \boldsymbol{x}\in\omega_1\\ \text{若 } P(\omega_1|\boldsymbol{x})<P(\omega_2|\boldsymbol{x})\text{，则 } \boldsymbol{x}\in\omega_2\end{cases}\tag{2-8}$$

（2）类条件概率密度形式为

$$\begin{cases}\text{若 } p(\boldsymbol{x}|\omega_1)P(\omega_1)>p(\boldsymbol{x}|\omega_2)P(\omega_2)\text{，则 } \boldsymbol{x}\in\omega_1\\ \text{若 } p(\boldsymbol{x}|\omega_1)P(\omega_1)<p(\boldsymbol{x}|\omega_2)P(\omega_2)\text{，则 } \boldsymbol{x}\in\omega_2\end{cases}\tag{2-9}$$

（3）似然比形式为

$$\begin{cases}\text{若 } l(\boldsymbol{x})=\dfrac{p(\boldsymbol{x}|\omega_1)}{p(\boldsymbol{x}|\omega_2)}>\dfrac{P(\omega_2)}{P(\omega_1)}\text{，则 } \boldsymbol{x}\in\omega_1\\ \text{若 } l(\boldsymbol{x})=\dfrac{p(\boldsymbol{x}|\omega_1)}{p(\boldsymbol{x}|\omega_2)}<\dfrac{P(\omega_2)}{P(\omega_1)}\text{，则 } \boldsymbol{x}\in\omega_2\end{cases}\tag{2-10}$$

式中：$l(\boldsymbol{x})$ 在统计学中称为似然比；$\dfrac{P(\omega_2)}{P(\omega_1)}$称为似然比阈值。

推广到多类情况，贝叶斯决策规则可以写为：

（1）后验概率形式。如果 $P(\omega_i|\boldsymbol{x})=\max\limits_{j=1,2,\cdots,C}\{P(\omega_j|\boldsymbol{x})\}$，则决策为 $\boldsymbol{x}\in\omega_i$。

（2）类条件概率密度形式。如果 $p(\boldsymbol{x}|\omega_i)P(\omega_i)=\max\limits_{j=1,2,\cdots,C}\{p(\boldsymbol{x}|\omega_j)P(\omega_j)\}$，则决策为 $\boldsymbol{x}\in\omega_i$。

2.2.5　两种方法的对比

贝叶斯决策理论是模式识别的基本理论之一，其基于样本的不确定性，从分析样本的概率分布开始，通过概率估计，获得分布参数及后验概率，然后依据后验概率进行分类决策。贝叶斯分类器是在具有样本的完整统计知识条件下，按照贝叶斯决策理论设计的一种最优分类器。贝叶斯分类器从概率统计及参数估计的角度考虑问题，涉及样本的概率统计中的分布参数，这种判别方法又称为参数判别方法。

第 1 章中，近邻法和基于代表点的最小距离法是根据训练样本直接计算来进行判别，没有进行参数估计和后验概率的计算，又称为非参数判别方法。事实上，非参数判别方法对训练样本也有一定的要求。非参数判别方法中，训练样本是从总体中随机抽取的，并不能保证所抽取的样本得到的分类边界对新的模式有较好的分类效果。因此，考虑到样本的不确定性，必须抽取相当多的样本，即保证样本是随机产生的，符合总体分布规律，这些要求都是基于概率统计的前提得到的。

2.3 基于最小风险的贝叶斯决策

2.3.1 一个有趣的例子

2.2 节中，介绍了最小错误率的贝叶斯决策，并且证明了应用这种决策法则时，平均错误率是最小的。这里再用最小错误率贝叶斯决策方法完成一个简单的例子。

有一家医院为了研究某疾病的诊断，对一批受试者作了一次体检，给每个人打了试验针，然后进行统计，得到如下的统计数字：

(1) 每 1000 人中有 5 个病症患者；

(2) 每 100 个非患者中有 1 人对试验的反应呈阳性；

(3) 每 100 个病症患者中有 95 个对试验的反应呈阳性。

获得上述统计数据后，该医院使用该试验针开展此病症的诊断。在实际诊断过程中，若某人的试验结果为阳性，那么依据最小错误率贝叶斯决策，诊断结果是什么？

首先，假设非患者用 ω_1 类表示，病症患者用 ω_2 类表示。以试验结果为特征，特征值为阳性或阴性。

根据统计数据，进行不严格的概率估计，可以得到如下概率：

先验概率为

$$P(\omega_1)=995/1000=0.995,\quad P(\omega_2)=5/1000=0.005$$

类条件概率密度为

$$p(\text{阳}|\omega_1)=0.01,\quad p(\text{阳}|\omega_2)=0.95$$

若某人的试验结果为阳性，比较后验概率 $P(\omega_1|\text{阳})$ 与 $P(\omega_2|\text{阳})$ 的大小，可以使用最小错误率贝叶斯决策方法中的类条件概率密度形式，即

$$\begin{cases}\text{若 } p(\boldsymbol{x}|\omega_1)P(\omega_1)>p(\boldsymbol{x}|\omega_2)P(\omega_2)\text{，则 } \boldsymbol{x}\in\omega_1\\ \text{若 } p(\boldsymbol{x}|\omega_1)P(\omega_1)<p(\boldsymbol{x}|\omega_2)P(\omega_2)\text{，则 } \boldsymbol{x}\in\omega_2\end{cases}$$

计算得到

$$p(\text{阳}|\omega_1)P(\omega_1)=0.01\times0.995=0.00995$$

$$p(\text{阳}|\omega_2)P(\omega_2)=0.95\times0.005=0.00475$$

$p(\text{阳}|\omega_1)P(\omega_1)>p(\text{阳}|\omega_2)P(\omega_2)$，因此判别该测试者为非患者。但这个判别结果与人的直观感觉会有所不同，看到试验结果为阳性时，一般会认为受试者为病症患者。

2.3.2 最小风险贝叶斯决策

上述关于医生研究某疾病诊断的例子中，根据最小错误率贝叶斯决策，打试验针结果为阳性的判别为非患者类，求得后验概率为

$$P(\omega_1|\text{阳})=\frac{0.01\times0.995}{0.01\times0.995+0.95\times0.005}=67.7\%$$

$$P(\omega_2|\text{阳})=\frac{0.95\times0.005}{0.01\times0.995+0.95\times0.005}=32.3\%$$

因为阳性属于非患者 ω_1 的后验概率是 67.7%，属于病症患者 ω_2 的后验概率为

32.3%，选择小错误率的判别，所得到最终的结果是错误率最小的，符合这种判别方法的初衷和目的。

在许多情况下，对模式识别的要求是使分类的错误率最小。但是，对另外一些模式识别问题，采用这种决策方法并不能得到令人满意的结果。这个例子中涉及误判的另一个问题，不仅需要考虑误判数量，还要考虑两种误判引起后果的严重性是不同的。

若将非患者误判为病症患者，可能会带来短期的精神负担和进行进一步检查的费用；若将病症患者误判为正常，可能会导致患者病情恶化，甚至误失治疗机会，造成重大的损失，这个损失相对前者来说要大得多。

所以，在这种问题的判别中，需要考虑到各种误判所造成的不同损失，因此，又提出了基于最小风险的贝叶斯决策（又称最小风险贝叶斯决策）。

这里的风险是指条件风险，其定义为：将模式 $\boldsymbol{x}$ 判属于某类所造成损失的条件数学期望。对于 2.3.1 节的例子，假定：

模式 $\boldsymbol{x}$ 属非患者类 ω_1 而判别为非患者类 ω_1，所造成的损失为 λ_{11}；

模式 $\boldsymbol{x}$ 属病症患者类 ω_2 而判别为非患者类 ω_1，所造成的损失为 λ_{12}；

模式 $\boldsymbol{x}$ 属非患者类 ω_1 而判别为病症患者类 ω_2，所造成的损失为 λ_{21}；

模式 $\boldsymbol{x}$ 属病症患者类 ω_2 而判别为病症患者类 ω_2，所造成的损失为 λ_{22}。

对应的决策表见表 2－2。

表 2－2　　　　决　策　表

判别动作 \ 自然状态	非患者类 ω_1	病症患者类 ω_2
非患者类 α_1	λ_{11}	λ_{12}
病症患者类 α_2	λ_{21}	λ_{22}

假定对一个未知模式 $\boldsymbol{x}$，采取判别动作 α_i，自然状态为 ω_j，则损失为 $\lambda(\alpha_i|\omega_j)$。

条件风险为

$$R(\alpha_i|\boldsymbol{x})=\sum_{j=1}^{c}\lambda(\alpha_i|\omega_j)P(\omega_j|\boldsymbol{x}) \tag{2-11}$$

我们的判别目标是：对一个模式 $\boldsymbol{x}$ 做出的判别所造成的条件风险期望值 $R(\alpha_i|\boldsymbol{x})$ 最小。

判别方法为：

若 $R(\alpha_i|\boldsymbol{x})=\min\{R(\alpha_j|\boldsymbol{x})\}$，$j=1, 2, \cdots, c$，则判别模式 $\boldsymbol{x}$ 属于 ω_i。

对于前述两类问题，据条件风险的定义，将模式 $\boldsymbol{x}$ 判属非患者类 ω_1 的条件风险为

$$R(\alpha_1|\boldsymbol{x})=\lambda_{11}P(\omega_1|\boldsymbol{x})+\lambda_{12}P(\omega_2|\boldsymbol{x})$$

同理，将模式 $\boldsymbol{x}$ 判属病症患者类 ω_2 的条件风险为

$$R(\alpha_2|\boldsymbol{x})=\lambda_{21}P(\omega_1|\boldsymbol{x})+\lambda_{22}P(\omega_2|\boldsymbol{x})$$

若 $R(\alpha_1|\boldsymbol{x})<R(\alpha_2|\boldsymbol{x})$，则表明将模式 $\boldsymbol{x}$ 判别为 ω_1 时的风险期望值小，则判别 $\boldsymbol{x}$ 属于 ω_1。

同样，若 $R(\alpha_1|\boldsymbol{x})>R(\alpha_2|\boldsymbol{x})$，则表明将模式 $\boldsymbol{x}$ 判别为 ω_2 时的风险期望值小，则判别 $\boldsymbol{x}$ 属于 ω_2。

即

$$\begin{cases}若\ \lambda_{11}P(\omega_1|\boldsymbol{x})+\lambda_{12}P(\omega_2|\boldsymbol{x})<\lambda_{21}P(\omega_1|\boldsymbol{x})+\lambda_{22}P(\omega_2|\boldsymbol{x}),\ 则\ \boldsymbol{x}\in\omega_1 \\ 若\ \lambda_{11}P(\omega_1|\boldsymbol{x})+\lambda_{12}P(\omega_2|\boldsymbol{x})>\lambda_{21}P(\omega_1|\boldsymbol{x})+\lambda_{22}P(\omega_2|\boldsymbol{x}),\ 则\ \boldsymbol{x}\in\omega_2\end{cases} \tag{2-12}$$

对于前面所给出的例子，将病症患者误判为非患者所造成的损失，比将非患者误判为病症患者所造成的损失要大一些；同时，正确的决策是没有损失的。因此，假定 $\lambda_{12}=5$，$\lambda_{21}=1$，$\lambda_{11}=\lambda_{22}=0$，有：

$$R(\alpha_1|阳)=\lambda_{11}P(\omega_1|阳)+\lambda_{12}P(\omega_2|阳)=5P(\omega_2|阳)=5\times0.323=1.615$$

$$R(\alpha_2|阳)=\lambda_{21}P(\omega_1|阳)+\lambda_{22}P(\omega_2|阳)=1\times P(\omega_1|阳)=1\times0.677=0.677$$

$R(\alpha_1|阳)>R(\alpha_2|阳)$，表明如果将模式 $\boldsymbol{x}$（阳性）判别为 ω_2 时的风险期望小，则判别 $\boldsymbol{x}$ 属于 ω_2，即病症患者。所以，使用基于最小风险的贝叶斯决策的判别结果为病症患者。

2.3.3 最小风险贝叶斯决策的不同形式

对最小风险贝叶斯决策式（2-12）进行变换，可以得到多种不同的表示方法：

(1) $$\begin{cases}若(\lambda_{21}-\lambda_{11})P(\omega_1|\boldsymbol{x})>(\lambda_{12}-\lambda_{22})P(\omega_2|\boldsymbol{x}),\ 则\ \boldsymbol{x}\in\omega_1 \\ 若(\lambda_{21}-\lambda_{11})P(\omega_1|\boldsymbol{x})<(\lambda_{12}-\lambda_{22})P(\omega_2|\boldsymbol{x}),\ 则\ \boldsymbol{x}\in\omega_2\end{cases} \tag{2-13}$$

(2) $$\begin{cases}若(\lambda_{21}-\lambda_{11})p(\boldsymbol{x}|\omega_1)P(\omega_1)>(\lambda_{12}-\lambda_{22})p(\boldsymbol{x}|\omega_2)P(\omega_2),\ 则\ \boldsymbol{x}\in\omega_1 \\ 若(\lambda_{21}-\lambda_{11})p(\boldsymbol{x}|\omega_1)P(\omega_1)<(\lambda_{12}-\lambda_{22})p(\boldsymbol{x}|\omega_2)P(\omega_2),\ 则\ \boldsymbol{x}\in\omega_2\end{cases} \tag{2-14}$$

(3) $$\begin{cases}若\dfrac{P(\omega_1|\boldsymbol{x})}{P(\omega_2|\boldsymbol{x})}>\dfrac{\lambda_{12}-\lambda_{22}}{\lambda_{21}-\lambda_{11}},\ 则\ \boldsymbol{x}\in\omega_1 \\ 若\dfrac{P(\omega_1|\boldsymbol{x})}{P(\omega_2|\boldsymbol{x})}<\dfrac{\lambda_{12}-\lambda_{22}}{\lambda_{21}-\lambda_{11}},\ 则\ \boldsymbol{x}\in\omega_2\end{cases} \tag{2-15}$$

(4) $$\begin{cases}\dfrac{p(\boldsymbol{x}|\omega_1)}{p(\boldsymbol{x}|\omega_2)}>\dfrac{(\lambda_{12}-\lambda_{22})P(\omega_2)}{(\lambda_{21}-\lambda_{11})P(\omega_1)},\ 则\ \boldsymbol{x}\in\omega_1 \\ \dfrac{p(\boldsymbol{x}|\omega_1)}{p(\boldsymbol{x}|\omega_2)}<\dfrac{(\lambda_{12}-\lambda_{22})P(\omega_2)}{(\lambda_{21}-\lambda_{11})P(\omega_1)},\ 则\ \boldsymbol{x}\in\omega_2\end{cases} \tag{2-16}$$

其中，$\dfrac{p(\boldsymbol{x}|\omega_1)}{p(\boldsymbol{x}|\omega_2)}$称为似然比；$\dfrac{(\lambda_{12}-\lambda_{22})P(\omega_2)}{(\lambda_{21}-\lambda_{11})P(\omega_1)}$为阈值，阈值与 $\boldsymbol{x}$ 无关。

通常，正确的决策是没有任何损失的，即 $\lambda_{11}=\lambda_{22}=0$；而错误的决策是有损失的，故 λ_{12}、λ_{21} 取大于 1 的值。因此，式（2-15）可以转化为

$$\begin{cases}若\dfrac{P(\omega_1|\boldsymbol{x})}{P(\omega_2|\boldsymbol{x})}>\dfrac{\lambda_{12}}{\lambda_{21}},\ 则\ \boldsymbol{x}\in\omega_1 \\ 若\dfrac{P(\omega_1|\boldsymbol{x})}{P(\omega_2|\boldsymbol{x})}<\dfrac{\lambda_{12}}{\lambda_{21}},\ 则\ \boldsymbol{x}\in\omega_2\end{cases} \tag{2-17}$$

由式（2-17）可以看出，最小风险和最小错误率贝叶斯决策的主要区别在于 λ_{12} 和 λ_{21} 的取值。最小风险贝叶斯决策中，λ_{12} 要比 λ_{21} 大，相当于人为调整了后验概率的比值，即要求属于非患者的后验概率更大一些。对于前述试验针的例子，更合理的方法应该是提高试验针的准确度，即：使类条件概率密度 $p(阳|\omega_1)$ 更小，$p(阳|\omega_2)$ 更大。

进一步，如果认为两类误判的损失是一样，$\lambda_{21}=\lambda_{12}=1$，即所谓的对称损失函数情况，又称为 0－1 损失函数情况，则决策公式转换为

$$\begin{cases}若\ P(\omega_1|\boldsymbol{x})>P(\omega_2|\boldsymbol{x}),\ 则\ \boldsymbol{x}\in\omega_1\\ 若\ P(\omega_1|\boldsymbol{x})<P(\omega_2|\boldsymbol{x}),\ 则\ \boldsymbol{x}\in\omega_2\end{cases}$$

此时的最小风险贝叶斯决策就是最小错误率贝叶斯决策。也可以认为，最小错误率贝叶斯决策是最小风险贝叶斯决策在 0－1 损失函数情况下的特殊表示。

在一般的多类问题中，在 0－1 损失函数情况下的条件风险为

$$\begin{aligned}R(\alpha_i|\boldsymbol{x})&=\sum_{j=1}^{c}\lambda(\alpha_i|\omega_j)P(\omega_j|\boldsymbol{x})\\&=\sum_{j\neq i}^{c}P(\omega_j|\boldsymbol{x})=1-P(\omega_i|\boldsymbol{x})\end{aligned}\tag{2-18}$$

式中：$P(\omega_i|\boldsymbol{x})$ 是动作 α_i 正确时的条件概率。

最小风险的贝叶斯决策规则要求选择一个动作使条件风险极小，这就要求在式（2－18）中选择 i 使得 $R(\alpha_i|\boldsymbol{x})$ 极小，即要使后验概率 $P(\omega_i|\boldsymbol{x})$ 极大。也就是说，为了使条件风险达到极小，根据式（2－16），必须有：

如果 $P(\omega_i|\boldsymbol{x})>P(\omega_j|\boldsymbol{x})$，对于一切 $j\neq i$ 都成立，则决策属于 ω_i。

这正是最小错误率的贝叶斯决策规则。可以看出，在 0－1 损失函数的情况下，最小风险贝叶斯决策和最小错误率贝叶斯决策的结果是相同的。

2.4　其他贝叶斯决策方法

在贝叶斯决策方法中，还有一些其他不同的决策方法。

1. 聂曼-皮尔逊（Neyman-Pearson）决策

对于两类判别问题，其基本思想是在先限定判别为其中一类错误率的条件下，使判别为另一类的错误率为最小。实际应用中，有时要求限制判别为其中一类错误率要小于某个常数。例如，在癌细胞识别中，我们已经认识到异常误判为正常的损失更为严重，所以通常希望这种误判的错误率 $p_2(e)$ 很小，$p_2(e)\leqslant q$，q 是一个很小的常数，在这种条件下再要求正常误判为异常的错误率 $p_1(e)$ 尽可能小。

2. 最小最大决策

从最小错误率贝叶斯决策或最小风险贝叶斯决策中可以看出，这两种决策方法都与先验概率 $P(\omega_i)$ 有关的。对于给定的 $\boldsymbol{x}$，$P(\omega_i)$ 不变，按照贝叶斯决策规则，可以使错误率或风险最小。但如果 $P(\omega_i)$ 是可变的，或对先验概率毫无所知，若再按某个固定的 $P(\omega_i)$ 条件下的决策规则来进行决策，通常无法得到最小错误率或最小风险。最小最大决策的基本思想是：在考虑 $P(\omega_i)$ 变化的情况下，如何使最大可能的风险为最小，即在最差的条件下争取最好的结果。

采用贝叶斯决策需要满足两个先决条件：一是要求决策分类的类别数是一定的；二是各类别总体的概率分布是已知的。对于各类别总体的概率分布，要进行概率密度函数估计、参数估计，这里不再详述。

习 题

2.1 分别写出在以下两种情况下的最小错误率贝叶斯决策规则。

(1) $p(\boldsymbol{x}|\omega_1)=p(\boldsymbol{x}|\omega_2)$

(2) $P(\omega_1)=P(\omega_2)$

2.2 写出多类决策（假设有 C 类）情况下的最小错误率贝叶斯决策规则。

第3章 近 邻 法

3.1 最 近 邻 法

模式识别中的贝叶斯决策方法又称为参数判别方法，其应用前提是参数已知，即各类别的总体概率分布及相关概率参数是已知的。从理论分析可以得出最小错误率贝叶斯决策是最优的决策方法。最小错误率贝叶斯决策对样本的要求高，样本足够多，才能达到最优。但是在很多情况下，贝叶斯决策方法的应用受到很大的限制，例如，分布参数甚至密度函数的形式都是未知的，因样本数量的限制导致概率估计值也不一定准确等。

另一类判别方法则不进行参数估计，称为非参数判别方法。这类方法虽然不是最优的，但应用更容易，具有更好的灵活性，最近邻法就是其中典型的一种。在第1章中已对该方法进行了简要的介绍，它是根据所提供的训练样本，绕开概率估计，直接对被测样本进行决策。

最近邻法是将全部训练样本作为标准样本，一般按距离法则来分类，其分类思想很简单，将距离测试样本最近的训练样本的类别作为决策的结果，可以表示为：

对一个C类别问题，每类有N_i个样本，$i=1, 2, \cdots, C$，则第i类（ω_i）的判别函数为

$$g_i(\boldsymbol{x})=\min_k\|\boldsymbol{x}-\boldsymbol{x}_k^{(i)}\|,\ k=1, 2, \cdots, N_i \tag{3-1}$$

其中：$\boldsymbol{x}_k^{(i)}$是指第i类的第k个样本。

最近邻决策规则如下：

若$g_j(\boldsymbol{x})=\min\limits_i g_i(\boldsymbol{x})$，$i=1, 2, \cdots, C$，则决策$\boldsymbol{x}\in\omega_j$。

第1章［例1-1］给出了非常简单的最近邻法例程，采用6个水果样本点的数据。但6个数据太少，为了后续更好地说明最近邻法，可以采用较大数量的两类数据。在MATLAB中，使用randn函数生成均值为0、方差$\sigma^2=1$、标准差$\sigma=1$的正态分布的随机矩阵，共2000个数据，分为两类，每类800个训练样本，200个测试样本。例程如下：

```
X=[randn(1000,2)+ones(1000,2);…
    randn(1000,2)-ones(1000,2);];
X(1:1000,3)=1;
X(1001:2000,3)=2;
%% 存储
 save ('NN_2000.mat','X');
```

为了使本书中数据有可复现性，后续程序使用的数据集保存在NN_2000_data.mat中。

由图 3-1 看出，训练集和测试集中两类中心点区域的样本分类比较清晰，但边界上有少数样本点交织在一起，对于这些样本可能会出现错分的情况。这里在第 1 章程序的基础上，采用最近邻法对 400 个测试样本进行分类（例程见配套资源），判别错误的样本数为 46 个，错误率为 11.5%。接下来，进行最近邻法的错误率分析。

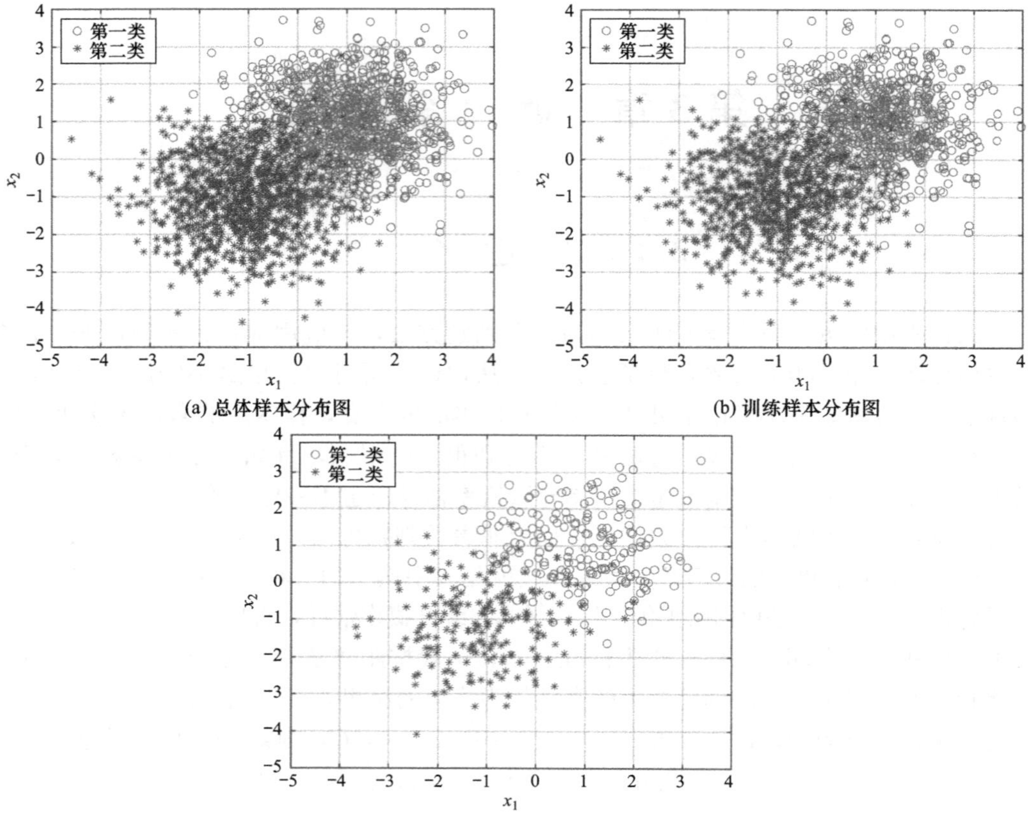

(a) 总体样本分布图　(b) 训练样本分布图　(c) 测试样本分布图

图 3-1　样本分布图

3.2　最近邻法的错误率分析

最近邻法是一种非常简单的非参数判别方法，实际应用也非常广泛。可以证明：最近邻法的错误率比最小错误率的贝叶斯决策的错误率要大，但不会超过一倍，因此最近邻法是一种次优法则。

图 3-2 所示为最近邻法的错误率分析示意图。假设训练样本无限多，对于图 3-2 中“△”所示位置的样本 $\boldsymbol{x}$，若已知 $\boldsymbol{x}$ 属于第一类 ω_1 的后验概率为 0.9，属于第二类 ω_2 的后验概率为 0.1，即

$$P(\omega_1 | \boldsymbol{x}) = 0.9$$
$$P(\omega_2 | \boldsymbol{x}) = 0.1$$

若测试样本在该位置，即具有基本相同的特征向量值和相同的后验概率。根据最小错误率贝叶斯决策有

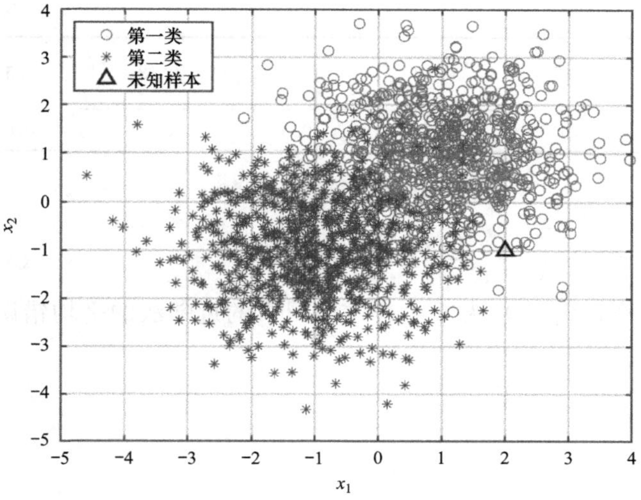

(a) 样本位置示意

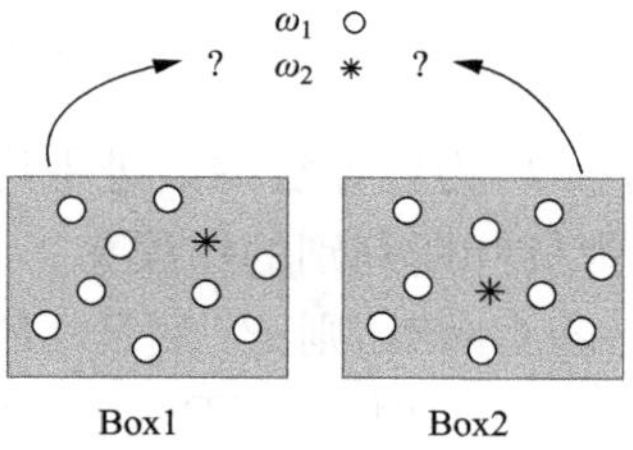

(b) 联合概率示意

图 3-2 最近邻法的错误率分析示意图

$$P(\omega_1 | \boldsymbol{x}) > P(\omega_2 | \boldsymbol{x}), \ \boldsymbol{x} \in \omega_1 \tag{3-2}$$

则判别该样本为第一类 ω_1，错误率为 0.1。

最小错误率贝叶斯决策结果取决于该样本（位置）的后验概率，结果是唯一的，错误率也是确定的。

而根据最近邻法，判别结果则取决于该样本（位置）距离最近的训练样本，既可能是第一类 ω_1，也可能是第二类 ω_2。因为是统计上的分析，例如图 3-2（a）中，未知样本所在该位置区域内，距离最近的训练样本是第一类的可能性为 0.9，是第二类的可能性为 0.1，而该位置出现的测试样本是第一类的可能性也是 0.9，第二类的可能性也是 0.1。这样，测试样本和训练样本相同的概率则是联合概率。如图 3-2（b）所示，两个盒子（Box1 和 Box2）中各有 10 个样本，9 个为第一类样本（ω_1），1 个为第二类样本（ω_2）。从 Box1 和 Box2 中各取出一个样本，则两个样本

都是第一类 ω_1 的概率为 0.9×0.9=0.81；

都是第二类 ω_2 的概率为 0.1×0.1=0.01。

两者相同则说明判别结果正确，因此正确率为两者相同的概率为 0.81+0.01=0.82。两者不同则说明判别结果错误，因此错误率为两者不同的概率为 1−0.82=0.18。

可以看出，贝叶斯决策在该位置的正确率为 0.9，错误率为 0.1。而近邻法在该位置正确率为 0.82，错误率为 0.18。不同位置的 $P(\omega_1 | \boldsymbol{x})$ 不同，这两种方法的正确率和错误率也不同，见表 3-1。

表 3-1　　不同情况下的近邻法与贝叶斯决策错误率对比

$P(\omega_1 \| \boldsymbol{x})$	1	0.9	0.8	0.7	0.6	0.5
最近邻法正确率 （相同情况）	1+0 =1	0.81+0.01 =0.82	0.64+0.04 =0.68	0.49+0.09 =0.58	0.36+0.16 =0.52	0.25+0.25 =0.5

续表

最近邻法错误率 P （不同情况）	0	0.18	0.32	0.42	0.48	0.5
贝叶斯决策错误率 P^*	0	0.1	0.2	0.3	0.4	0.5

$P=\lim_{n\to\infty}P_n(e)$，则可以证明

$$P^* \leqslant P \leqslant P^*\left(2-\frac{C}{C-1}P^*\right)\leqslant 2P^* \tag{3-3}$$

式中：P 为近邻法的渐进平均错误率；$P_n(e)$ 为 n 个样本情况下的近邻法的平均错误率；P^* 为贝叶斯判别的错误率。

若 $C=2$，则 $P^*\leqslant P\leqslant P^*(2-2P^*)<2P^*$。

$P^*=0$ 时，$0\leqslant P\leqslant 0$，$P=0$；

$P^*=0.1$ 时，$0.1\leqslant P\leqslant 0.18<0.2$；

$P^*=0.2$ 时，$0.2\leqslant P\leqslant 0.32<0.4$；

$P^*=0.3$ 时，$0.3\leqslant P\leqslant 0.42<0.6$；

$P^*=0.4$ 时，$0.4\leqslant P\leqslant 0.48<0.8$；

$P^*=0.5$ 时，$0.5\leqslant P\leqslant 0.5<1$，$P=0.5$。

由表 3-1 可以看出，贝叶斯决策在 $P(\omega_1|\boldsymbol{x})=0.5$ 位置的错误率为 0.5，近邻法在该位置的错误率为 0.5，同样“坏”；贝叶斯决策在 $P(\omega_1|\boldsymbol{x})=1$ 位置的错误率为 0，近邻法在该位置的错误率为 0，同样“好”。在 $P^*=0$ 和 $P^*=0.5$ 这两个极端情况下，近邻法的错误率同贝叶斯的错误率一样。当贝叶斯的错误率较小时，近邻法错误率近似为贝叶斯错误率的两倍，近邻法的错误率都落在图 3-3（a）中所示的阴影区域中。

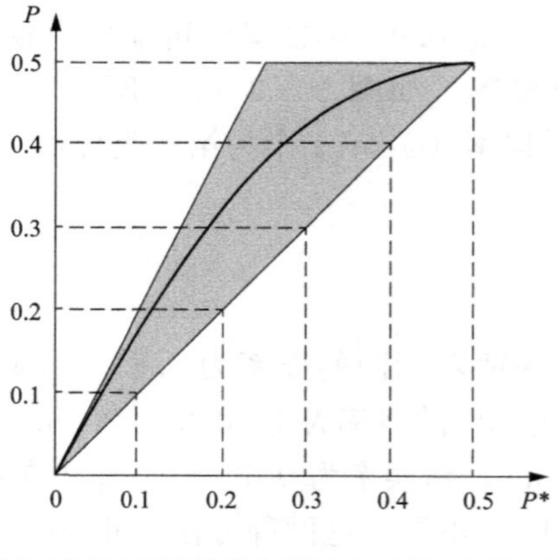

(a) 不同后验概率情况下的近邻法与贝叶斯决策错误率对比

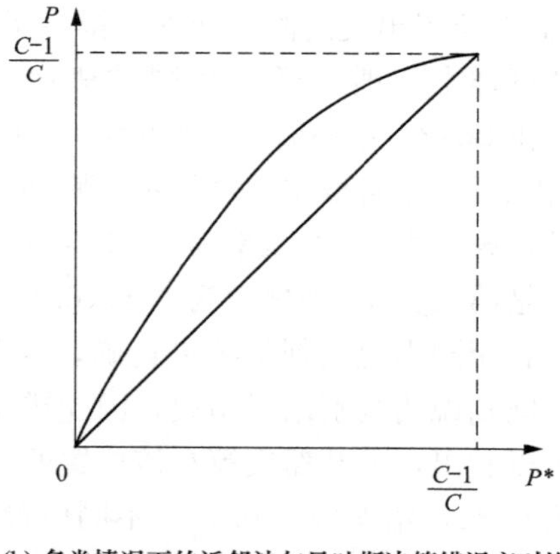

(b) 多类情况下的近邻法与贝叶斯决策错误率对比

图 3-3　近邻法与贝叶斯决策错误率对比

因为 $P\leqslant 2P^*$，所以如果有一个无穷大的样本集合，无论用多么复杂的决策法则，我们最多只能使错误率减少一半。从这个意义上可以说，在一个样本无穷多的数据集中，至少有一半的分类信息是留在最近邻中。

同样可得，三类情况下，贝叶斯决策最大错误率为：$\frac{C-1}{C}=\frac{2}{3}$。贝叶斯决策的错误率在 0 和$\frac{C-1}{C}$之间。

3.3 *k* 近 邻 法

3.3.1 *k* 近邻法判别规则

为了提高判别效果，可以将最近邻法扩展到 k 近邻法。已知一组 n 个样本，$\boldsymbol{X}=\{\boldsymbol{x}_1$，$\boldsymbol{x}_2$，…，$\boldsymbol{x}_n\}$，每个样本的类别已知，查找与未知样本 x 距离最近的 k 个样本，统计这 k 个样本的类别，其中各类别所占个数表示为 n_i，$i=1,2,\cdots$，C，$\sum_{i=1}^{C} n_i=k$ ，哪一类占多数，则判别 $\boldsymbol{x}$ 属于哪一类别。

可定义判别函数为

$$g_i(\boldsymbol{x})=n_i,\ i=1,2,\cdots,C \tag{3-4}$$

k 近邻法的决策规则为：若 $g_j(\boldsymbol{x})=\max_i n_i$，则决策 $\boldsymbol{x}\in\omega_j$。

其中，k 为指定的数值。对两类判别来说，为了表决出结果，k 一般要取奇数。前面介绍的最近邻法是 $k=1$ 时的情形。

通过下面例子介绍 k 近邻法程序。

【例 3－1】 训练集每类 800 个点，共 1600 个训练样本，测试集每类 200 个点，共 400 个测试样本。

例程

```
%% K 近邻法
for K=1:2:1599
    for i=1:size(data_test(:,1))
        dist=((data_test(i,1)-data_train(:,1)).^2.0+(data_test(i,2)-data_train
        (:,2)).^2.0).^0.5;
      [dist_sorted,dist_index]=sort(dist);
      result_2(i)=mode(data_train(dist_index(1:K),3));
    end

    % 记录数据部分
    result_1((K+1)/2,:)=[K,(400-(length(find((result_2'==data_test(:,3))==
   1))))/400];
    fid=fopen('Kresult.txt','a+');
    fprintf(fid,'K=% d近邻错误样本:% d% \n',K,400-(length(find((result_2'==data_
    test(:,3))==1))));
    fprintf(fid,'\r\n');
    fclose(fid);
end
```

```
%% 错误率曲线
figure;
plot(result_1(:,1),result_1(:,2));
axis([1 1599 0 0.12]);
grid;
```

程序运行后，得到错误率曲线如图 3-4 所示。

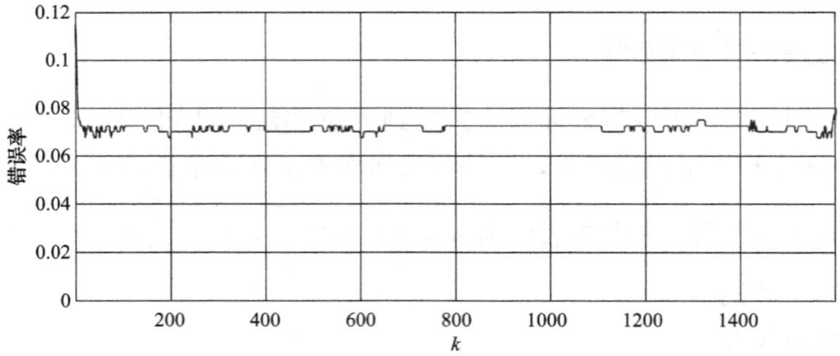

图 3-4　错误率曲线

3.3.2　*k* 近邻法的错误率

采用 *k* 近邻法对测试集的 400 个样本进行测试，*k* 的取值不同，错误率 *e* 也不同。随着 *k* 的变化，错误率变化情况见表 3-2。

表 3-2　*k* 值和错误率变化情况表

k 值	1	3	5	7	9	11	13	15	17
错误数	46	39	32	30	30	29	29	29	28
错误率	0.115	0.0975	0.080	0.0750	0.0750	0.0725	0.0725	0.0725	0.0700
k 值	19	**21**	23	25	27	29	31	33	35
错误数	29	**27**	28	29	29	29	28	29	28
错误率	0.0725	**0.0675**	0.0700	0.0725	0.0725	0.0725	0.0700	0.0725	0.0700
k 值	37	**39**	**41**	**43**	45	47	49	**51**	53
错误数	28	**27**	**27**	**27**	29	28	28	**27**	29
错误率	0.0700	**0.0675**	**0.0675**	**0.0675**	0.0725	0.0700	0.0700	**0.0675**	0.0725

从表 3-1 可以看出，$k=1$ 时，*k* 近邻法就是最近邻法，错误率 $e=0.115$。*k* 值从 1 逐渐增大，错误率基本上逐渐减少。因为示例为有限样本情况，所以，当 *k* 增大到一定程度时，错误率趋于稳定，而并不是随 *k* 值的增大错误率 *e* 持续地下降，如图 3-5 所示。在样本数有限的情况下，*k* 近邻法的错误率并非完全随着 *k* 值的增加而变小。*k* 值在 21～51 范围内（$k=21$、39、41、43、51 时），错误率最低，$e=0.0675$。

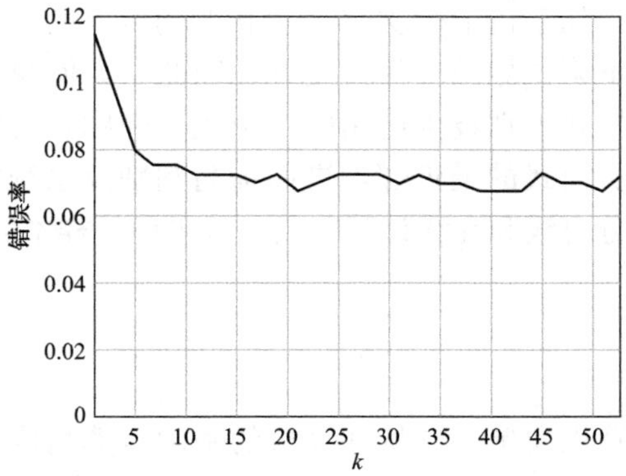

图 3-5　k 取不同值时 k 近邻法的错误率示意图

3.3.3　k 近邻法的错误率分析

k 近邻法的错误率 P 与贝叶斯决策的错误率 P^* 之间的关系如下

$$P^* \leqslant P \leqslant P^*\left(2-\frac{C}{C-1}P^*\right) \tag{3-5}$$

P 总是小于或等于 $2P^*$，当贝叶斯决策的错误率较小时，k 近邻法的错误率近似为其两倍。如图 3-6 所示当 k 增加时，k 近邻法错误率的上界渐渐靠近下界，即贝叶斯错误率；当 k 趋向无穷大时，它的上下界重合，k 近邻法就等价于贝叶斯决策法则。

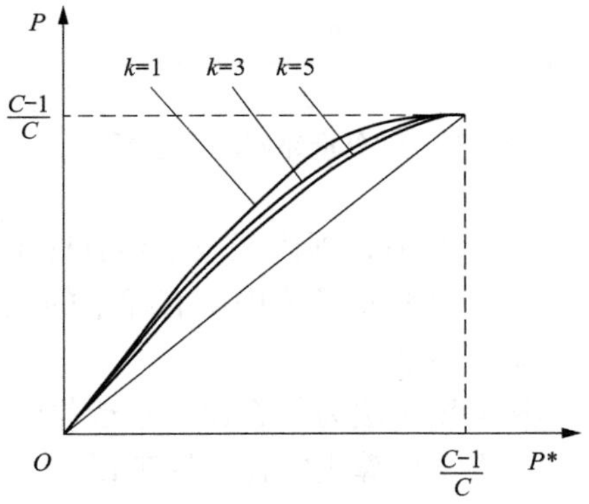

图 3-6　k 近邻法的错误率与贝叶斯决策的错误率之间的关系

上界为$\frac{C-1}{C}$：$P^*=\frac{C-1}{C}$，$P=\frac{C-1}{C}\left(2-\frac{C}{C-1}\times\frac{C-1}{C}\right)=\frac{C-1}{C}$；

下界为 0：$P^*=0$，$P=0$。

上述分析是建立在样本数趋于无穷大的假定前提下，只有当 n 趋于无穷时，k 近邻法才能达到最优性能。但 n 趋于无穷的前提条件在多数情况下是无法实现的，在实际应用中，一般都是有限样本集的情况。虽然希望 k 值大一些可以使得到的估计更可靠，但又希望 k 值个近邻离样本 x 距离都很近，保证后验概率尽可能与 $P(\omega_i|\boldsymbol{x})$ 接近，所以对于 k 只能折中选取。

3.4　快速近邻算法

最近邻法和 k 近邻法的共同优点是简单，而且判别结果也是比较好的。但是它们也存在一些缺点，例如，算法需要将全部训练样本存入计算机，每次决策都需要对未知样本 $\boldsymbol{x}$ 与全部训练样本的距离进行计算和比较，如果训练样本数量较多，则会产生非常大的计算量和存储量。在实际的模式识别应用中，设备的 CPU 运算速度和内存大小是有限制的，用户也需要快速的系统响应，如手机上的文字识别和考勤机上的指纹识别，过长的等待时间会使得用户体验的好感度下降，导致实用性变差。因此，如何减少近邻法的计算量和存储量，提高运算的速度，是模式识别技术应用的一个主要问题。研究人员提出了多种快速近邻算法，来加快搜索待分类模式的最近邻，进而提高判别及系统响应速度。采用的方法主要包括减少复杂计算、划分离线和在线计算阶段、减少训练样本数量等。

3.4.1 分量邻域法

1. 基本思路

分量邻域法的基本思路很简单，它从计算机的基础运算角度考虑，减少乘法等复杂计算，从而减少计算量。这里以二维特征向量的最近邻法为例说明。

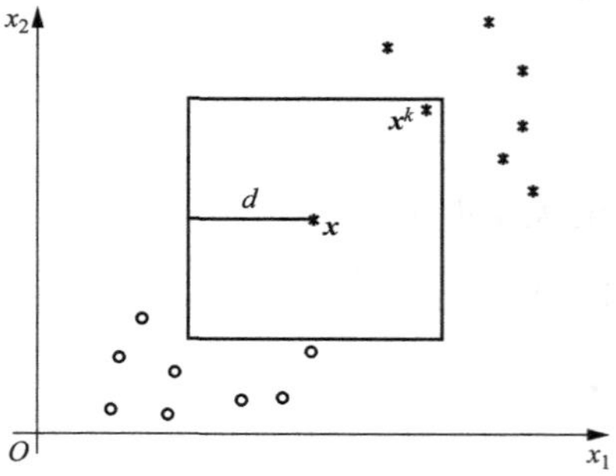

图 3－7 分量邻域法示意图

给定一个待分类的样本 $\boldsymbol{x}=(x_1, x_2)^{\mathrm{T}}$，以它的特征分量 x_1、x_2 为中心，构造边长为 $2d$ 的邻域，也就是以 $\boldsymbol{x}$ 为中心，长宽均为 $2d$，面积为 $(2d)^2$ 的正方形区域，如图 3－7 所示。

判断第 k 个训练样本 $\boldsymbol{x}^k=(x_1^k, x_2^k)^{\mathrm{T}}$ 是否落入该正方形区域：

$b\mathrm{In}Zone=(|x_1^k-x_1|<d)\&(|x_2^k-x_2|<d)$。

若 $b\mathrm{In}Zone$ 逻辑为真，则说明训练样本 $\boldsymbol{x}^k$ 落入该区域。

计算并判断每一个训练样本是否落入该正方形区域，若 d 合适，则该区域中会有样本落入，构成样本子集，然后再按照最近邻法计算未知样本 $\boldsymbol{x}$ 与该样本子集中所有样本的距离，距离最近的样本所属的类别即为未知样本的类别。

2. 计算量分析

分量领域法为什么比基本近邻法要快?

这要从计算机的计算原理说起，计算机中 CPU 的最基本运算是二进制的加法，减法、乘法、除法等都是通过转化为基础的加法实现的，一次乘法运算相当于多次加法运算，具体的次数取决于乘法的实现方式和硬件架构。

假设某个模式识别应用中有 1000 个训练样本，对于一个待识别样本 $\boldsymbol{x}$，若用常规的最近邻法，需要进行如下的计算：

首先，计算 $\boldsymbol{x}$ 与每一个训练样本的欧氏距离。

$\boldsymbol{x}$ 与 $\boldsymbol{x}^1$ 的距离为 $d_1=\sqrt{(x_1-x_1^1)^2+(x_2-x_2^1)^2+\cdots(x_n-x_n^1)^2}$；

$\boldsymbol{x}$ 与 $\boldsymbol{x}^2$ 的距离为 $d_2=\sqrt{(x_1-x_1^2)^2+(x_2-x_2^2)^2+\cdots(x_n-x_n^2)^2}$；

以此类推，$\boldsymbol{x}$ 与 $\boldsymbol{x}^{1000}$ 的距离为 $d_{1000}=\sqrt{(x_1-x_1^{1000})^2+(x_2-x_2^{1000})^2+\cdots(x_n-x_n^{1000})^2}$。

然后比较这 1000 个距离值，求得最小值。

这样，仅考虑加减乘除运算，整个识别过程的计算量大致为：

（1）$n\times1000$ 次减法（相当于加法）；

（2）$n\times1000$ 次平方（相当于乘法）；

（3）$(n-1)\times1000$ 次加法；

（4）1000 次开方；

（5）999 次比较（相当于加法）。

当然，可以省去开方运算，因为没有开方的情况下，进行距离比较的最终结果是一样的。最终折合成加法运算的次数大约为：$2000n$ 次加法和 $1000n$ 次乘法。

若用分量邻域法，则需要判断样本 $\boldsymbol{x}^k$ 是否落入 $2d$ 正方形区域。进行如下的逻辑计算：

$$bInZone^k=(|x_1^k-x_1|<d)\&(|x_2^k-x_2|<d)\&\cdots\&(|x_n^k-x_n|<d)$$

若 $bInZone$ 等于 1，则该样本落入 $2d$ 正方形区域，否则不在该区域内。对 1000 个训练样本进行判断，则需进行 1000 次上述计算和判断。

整个识别过程的计算量大致为：

（1）$n\times1000$ 次减法（相当于加法）；

（2）$n\times1000$ 次绝对值；

（3）$n\times1000$ 次比较（相当于加法）；

（4）$(n-1)\times1000$ 次逻辑与。

最终折合成加法运算的次数大约为 $2000n$ 次加法、$1000n$ 次绝对值和 $(n-1)\times1000$ 次逻辑与运算。

比较两种方法的计算量，绝对值与逻辑与的运算量比乘法的运算量小很多，因此分量邻域法的运算量要小于常规的最近邻法。

在判断完所有落入区域的训练样本点之后，再对这些样本点进行最近邻方法计算，从而得出判别结果。乘法运算只对落入区域的样本子集计算，在训练样本集很大的情况下，这个计算量相对总体样本数量计算是很小的。因此，采用分量邻域法能有效地减少计算量。

总结一下，分量邻域法提高快速性的思路是：从计算机原理出发，以简单的绝对值运算及逻辑与运算取代复杂的乘法运算，从而减少计算机的总计算量，缩短运算时间。这种方法能够提高计算速度，减少人们等待结果的时间，改善产品的用户体验。

3. 存在的问题

这种方法在实际应用中，还会存在一些问题。其中一个是初始值 d_0 的选择，当 d_0 过小时，可能会导致没有一个训练样本落入初始区域内，因此，需要将 d_0 逐步增大。当 d_0 增加到一定值 d_i 时，会有至少一个训练样本落入增大后的区域内，计算 $\boldsymbol{x}$ 与这些样本间的距离，距离最小者判定为最近邻。可以看出，每次增大区域宽度，都需要重新判断分量邻域，会导致计算量的增加。

这时又会出现另一个问题，在这个区域中获得的最近点是否是真正的最近邻？

如图 3－8 所示，以二维空间为例，假设当 d 增加到 d_i 时，只有一个样本 $\boldsymbol{x}^k$ 落入区域，$\boldsymbol{x}^k$ 是否是最近邻？

可以看出，这样得到的样本不一定是最近邻。若 $\boldsymbol{x}^k$ 靠近正方形区域的一个角，则它与 $\boldsymbol{x}$ 的距离接近 $\sqrt{2}d_i$；若存在另一个训练样本 $\boldsymbol{x}^j$，位于图中靠近边界处，则它与 $\boldsymbol{x}$ 的距离接近 d_i。$\sqrt{2}d_i>d_i$，这个区域中的 $\boldsymbol{x}^j$ 是最近邻，$\boldsymbol{x}^k$ 不是最近邻。

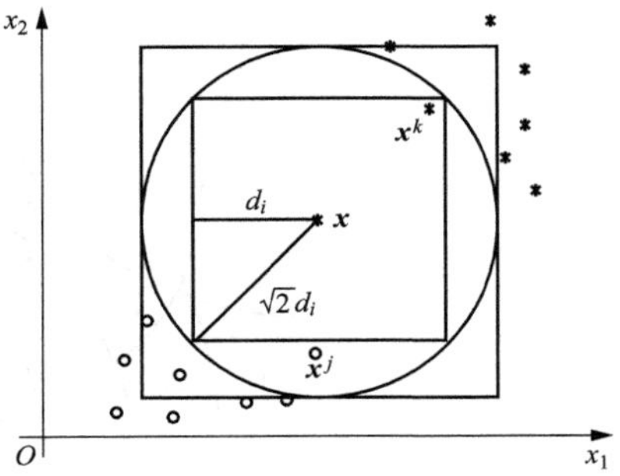

图 3－8　分量邻域法 d 取值示意图

解决这个问题的办法很简单，就是把 d_i 扩大$\sqrt{2}$倍，即$\sqrt{2}d_i$，然后判断哪些训练样本落入以 $2\sqrt{2}d_i$ 为边长的正方形区域中，再计算 $\boldsymbol{x}$ 与这些样本的距离，距离最小的就是最近邻，$\boldsymbol{x}$ 与该最近样本点属于同一类别。

4. 分量邻域法的算法步骤

(1) 取初值 d_0，以待识别样本点 $\boldsymbol{x}$ 为中心，构造一个以 $2d_0$ 边长的正方形邻域 C。

(2) 判断 C 中有无训练集样本落入，若没有，则增大 d_0 一个级差，转至 (1)；若有，则转至 (3)。

(3) 增大 $2d_0$ 至 $2\sqrt{2}d_0$，构造一个以 $2\sqrt{2}d_0$ 边长的正方形邻域 C。找出落入这个邻域中的所有训练样本，构成训练集的一个子集。

(4) 计算 $\boldsymbol{x}$ 与子集中的所有样本的距离，距离最小的为 $\boldsymbol{x}$ 的最近邻。

(5) 根据最近邻所属类别，判别 $\boldsymbol{x}$ 的类别。

对于高维情况，即模式的特征数 $n>2$ 时，算法的思路不变，只是计算上进行推广，邻域由两维正方形转变为高维形状。

是否落入分量区域的逻辑计算为

$$b\mathrm{In}Zone^k=(|x_1^k-x_1|<d)\&(|x_2^k-x_2|<d)\&\cdots\&(|x_n^k-x_n|<d)$$

这个方法的优点是简单、快速。但是，当模式的特征多，即特征向量的维数高时，效率较差。例如，如果选择 25 个特征时，算法的第 (3) 步，将把 d 扩大$\sqrt{25}$即 5 倍，此时就可能有相当多的训练样本落入新区域，构成较大的子集。

如果初始的 d_0 选择太小，则需要多次扩大 d_0 值，多次循环判断样本是否落入，直到有训练样本落入；如果初始的 d_0 选择太大，扩大后子集更大，最小距离的计算量也会大，减少乘法运算的初衷会大打折扣。因此，这种方法中 d_0 的选择会对快速性有很大影响。

3.4.2 列表法

列表法的主要思路是如何使模式识别系统在用户实际应用时快速得到判别结果。算法实现分为两个阶段：预处理阶段和搜索阶段。

1. 预处理阶段

首先从训练样本集中选择三个样本 $\boldsymbol{x}_a$、$\boldsymbol{x}_b$、$\boldsymbol{x}_c$，如图 3-9 所示。计算这三个样本与训练样本集中其他所有样本之间的距离，根据距离值从小到大排序，假设距离排序见表 3-3。

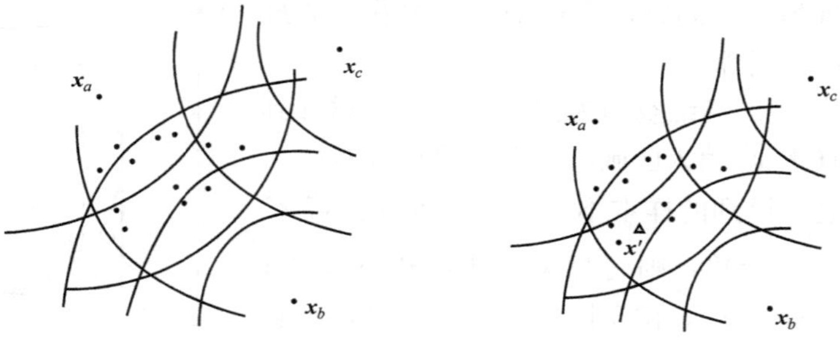

图 3-9 列表法示意图

表 3-3　　距离排序表

样本点序号	$\boldsymbol{x}_a$		$\boldsymbol{x}_b$		$\boldsymbol{x}_c$	
1	$\boldsymbol{x}_3$	d_a_3	$\boldsymbol{x}_6$	d_b_6	$\boldsymbol{x}_1$	d_c_1
2	$\boldsymbol{x}_6$	d_a_6	$\boldsymbol{x}_7$	d_b_7	$\boldsymbol{x}_3$	d_c_3
3	$\boldsymbol{x}_{10}$	d_a_10	$\boldsymbol{x}_{12}$	d_b_12	$\boldsymbol{x}_4$	d_c_4
4	…	…	…	…	…	…
…	…	…	…	…	…	…
i	$\boldsymbol{x}_9$	d_a_9	$\boldsymbol{x}_3$	d_b_3	$\boldsymbol{x}_6$	d_c_6
$i+1$	$\boldsymbol{x}_{15}$	d_a_15	$\boldsymbol{x}_8$	d_b_8	$\boldsymbol{x}_{14}$	d_c_14
…	…	…	…	…	…	…
n	$\boldsymbol{x}_{16}$	d_a_16	$\boldsymbol{x}_{13}$	d_b_13	$\boldsymbol{x}_9$	d_c_9

2. 搜索阶段

计算未知样本 $\boldsymbol{x}$ 与 $\boldsymbol{x}_a$、$\boldsymbol{x}_b$、$\boldsymbol{x}_c$ 这三个样本的距离 d_a、d_b、d_c，再根据这三个值的大小，嵌入到表 3-3 中对应列中相应位置，得到表 3-4。

表 3-4　　加入未知样本后的距离排序表

样本点序号	$\boldsymbol{x}_a$		$\boldsymbol{x}_b$		$\boldsymbol{x}_c$	
1	$\boldsymbol{x}_3$	d_a_3	$\boldsymbol{x}_6$	d_b_6	$\boldsymbol{x}_1$	d_c_1
2	$\boldsymbol{x}_6$	d_a_6	$\boldsymbol{x}$	d_b	$\boldsymbol{x}_3$	d_c_3
3	$\boldsymbol{x}$	d_a	$\boldsymbol{x}_7$	d_b_7	$\boldsymbol{x}_4$	d_c_4
4	$\boldsymbol{x}_{10}$	d_a_10	$\boldsymbol{x}_{12}$	d_b_12	$\boldsymbol{x}_2$	d_c_2
…	…	…	…	…	…	…
i	$\boldsymbol{x}_7$	d_a_7	$\boldsymbol{x}^{18}$	d_b_18	$\boldsymbol{x}_6$	d_c_6
$i+1$	$\boldsymbol{x}_9$	d_a_9	$\boldsymbol{x}^3$	d_b_3	$\boldsymbol{x}$	d_c
$i+2$	$\boldsymbol{x}_{15}$	d_a_15	$\boldsymbol{x}^8$	d_b_8	$\boldsymbol{x}_{14}$	d_c_14
…	…	…	…	…	…	…
$n+1$	$\boldsymbol{x}_{16}$	d_a_16	$\boldsymbol{x}^{13}$	d_b_13	$\boldsymbol{x}_9$	d_c_9

在表 3-4 中，查找 $\boldsymbol{x}$ 的近邻，构成三个子集 A、B、C。若三个子集的交集为空，则扩大 $\boldsymbol{x}$ 的近邻范围，得到新的子集 A、B、C，直到这三个子集的交集非空。之后计算 $\boldsymbol{x}$ 与非空交集中的样本的距离，最小者则为最近邻。表 3-4 示例中点 $\boldsymbol{x}_6$ 为 x 的最近邻。

这种方法带来了一个新的概念：离线计算和在线计算。

离线计算即预处理阶段，计算所选择的三个样本 $\boldsymbol{x}_a$、$\boldsymbol{x}_b$、$\boldsymbol{x}_c$ 与其他所有训练样本之间的距离，得到距离的排序表。

在线计算即搜索阶段，计算未知样本 $\boldsymbol{x}$ 与这三个样本 $\boldsymbol{x}_a$、$\boldsymbol{x}_b$、$\boldsymbol{x}_c$ 之间的距离，插入到距离排序表中，然后在新表中取 $\boldsymbol{x}$ 的近邻，得到非空交集，再计算 $\boldsymbol{x}$ 与非空交集中的样本的距离，最小者则为最近邻，$\boldsymbol{x}$ 与该样本点同属一类。

离线计算的计算量很大，需要花费很多计算时间和空间。但是这部分工作是在用户使用之前进行的，不体现在实际在线运行中。实际应用时，对于待识别样本，只进行在线阶段的计算，计算量小，分类速度得到提高。对于实用的基于模式识别的产品，用户只感受到在线阶段的计算时间。

3.4.3 剪辑近邻法

在使用近邻法判别时，两类边界区域会有样本混杂在一起，如图 3－10 所示的样本分布，未知样本 $\boldsymbol{x}$ 在此区域时，混杂样本对判别结果影响较大。

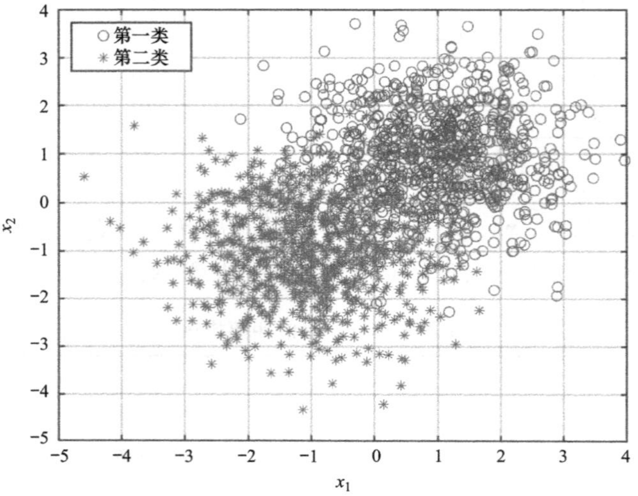

图 3－10 剪辑近邻法初始样本分布图

现以二维特征两类问题为例，介绍剪辑近邻法。其基本思想是：清除两类间的边界，去掉类别混杂的样本，使两类边界更清晰；同时训练样本数量减少，使得计算量减小。

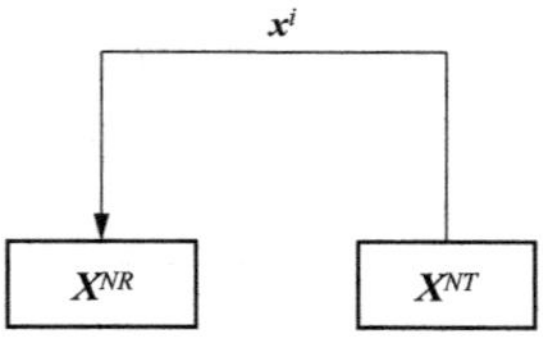

图 3－11 剪辑法算法原理示意图

解决思路为：考查训练样本是否为可能的误导样本，考查的方法是试分类。认为试分类过程中被错误分类的训练样本是误导样本，并从训练样本集中去掉该样本，即剪辑，如图 3－11 所示。试分类过程也称为剪辑阶段。

算法步骤为：将已知类别的训练样本集 $\boldsymbol{X}^N$ 分成参照集 $\boldsymbol{X}^{NR}$ 和考试集 $\boldsymbol{X}^{NT}$ 两部分。这两部分没有重复的样本，它们的样本数分别为 NR 和 NT，$NR+NT=N$。

（1）将考试集 $\boldsymbol{X}^{NT}$ 中的每个样本 $\boldsymbol{x}^i$ 依次放入参照集 $\boldsymbol{X}^{NR}$，示意图如图 3－11 所示，采用最近邻法则对这些已知类别的样本进行分类。

（2）若样本 $\boldsymbol{x}^i$ 被 $\boldsymbol{X}^{NR}$ 正确判别，则在 $\boldsymbol{X}^{NT}$ 中保留该样本；若样本 $\boldsymbol{x}^i$ 被错误分类，则在 $\boldsymbol{X}^{NT}$ 中去除该样本。这一操作过程称为剪辑。

（3）经过剪辑操作，原考试集 $\boldsymbol{X}^{NT}$ 中余下的都是正确分类的样本，构成剪辑样本集 $\boldsymbol{X}^{NTE}$。

（4）剪辑样本集 $\boldsymbol{X}^{NTE}$ 成为新的训练样本集，如图 3－12 所示。对于待识别的未知样本

$\boldsymbol{x}$，采用最近邻规则，利用剪辑样本集 $\boldsymbol{X}^{NTE}$ 进行分类。

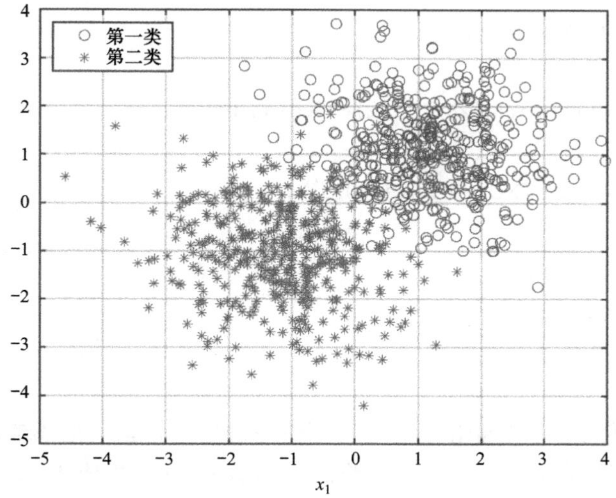

图 3－12　剪辑法得到的训练样本

具体参考程序如下：

```
X_NT=[X_N(1:500,:); X_N(801:1300,:)];%%  1000个考试样本,每类 500 个
X_NR=[X_N(501:800,:); X_N(1301:1600,:)];%%  600个参考样本,每类 300个
for k=1:1  % 剪辑次数
      [row,col]=size(X_NT);
      j=1;
      while j<=row
            [rClass,jClass]=NNforCondense(X_NR,X_NT(j,:));
         if rClass~ =jClass% 如果类别不同,则从考试集中分类错误的样本去除
               X_NT(j,:)=[];
               row=row- 1;
         else
               j=j+ 1;
         end
      end
End

% ———一般近邻算法———
% num:    每类的样本数目
% rClass: 返回值,x 在 Xr 中最近邻的样本类别
% xClass: 返回值,x 的样本类别
% ===================================================
```

```
function [rClass,xClass]=NNforCondense(Xr,x)
[row,col]=size(Xr);
Xdist=zeros(row,1);
for i=1:row
      Xdist(i)=norm(x(1,1:2)- Xr(i,1:2))^2;
end
[Xdist,ind]=sort(Xdist,'ascend');
B=dist(1);
Xnn=Xr(ind(1),:);
rClass=Xnn(1,3);
xClass=x(1,3);
times=toc;
```

采用剪辑样本集 X^{NTE} 对测试集的 400 个样本进行分类，错误率 e 也不同。示例表明：总样本数 2000，测试样本 400 个，剪辑前训练样本 1600 个构成 $\boldsymbol{X}^N$，划分为 1000 个考试样本构成 $\boldsymbol{X}^{NT}$，600 个参考样本构成 $\boldsymbol{X}^{NR}$。剪辑后训练样本数为 891，考试样本被剪辑了 109 个。针对同样的 400 个测试样本，剪辑前错分数为 46，错误率为 11.5%；剪辑后错分数为 33，错误率 8.25%。

通过概率理论可以分析证明，这种方法的性能在理论上明显好于一般的近邻法，并且推广到多类效果更好。可以认为，这种方法是在实际应用前，对训练样本进行了筛选和剪辑，从而使训练样本的质量更高、数量更少，提高了识别效果、减少了计算量。

实际应用中，根据剪辑阶段使用的具体算法，剪辑近邻法可以分为最近邻法、k 近邻法、重复剪辑法等不同的算法。现以两类分类情况为例介绍这三种方法。

（1）最近邻法：将样本集 $\boldsymbol{X}^N$ 分成两个互相独立的子集：考试集 $\boldsymbol{X}^{NT}$ 和参照集 $\boldsymbol{X}^{NR}$。

第一步：用参照集 $\boldsymbol{X}^{NR}$ 中的样本对考试集 $\boldsymbol{X}^{NT}$ 中的样本 $\boldsymbol{x}^i$ 用最近邻法进行试分类。如果 $\boldsymbol{x}^i$ 被错分，则将 $\boldsymbol{x}^i$ 从考试集 $\boldsymbol{X}^{NT}$ 中删除。最后得到一个剪辑的样本集 $\boldsymbol{X}^{NTE}$，取代原样本集，对待识别样本进行分类。

第二步：用剪辑的样本集 $\boldsymbol{X}^{NTE}$ 并用最近邻法对未知类别的样本 x 进行分类。

（2）k 近邻法：与最近邻剪辑相似，第一步用 k 近邻法进行剪辑，得到剪辑的样本集 $\boldsymbol{X}^{NTE}$；第二步，基于剪辑样本集 $\boldsymbol{X}^{NTE}$，使用最近邻法对未知样本 $\boldsymbol{x}$ 进行分类。

一般来说，k 近邻法留下的样本类别很明晰，将边界上的样本点基本剪辑掉，留下的样本点比最近邻法更具有代表性，分类结果比最近邻法更好、更稳定、错误率更小。

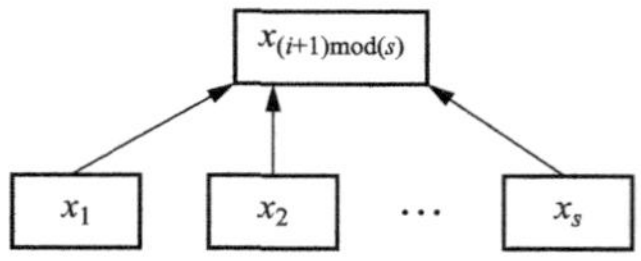

图 3-13　MULTIEDIT 算法

前面讨论的是两类分类问题，这个方法也可以推广到多类问题，并且当类别数增加时，该方法的效果会变得更好。

（3）重复剪辑法：当样本足够多时可以重复地执行剪辑程序，进一步提高分类性能，即重复剪辑法，常用的是 MULTIEDIT 算法，如图 3-13 所示。重复剪辑法的算法步骤如下：

1）将样本集 X^N 随机划分为 s 个子集，即 $X^N=\{X_1, X_2, \cdots, X_s\}$，$s\geqslant 3$；

2）用最近邻法，以 $\boldsymbol{X}_{(i+1)\mathrm{mod}(s)}$ 为参考集，对 X_i 中的样本进行分类，其中 $i=1$，2，…，s，$(i+1)\mathrm{mod}(s)$ 表示 $(i+1)$ 对 s 求模；

3）将在第 2）步被错分类的样本删除；

4）用所有留下的样本构成新的样本集 X^{NTE}；

5）如果经过 m 次迭代，再没有样本被剪辑则停止，否则转至第 1）步。

6）使用 $\boldsymbol{X}^{NTE}$ 作训练集对未知样本进行分类。

第 5）步的 m 次迭代是由于第 1）步划分为 s 个子集具有随机性质，不能保证有的样本一次未被剪辑掉，以后就永远不会再被剪辑掉。

该算法充分利用了样本集中的样本。由于对样本集进行了随机划分，并在以后的每次迭代中，都是将前一步剪辑后的样本形成新的样本集，然后再对其重新随机划分，这就有效地避免了划分子集间的相互作用，从而保证了剪辑的独立性。

采用 MULTIEDIT 算法的参考程序如下：

```
% ============== Editing====================================
%%  MultiEdit
s=3;Xcur=X;loop=0;Xold=X;m=2;
while loop< m
      Xn=Xcur;
      Xold=Xcur;
      Xcur=[];
      [row1,col]=size(Xn);
      uu=unifrnd(0,s,row1,1);% 产生 row1 行 1 列的随机数,随机数的范围在 0-s
                                  之间
      uu=ceil(uu);% 取整,方向是使数据变大
      for i=1:s   % 样本随机划分为 s 个子集
            Xi=Xn((uu==i),:);% test set % Xi 为考试集
            r=mod(i+ 1,s);% 取余数
            if r==0
                  r=s;
            end
            Xr=Xn((uu==r),:);% reference set% Xr 为训练集
            [row,col]=size(Xi);
            j=1;
            while j<=row
                  [rClass,jClass]=NNforCondense(Xr,Xi(j,:));
                    % 用训练集中的样本对考试集中的样本进行最近邻分类
                  if rClass~ =jClass% 如果类别不同,则从考试集中分类错误的
                                         样本去除
                        Xi(j,:)=[];
```

```
                row=row-1;
            else
                j=j+1;
            end
        end
        Xcur=[Xcur;Xi];
    end
    [oldRow,col]=size(Xold);
    [curRow,col]=size(Xcur);
    if oldRow==curRow
        loop=loop+1;
    else
        loop=0;
    end
end
```

上述程序的运行结果如图 3-14 所示。

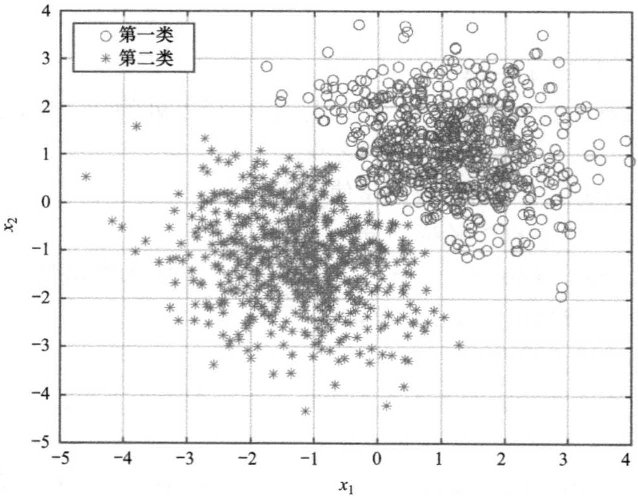

s=3; m=2；样本数：1339，其中第一类：662，第二类：677

图 3-14 重复剪辑法的结果

重复剪辑法分类错误率是波动的，这是因为每次都是把样本随机分成 s 个子集，然后进行重复剪辑，两次剪辑留下的样本可能有微小的差别，但对分类的影响不大。错误率波动小是因为样本进行重复剪辑，随机重复划分，有效避免了划分子集之间的相互作用。剪辑过程中剪掉的是两类边界上的一些样本，剩下的样本形成了两个好的分布区域，而且每个区域中的样本都属于同一类，它们的分界面十分接近贝叶斯决策面。因此，分类错误率小且结果稳定。

可以证明：剪辑近邻法的渐近条件错误为

$$P_{(1-NN)}^{E}(e) \approx P_{(1-NN)}(e)/2 \approx P_{\text{Bayes}}(e)$$

多类剪辑效果更好。采用重复剪辑法能将边界上的样本点全部剪辑掉，留下的样本点比 k 近邻法剪辑更具有代表性，分类结果比 k 近邻法剪辑更好，错误率更小且更稳定。

示例表明：采用重复剪辑后的样本集 X^{NTE} 对测试集的 400 个样本进行测试，错误率 e 也不同。总样本数 2000，测试样本 400 个，剪辑前训练样本 1600 个，剪辑后训练样本数为 1339 个。针对同样的 400 个测试样本，剪辑前错分数为 46 个，错误率为 11.5%，剪辑后错分数为 27 个，错误率为 6.75%。

3.4.4 压缩近邻法

剪辑近邻法的结果是去掉了两类边界附近的样本，而远离边界及靠近类中心的样本几乎没有去掉，压缩近邻法（又称浓缩法）则主要针对这些样本进行处理。其基本思想是：利用现有的数据集，逐渐生成一个新的样本集，使得该样本集在保留最少量样本的条件下，仍能采用最近邻法对样本进行分类且保持较好的识别率。远离边界及靠近类中心的样本一般不会误判，通过压缩近邻法只留下边界点，使得训练样本的数目大大减少。

压缩近邻法的算法步骤如下：

(1) 将样本集 X^{N} 分为 X^{S} 和 X^{G}（S：Store，商店；G：Grabbag，彩袋），算法开始时 X^{S} 中只有一个样本（随机选择一样本），X^{G} 中为剩余所有样本。

(2) 考查 X^{G} 中的每一个样本，若用 X^{S} 中的样本能够将其正确分类，则保留在 X^{G} 中；若不能正确分类，则将这个样本放于 X^{S} 中，示意图如图 3-15 所示。依次考查 X^{G} 中所有样本，直到没有样本需要移动。

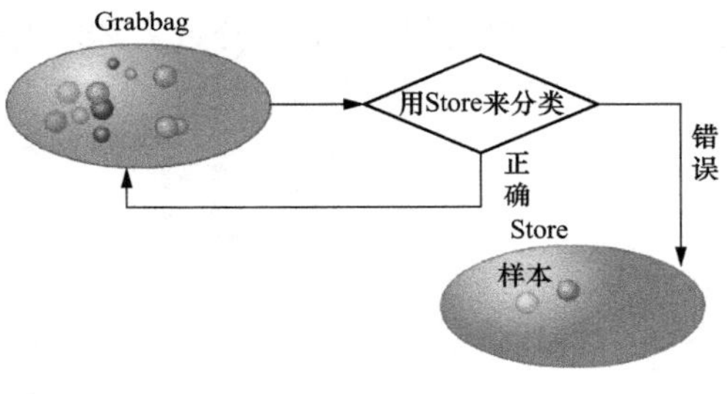

图 3-15 压缩近邻法示意图

(3) 若 X^{G} 中所有样本在执行第（2）步时，没有发生转入 X^{S} 的现象，或 X^{G} 已成空集，则算法终止，否则转入第（2）步。

(4) 最后用 X^{S} 作为新的训练样本集，对待识别样本 $\boldsymbol{x}$ 采用近邻法分类。

压缩近邻法（CONDENSING）的参考程序如下：

```
% ====================Condensing================================
Xstore=Xcur(1,:);
Xgab=Xcur(2:row,:);
while 1
    Xoldstore=Xstore;
    [row,col]=size(Xgab);
    j=1;
    while j<=row
        [sClass,gClass]=NNforCondense(Xstore,Xgab(j,:));
```

```
        if sClass~=gClass
            Xstore=[Xstore;Xgab(j,:)];
            Xgab(j,:)=[];
          row=row-1;
        else
            j=j+1;
        end
    end
    [oldRow,col]=size(Xoldstore);
    [curRow,col]=size(Xstore);
    [gRow,rCol]=size(Xgab);
    if oldRow==curRow | gRow* rCol==0
        break;
    end
end
```

压缩近邻法可以配合剪辑近邻法使用，能够得到更好的效果。图 3-16 所示为初始样本分布、剪辑后样本分布、压缩后样本分布的对比。

采用剪辑并压缩后的样本集 X^S 对测试集的 400 个样本进行测试，错误率 e 也不同。示例表明：总样本数 2000 个，测试样本 400 个，剪辑前训练样本 1600 个，剪辑并压缩后训练样本数量为 10 个。针对同样的 400 个测试样本，剪辑并压缩前错分数为 46 个，错误率为 11.5%，剪辑并压缩后错分数为 28，错误率 7.0%。

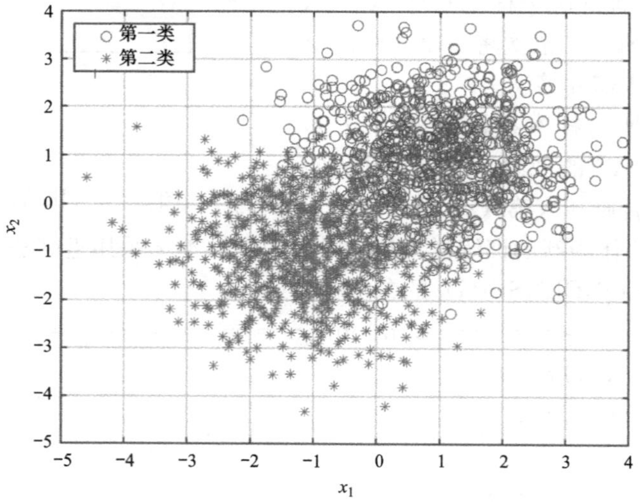

(a) 初始样本分布图

图 3-16　剪辑并压缩的最终结果（一）

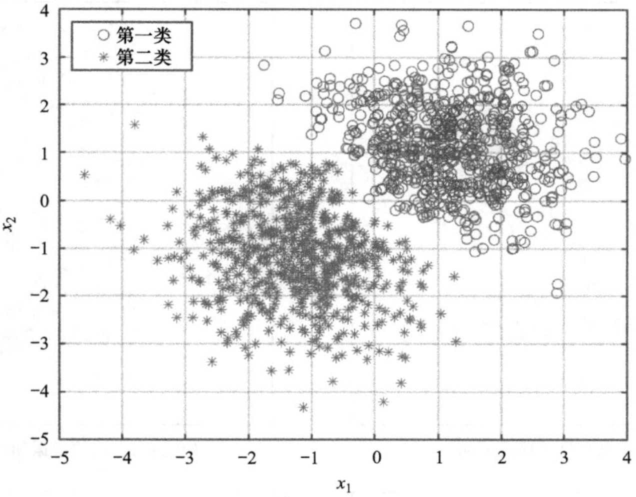

(b) 剪辑后样本分布图

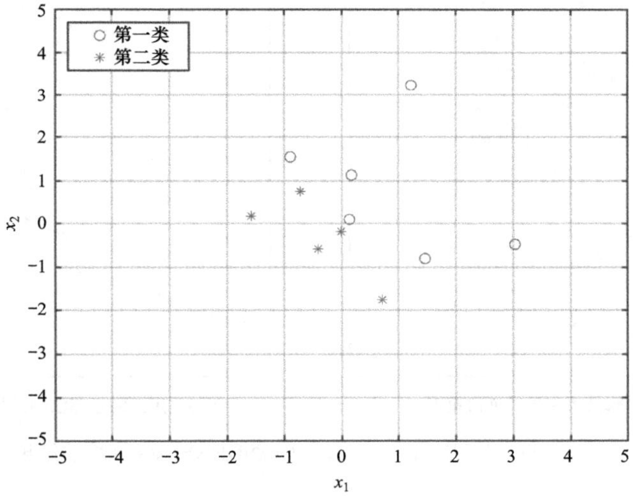

(c) 压缩后样本分布图

图 3－16　剪辑并压缩的最终结果（二）

边肇祺编写的《模式识别》一书中给出了另外一个例子，利用 MULTIEDIT 重复剪辑后再使用 CONDENSING 算法的结果，如图 3－17 所示。

这里的分布不是正态的，图中虚线表示贝叶斯决策面，实线是最近邻法对应的边界，它是分段线性的。从图中可以看到，最近邻法的分界面与贝叶斯决策面是十分接近的。其中，图 3－17（a）是算法开始时的原始数据集，图 3－17（b）是剪辑一次后的结果，图 3－17（c）是最终的剪辑结果。然后又进行了压缩法，从图 3－17（d）中可以看到经剪辑和压缩后的近邻法分界面与贝叶斯决策面之差，虽然比图 3－17（c）中只经过剪辑后的分界面与贝叶斯决策面之差稍大一些，但是，这时的样本数量却极大地减少了，因此可以大大节省存储量，减少计算时间。

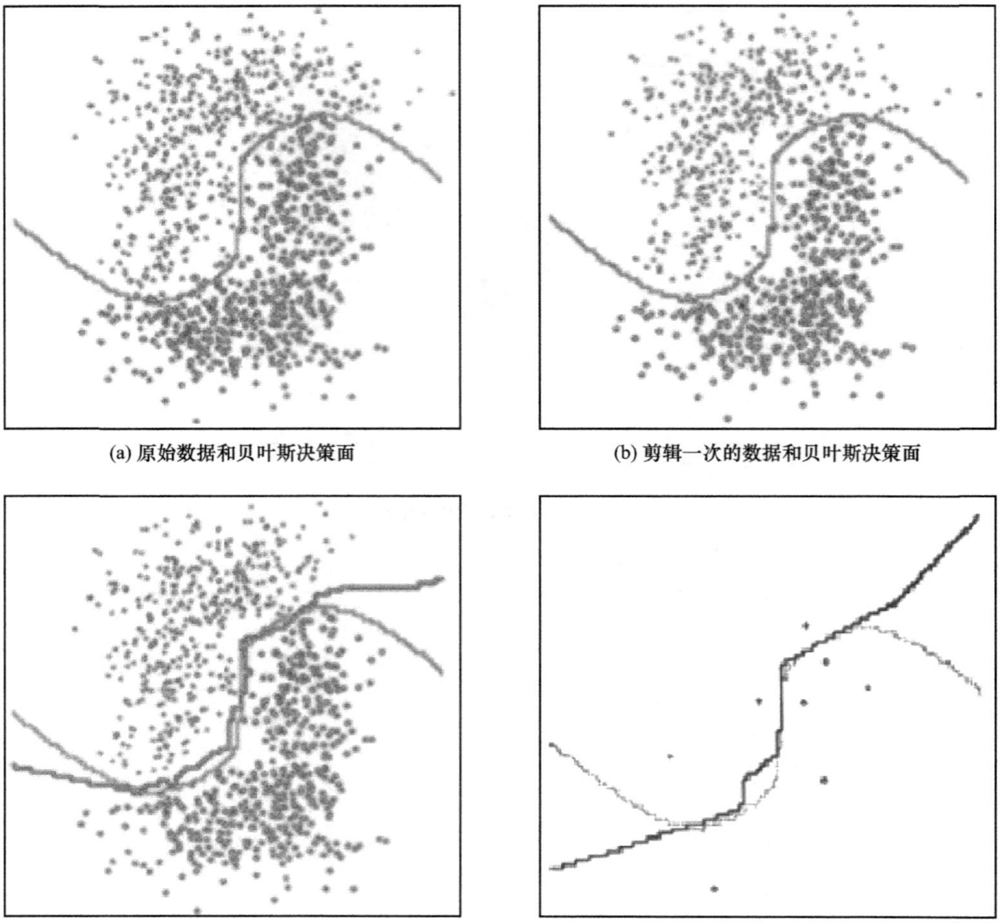

(a) 原始数据和贝叶斯决策面

(b) 剪辑一次的数据和贝叶斯决策面

(c) 最终的剪辑结果和贝叶斯决策面

(d) 再使用压缩近邻法的结果和贝叶斯决策面

图 3-17 MULTIEDIT 结合 CONDENSING 算法的结果

习 题

3.1 举例说明最近邻法决策面是分段线性的。

3.2 画出 k 近邻法的程序框图。

3.3 编程实践：近邻法。

(1) 使用随机函数生成 5000 个随机样本，共两类，每类 2500 个，其中每类中 2000 个为训练集，500 个为测试集，作为后续程序的数据基础。

(2) 编写 k 近邻法程序，实现对两类共 1000 个测试样本的近邻法判别。

(3) 统计 $k=1$，3，5，7，…，101 时的测试错误率，绘制错误率曲线。

3.4 编程实践：剪辑近邻法。

(1) 使用随机函数生成 5000 个随机样本，共两类，每类 2500 个。其中，每类中 2000 个为训练集，500 个为测试集。

（2）使用最近邻法，对两类各500共1000个测试样本进行识别，得出错误分类数及错误率。

（3）使用最近邻剪辑近邻法，对两类各2000共4000个训练样本进行剪辑。

（4）采用剪辑后的训练样本，使用最近邻法，对两类共1000个测试样本进行识别，得出错误分类数及错误率，并与未剪辑前的最近邻法结果比较。

3.5　编程实践：压缩近邻法。

（1）实现压缩近邻法程序，对剪辑后的训练样本进行压缩，得到压缩后的训练样本。

（2）采用压缩后的训练样本，使用最近邻法，对两类共1000个测试样本进行识别，得出错误分类数及错误率，并与之前的最近邻法结果比较。

第 4 章　线 性 判 别 法

4.1　判 别 函 数 法

第 1 章 1.3.4 节中介绍的基于类中心的最小距离分类法是一种非常简单而且直观的分类方法，这种方法采用均值法，在每一类别中确定一个标准样本作为分类的依据，然后判断待识别样本与哪一类的标准样本最接近，从而决策其类别归属。图 4 - 1 所示为线性判别线示意图。表 1 - 3 中两类的类中心分别为 $(226.7, 93.3)^T$、$(83.3, 83.3)^T$，在两类之间有一条与两类的类中心距离相等的边界，称为线性判别线。若能获得这条边界，那么就能够根据未知样本在边界的哪一侧来决策其类别归属。因此，要进一步研究的问题是如何去求取这条边界线。

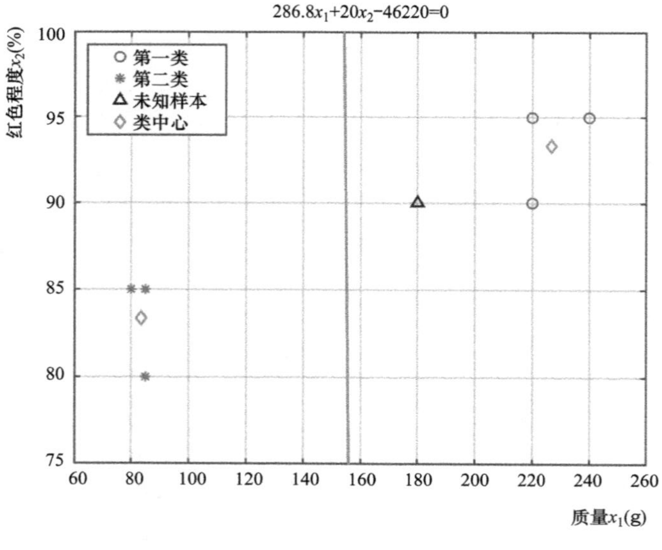

图 4 - 1　线性判别线

求取线性判别线的方法是判别函数法，其结果是提供一个确定的分类线方程。前述基于类中心的最小距离分类法得到的就是线性判别函数，即

$$f(\boldsymbol{x}) = d_2^{\,2} - d_1^{\,2} = 286.8x_1 + 20x_2 - 46220$$

$$\begin{cases} f(\boldsymbol{x}) > 0 \Rightarrow d_1 < d_2 \Rightarrow \boldsymbol{x} \in \omega_1 \\ f(\boldsymbol{x}) < 0 \Rightarrow d_1 > d_2 \Rightarrow \boldsymbol{x} \in \omega_2 \end{cases}$$

图 4－1 所示为上述样本的分布及线性判别线。

如果用向量 $\boldsymbol{x}=(x_1, x_2, \cdots, x_n)^{\mathrm{T}}$ 表示模式，一般的线性判别函数形式为

$$f(\boldsymbol{x}) = w_1x_1 + w_2x_2 + \cdots + w_nx_n + w_0 = \boldsymbol{w}^{\mathrm{T}}\boldsymbol{x} + w_0 \tag{4-1}$$

这样，在两种类别的情况下，判别函数为

$$\begin{cases} 若\ f(\boldsymbol{x}) > 0，则\ \boldsymbol{x} \in \omega_1 \\ 若\ f(\boldsymbol{x}) < 0，则\ \boldsymbol{x} \in \omega_2 \end{cases}$$

式（4－1）中 $\boldsymbol{w}$ 称为权向量，$\boldsymbol{w}=(w_1, w_2, \cdots, w_n)^{\mathrm{T}}$，如果在权向量中增加 w_0，同时在所有模式特征向量中增加元素 1，则式（4－1）可以写成

$$f(\boldsymbol{x}) = \boldsymbol{w}^{*\mathrm{T}}\boldsymbol{x}^*$$

式中 $\boldsymbol{w}^*$、$\boldsymbol{x}^*$ 分别称为增广权向量和增广特征向量，$\boldsymbol{w}^*=(w_1, w_2, \cdots, w_n, w_0)^{\mathrm{T}}$，$\boldsymbol{x}^*=(x_1, x_2, \cdots, x_n, 1)^{\mathrm{T}}$。

例如，前述的最小距离法得到的分类线方程就可以写为

$$f(\boldsymbol{x}) = \boldsymbol{w}^{*\mathrm{T}}\boldsymbol{x}^* = 286.8x_1 + 20x_2 - 46220 \tag{4-2}$$

其中，$\boldsymbol{w}^*=(286.8, 20, -46220)^{\mathrm{T}}$，$\boldsymbol{x}^*=(x_1, x_2, 1)^{\mathrm{T}}$。

这里要解释一个基本概念——线性可分性。针对二分类问题，假设已知一组容量为 N 的样本集，如果有一个线性分类器能把每个样本正确分类，则称这组样本集是线性可分的，否则称之为线性不可分的。反过来，如果样本集是线性可分的，则必然存在一个线性分类器能把每个样本正确分类。

4.2　训练样本错分问题

在前述例子上，若每类增加两个训练样本，见表 4－1。计算每一类的特征平均值，认为该平均值即为每一类的代表点，见表 4－2。

表 4－1　　训练样本

特征 \ 样本	$\boldsymbol{x}_1^{(1)}$	$\boldsymbol{x}_2^{(1)}$	$\boldsymbol{x}_3^{(1)}$	$\boldsymbol{x}_4^{(1)}$	$\boldsymbol{x}_5^{(1)}$	$\boldsymbol{x}_1^{(2)}$	$\boldsymbol{x}_2^{(2)}$	$\boldsymbol{x}_3^{(2)}$	$\boldsymbol{x}_4^{(2)}$	$\boldsymbol{x}_5^{(2)}$
x_1	220	240	220	180	140	80	85	85	82	78
x_2	90	95	95	95	90	85	80	85	80	80

表 4－2　　两类代表点

特征 \ 样本	$\overline{\boldsymbol{x}}^{(1)}$	$\overline{\boldsymbol{x}}^{(2)}$
x_1	200	82
x_2	93	82

求得上述两类样本集的线性判别线方程为

$$f(\boldsymbol{x})=[(x_1-82)^2+(x_2-82)^2]-[(x_1-200)^2+(x_2-93)^2]=0$$

$$f(\boldsymbol{x})=236x_1+22x_2-35201=0 \tag{4-3}$$

图 4 - 2 所示为线性判别线和样本的分布情况判别规则为

$$\begin{cases} f(\boldsymbol{x})>0 \Rightarrow d_1<d_2 \Rightarrow \boldsymbol{x}\in\omega_1 \\ f(\boldsymbol{x})<0 \Rightarrow d_1>d_2 \Rightarrow \boldsymbol{x}\in\omega_2 \end{cases}$$

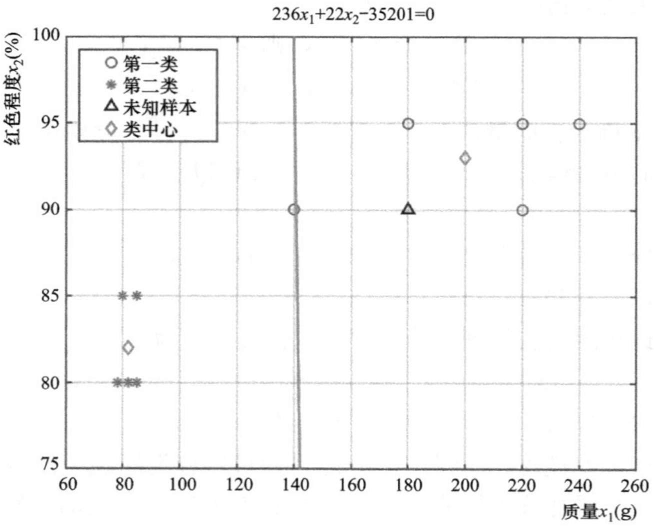

图 4 - 2　线性判别线和样本的分布情况

将未知样本 $\boldsymbol{x}=(180, 90)^{\mathrm{T}}$ 代入式（4 - 3）中，得

$$f(\boldsymbol{x})=236\times180+22\times90-35201=9259>0$$

依判别规则得 $\boldsymbol{x}\in\omega_1$。

由此可知，采用以均值为类中心的最小距离分类法，对于所给出的未知样本 $\boldsymbol{x}$，分类器给出的识别结果与前述例子相同。

但是，若将已知的训练样本代入判别函数方程（4 - 3）中，其中第一类的 $\boldsymbol{x}_5^{(1)}$ 点出现了误判，判别为第二类。原因在于最小距离法基于两类中心进行计算，对于边缘区域的样本会出现误分，即使这些样本是训练样本。针对训练样本的判别结果见表 4 - 3。

表 4 - 3　　针对训练样本的判别结果

样本	$\boldsymbol{x}_1^{(1)}$	$\boldsymbol{x}_2^{(1)}$	$\boldsymbol{x}_3^{(1)}$	$\boldsymbol{x}_4^{(1)}$	$\boldsymbol{x}_5^{(1)}$	$\boldsymbol{x}_1^{(2)}$	$\boldsymbol{x}_2^{(2)}$	$\boldsymbol{x}_3^{(2)}$	$\boldsymbol{x}_4^{(2)}$	$\boldsymbol{x}_5^{(2)}$
x_1	220	240	220	180	140	80	85	85	82	78
x_2	90	95	95	95	90	85	80	85	80	80
$f(\boldsymbol{x})$	18699	23529	18809	9369	−181	−14451	−13381	−13271	−14561	−14561
ω	ω_1	ω_1	ω_1	ω_1	ω_2	ω_2	ω_2	ω_2	ω_2	ω_2

这里需要区分几个概念：训练（学习）错误率和测试错误率。在做模式识别算法研究的过程中，我们通常将用于研究已知类别的样本集分为两部分：训练（学习）样本集和测

试样本集。训练样本集用于获得分类器，测试样本集用于对分类器的效果进行评估。在使用训练样本集生成分类器的过程中，分类器对训练样本识别的错误率称为训练（学习）错误率，它反映分类器对训练样本的识别能力，称为学习能力。通过降低训练（学习）错误率，可以使分类器达到预期的目的，然后再采用测试样本集进行分类器测试，达到要求后，再应用到实际应用场景中。采用未参与训练分类器设计的测试样本进行识别所得到结果的错误率，称为测试错误率。测试错误率反映分类器对未知样本的识别能力，又称为推广能力。

在分类器设计过程中，期望所设计的分类器对于未参与训练的测试样本能够获得较好的识别结果。在研究中，常用的一种思路是尽可能减小基于训练样本的训练错误率，即尽可能将训练误差降为最低甚至为零，进而预期的测试错误率也会相应最低。这是模式识别研究中的一种思路，后续章节会对这种思路进行讨论，即如何处理学习能力和推广能力之间的关系。

在此，先研究传统的思路，即设计的分类器对于训练样本的识别错误率应该最低甚至为零。对于前述例子，线性可分情况下应该存在线性分类器，能够把所有训练样本完全正确分类，从图 4－1 中也可以直观看出。但是，对于一些情况，基于平均值为类中心的最小距离法不一定能达到把所有训练样本完全正确分类的目标，如图 4－2 所示。原因在于，前述最小距离法的分类线方程是根据类中心一次性获取的，对于训练样本的位置没有逐一考虑，分类器设计完成后，对于训练样本没有进行识别验证。这种分类器设计方法是单向的、不加验证的，因此，需要考虑采用其他的方法来实现在线性可分情况下对所有训练样本正确分类。

4.3　迭　代　法

4.3.1　样本预处理

在训练样本线性可分的情况下，使用基于类中心的最小距离法进行分类时存在训练样本被错分的问题，对于这个问题，可以尝试选用迭代法求取分类线方程，使得对于训练样本的分类错误率为 0。算法的总体流程如图 4－3 所示。

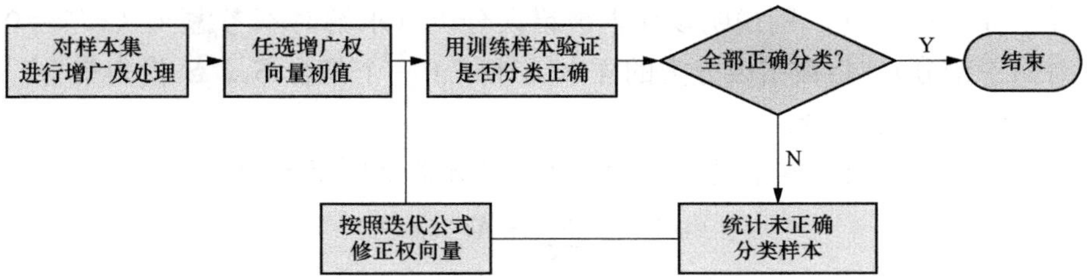

图 4－3　迭代法求取分类线方程的总体流程

首先假设样本是线性可分的，且样本集 $\boldsymbol{X}$ 分为两类 ω_1、ω_2。

我们的目标是找一个合适的 $\boldsymbol{w}$，满足下述条件：

所有属于 ω_1 中的样本 $f(\boldsymbol{x})=\boldsymbol{w}^{*\mathrm{T}}\boldsymbol{x}^{*}>0$；

所有属于 ω_2 中的样本 $f(\boldsymbol{x})=\boldsymbol{w}^{*\mathrm{T}}\boldsymbol{x}^{*}<0$。

为了便于后续推导，对已知训练样本进行下述处理：

对于属于 ω_1 中的样本 $\boldsymbol{x}^{**}=\boldsymbol{x}^{*}$；

对于属于 ω_2 中的样本 $\boldsymbol{x}^{**}=-\boldsymbol{x}^{*}$。

例如，已知两类样本共四个样本点，即

ω_1 中两个样本点：$(0,0)^{\mathrm{T}}$，$(0,1)^{\mathrm{T}}$；

ω_2 中两个样本点：$(1,0)^{\mathrm{T}}$，$(1,1)^{\mathrm{T}}$。

增广后，样本集 $\boldsymbol{X}^{*}$ 为

$$(0,0,1)^{\mathrm{T}},\quad (0,1,1)^{\mathrm{T}},\quad (1,0,1)^{\mathrm{T}},\quad (1,1,1)^{\mathrm{T}}$$

经过处理后，样本集 $\boldsymbol{X}^{**}$ 为

$$(0,0,1)^{\mathrm{T}},\quad (0,1,1)^{\mathrm{T}},\quad (-1,0,-1)^{\mathrm{T}},\quad (-1,-1,-1)^{\mathrm{T}}$$

样本集增广及处理，见表 4-4。

表 4-4　样本集增广及处理

类别＼样本	$\boldsymbol{x}$	$\boldsymbol{x}^{*}$	$\boldsymbol{x}^{**}$
ω_1	$(0,0)^{\mathrm{T}}$	$(0,0,1)^{\mathrm{T}}$	$(0,0,1)^{\mathrm{T}}$
ω_1	$(0,1)^{\mathrm{T}}$	$(0,1,1)^{\mathrm{T}}$	$(0,1,1)^{\mathrm{T}}$
ω_2	$(1,0)^{\mathrm{T}}$	$(1,0,1)^{\mathrm{T}}$	$(-1,0,-1)^{\mathrm{T}}$
ω_2	$(1,1)^{\mathrm{T}}$	$(1,1,1)^{\mathrm{T}}$	$(-1,-1,-1)^{\mathrm{T}}$

经过处理后，可以得到新的目标：找到一个合适的 $\boldsymbol{w}^{*}$，满足下述条件：

所有属于 ω_1 的样本满足 $f(\boldsymbol{x})=\boldsymbol{w}^{*\mathrm{T}}x^{**}>0$；

所有属于 ω_2 的样本满足 $f(\boldsymbol{x})=\boldsymbol{w}^{*\mathrm{T}}\boldsymbol{x}^{**}>0$。

如何通过这些已知的有限样本去确定权向量，是下一步的任务。

4.3.2　感知器准则函数

假设存在一个权向量 $\boldsymbol{w}^{*}$，若对于某一样本 $\boldsymbol{w}^{*\mathrm{T}}\boldsymbol{x}^{**}>0$，则说明该样本被正确分类；若对于某一样本 $\boldsymbol{w}^{*\mathrm{T}}\boldsymbol{x}^{**}\leqslant 0$，则说明该样本被错误分类（求解时不考虑 $\boldsymbol{w}^{*\mathrm{T}}\boldsymbol{x}^{**}=0$ 的情况，实际计算时归于错分）。将被错误分类的样本统计归于一个集合 S_{e}，S 代表集合，e 代表错误分类，S_{e} 指错分样本集合。

然后对这些被错分类的样本进行统计并建立感知器准则函数为

$$J(\boldsymbol{w}^{*})=\sum_{x\in S_{\mathrm{e}}}(-\boldsymbol{w}^{*\mathrm{T}}\boldsymbol{x}^{**}) \tag{4-4}$$

这样，当集合 S_{e} 不为空时，说明存在某些样本被错分，这些样本点的 $\boldsymbol{w}^{*\mathrm{T}}\boldsymbol{x}^{**}$ 就会小于 0，$-\boldsymbol{w}^{*\mathrm{T}}\boldsymbol{x}^{**}>0$，从而有 $J(w^{*})>0$。若没有样本被错分，则集合 S_{e} 为空且 $J(w^{*})=0$。

当且仅当所有的样本都能被正确分类，即不存在错分样本时，集合 S_{e} 才为空集，从而有 $J(\boldsymbol{w}^{*})=0$，这时对应的权向量 $\boldsymbol{w}$ 就是要寻找的权向量。

这个准则函数是由康奈尔大学的心理学家弗兰克·罗森布拉特（Frank Rosenblatt）于 1958 提出的，最初目的是用于脑模型感知器上，一般称为感知器准则函数。

4.3.3 梯度下降法

这时，研究目的已经很清楚了，就是寻找权向量 $\boldsymbol{w}^*$，使得 $J(w^*)=0$。接下来的问题是采用什么算法求解 $\boldsymbol{w}^*$，常用的算法是梯度下降法。梯度下降法（Gradient Descent，GD）是一种常用的求解无约束最优化问题的方法，在最优化、统计学以及机器学习等领域有着广泛的应用。

梯度下降法的基本思想是：一个可微函数某点处的梯度给出了该函数在这一点增长最快的方向，负梯度方向给出了函数下降最快的方向。

简单假设一个场景：一个人需要从山的某处开始下山，尽快到达山底。在下山之前他需要确认两件事：一是下山的方向；二是下山的距离。

这是因为下山的路有很多，他必须利用一些信息，找到从该处开始最陡峭的方向下山，这样可以保证他能尽快到达山底。此外，这座山最陡峭的方向并不是一成不变的，每当走过一段规定的距离后，他必须停下来，重新利用现有信息找到新的最陡峭的方向。通过反复进行该过程，最终抵达山底。梯度下降法示意图如 4-4 所示。

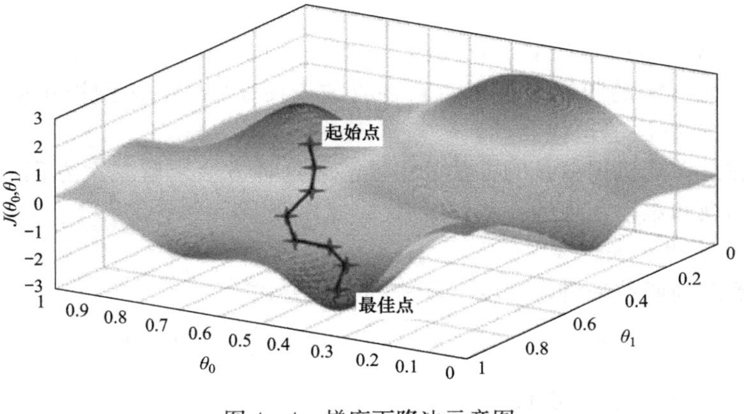

图 4-4　梯度下降法示意图

山代表了需要优化的函数表达式；山的最低点就是该函数的最优值，也就是我们的目标；每次下山的距离代表学习率；寻找方向利用的信息即为样本数据。最陡峭的下山方向则与函数表达式梯度的方向有关，之所以要寻找最陡峭的方向，是为了满足最快到达山底的限制条件。人所在的起始点代表了给优化函数设置的初始值，算法后面正是利用这个初始值进行不断的迭代求出最优解。

在一元函数中，梯度就是微分，即函数的变化率；在多元函数中，梯度是向量微分，同样表示函数变化的方向。从几何意义来讲，梯度的方向表示的是函数增长最快的方向，这正是下山要找的“最陡峭的方向”的反方向。梯度前面的符号为“－”，代表梯度方向的反方向。在多元函数中，梯度向量的模（一般指二模）表示函数变化率，模的数值越大，变化率越大。

4.3.4 感知器准则函数梯度下降法

1. 梯度下降法的迭代公式

针对感知器准则函数，使用梯度下降法寻优时，首先将准则函数 $\boldsymbol{J}(\boldsymbol{w}^*)$ 对 $\boldsymbol{w}^*$ 求梯度，这是一个纯量函数对向量求导的问题，不难求出

$$\nabla \boldsymbol{J}(\boldsymbol{w}^*)=\frac{\partial \boldsymbol{J}(\boldsymbol{w}^*)}{\partial \boldsymbol{w}^*}=\frac{\partial \sum_{x \in S_e}(-\boldsymbol{w}^{*T}\boldsymbol{x}^{**})}{\partial \boldsymbol{w}^*}=\sum_{x \in S_e}(-\boldsymbol{x}^{**})$$

可以看出，$\nabla \boldsymbol{J}(\boldsymbol{w}^*)$ 是一个向量，其方向是 $\boldsymbol{J}(\boldsymbol{w}^*)$ 增长最快的方向。显然，负梯度方向则是 $\boldsymbol{J}(\boldsymbol{w}^*)$ 减小最快的方向。在求准则函数极小值时，沿负梯度方向能最快地到达极小点。

首先任意给定初始权向量 $\boldsymbol{w}^*(0)$，然后从 $\boldsymbol{w}^*(0)$ 出发，沿负梯度方向即 $-\nabla \boldsymbol{J}(\boldsymbol{w}^*(0))$ 走一步，步长为 $\rho(0)$，得到下一次的权向量 $\boldsymbol{w}^*(1)$ 为

$$\boldsymbol{w}^*(1)=\boldsymbol{w}^*(0)-\rho(0)\nabla \boldsymbol{J}[\boldsymbol{w}^*(0)]$$

依此类推，从 $\boldsymbol{w}^*(k)$ 出发，沿负梯度方向即 $-\nabla \boldsymbol{J}[\boldsymbol{w}^*(k)]$ 走一步，步长为 $\rho(k)$，得到下一次的权向量 $\boldsymbol{w}^*(k+1)$ 为

$$\boldsymbol{w}^*(k+1)=\boldsymbol{w}^*(k)-\rho(k)\nabla \boldsymbol{J}[\boldsymbol{w}^*(k)] \tag{4-5}$$

这样就建立了一种迭代算法，从 $\boldsymbol{w}^*(0)$ 出发，反复使用式（4-5），就可以得到下列序列：

$$\boldsymbol{w}^*(0),\ \boldsymbol{w}^*(1),\ \boldsymbol{w}^*(2),\ \cdots,\ \boldsymbol{w}^*(k),\ \boldsymbol{w}^*(k+1),\ \cdots$$

可以证明，在一定的限制条件下，它将收敛于使 $\boldsymbol{J}(\boldsymbol{w}^*)$ 达到极小的权向量 $\boldsymbol{w}^*$。式（4-5）就是梯度下降法的迭代公式。

迭代的方法是计算机很擅长的方法，也能够靠这种方法求解二次方程，而对于人来说，迭代的方法是枯燥和难以实现的。

2. 梯度下降法的基本步骤

对于感知器准则函数来讲，梯度下降法的迭代公式为

$$\boldsymbol{w}^*(k+1)=\boldsymbol{w}^*(k)-\rho(k)\sum_{x \in S_e}(-\boldsymbol{x}^{**}) \tag{4-6}$$

式中：$\rho(k)$ 为迭代第 k 次的步长。

感知器准则函数梯度下降法可归纳成如下步骤：

（1）给定初始权向量 $\boldsymbol{w}^*(0)$ 和步长 $\rho(0)$。

（2）将训练样本代入，找出被当前权向量 $\boldsymbol{w}^*$ 错分的样本。如果有错分样本，转至第（3）步；如果没有错分样本，算法结束。

（3）按下述迭代公式求出新的权向量 $\boldsymbol{w}^*(k+1)$，即

$$\boldsymbol{w}^*(k+1)=\boldsymbol{w}^*(k)-\rho(k)\sum_{x \in S_e}(-\boldsymbol{x}^{**})=\boldsymbol{w}^*(k)+\rho(k)\sum_{x \in S_e}\boldsymbol{x}^{**} \tag{4-7}$$

然后转至第（2）步。

由迭代公式（4-7）可以看出，这种迭代法就是把训练样本集中的错分样本找出来，然后按照迭代公式修正权向量。

3. 简化的梯度下降法示例

这里以一个简化的梯度下降法为例来说明求取权值 $\boldsymbol{w}^*$ 的具体过程。在此例中，步长采用固

定增量，每次迭代时，$\rho(k)$ 保持不变，即固定增量算法。例如取 $\rho(k)=1$，则 $\boldsymbol{w}^*(k+1)=\boldsymbol{w}^*(k)+\sum_{\boldsymbol{x}\in S_e}\boldsymbol{x}^{**}$ 。

权值修正采用单样本修正法，计算规则为：每次循环时，把样本集看作一个不断重新出现的序列而逐个加以考虑。对于增广权向量，如果把某个样本错分了，就对增广权向量进行一次修正。相应地，如果每次循环都将所有样本逐一进行计算与判断，统计所有的错分样本后，再对增广权向量进行修正，则称为批量修正法。

采用单样本修正法的固定增量梯度下降法的参考程序如下：

```
w0=[1;1;1]; % 初始权值
p=1;  %% 步长的值

w=w0;
loop=0;
while 1==1

        b=w;
        for i=1:1:4
            a=w'* Train_Data(:,i)
            if a<=0
                w=w+p* Train_Data(:,i)
            else
                w=w
            end
            loop=loop+1
         f=[num2str(w(1,1))'* x1+('num2str(w(2,1))')* x2+('num2str(w
         (3,1))')'];  % 生成函数字符串
         h=ezplot(f,[-2,2]);
         grid on;
       end
        if b==w
            break;
        end
    end
    disp('输出最终权值');
    disp(w);
```

先设定初始权向量为 $\boldsymbol{w}(0)=\begin{pmatrix}1\\1\end{pmatrix}$，则增广权向量 $\boldsymbol{w}^*(0)=\begin{pmatrix}1\\1\\1\end{pmatrix}$。固定增量算法的迭代过程及结果见表 4－5，线性判别线的迭代过程如图 4－5 所示。

表 4-5　固定增量算法迭代结果

迭代次数	x^{**}	$w^{*T}x^{**}$	修正后的权向量
1	(0, 0, 1)	1	(1, 1, 1)
	(0, 1, 1)	2	(1, 1, 1)
	(−1, 0, −1)	−2	(0, 1, 0)
	(−1, −1, −1)	−1	(−1, 0, −1)
2	(0, 0, 1)	−1	(−1, 0, 0)
	(0, 1, 1)	0	(−1, 1, 1)
	(−1, 0, −1)	0	(−2, 1, 0)
	(−1, −1, −1)	1	(−2, 1, 0)
3	(0, 0, 1)	0	(−2, 1, 1)
	(0, 1, 1)	2	(−2, 1, 1)
	(−1, 0, −1)	1	(−2, 1, 1)
	(−1, −1, −1)	0	(−3, 0, 0)
4	(0, 0, 1)	0	(−3, 0, 1)
	(0, 1, 1)	1	(−3, 0, 1)
	(−1, 0, −1)	2	(−3, 0, 1)
	(−1, −1, −1)	2	(−3, 0, 1)
5	(0, 0, 1)	1	(−3, 0, 1)
	(0, 1, 1)	1	(−3, 0, 1)
	(−1, 0, −1)	2	(−3, 0, 1)
	(−1, −1, −1)	2	(−3, 0, 1)

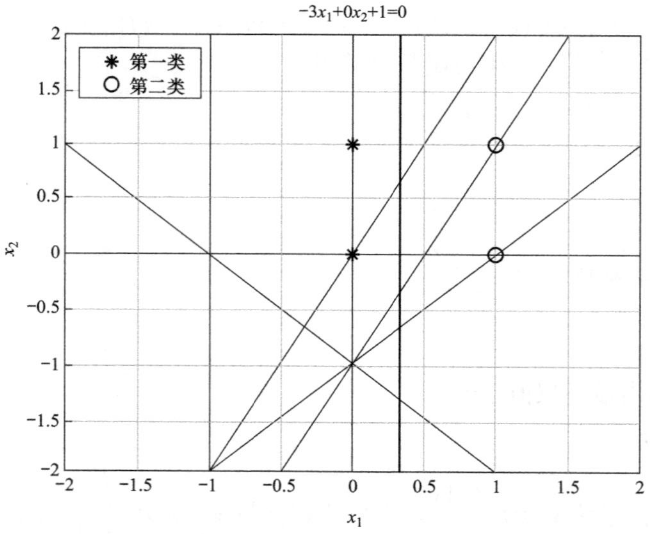

图 4-5　线性判别线的迭代过程

经过 5 轮迭代计算，最终获得的权值为 $\boldsymbol{w}^*=(-3,0,1)^T$，对应分类线方程为

$$f(\boldsymbol{x})=-3x_1+1=0 \quad \text{即} \quad x_1=\frac{1}{3}$$

图 4-5 中，$x_1=\frac{1}{3}$为最终分类线，其余线为迭代过程中不同权值对应的分类线。可以看出，最终分类线能够将所有的样本点完全正确分类，使得训练错误率为零。

若初值权向量选取不同的值，可能会有不同的最终权向量，对应不同的分类线。

当初始增广权向量 $\boldsymbol{w}^*(0)=(0,0,1)^T$ 时，$\boldsymbol{w}^*=(-3,0,1)^T$；

当初始增广权向量 $\boldsymbol{w}^*(0)=(1,0,1)^T$ 时，$\boldsymbol{w}^*=(-2,0,1)^T$；

当初始增广权向量 $\boldsymbol{w}^*(0)=(0,1,1)^T$ 时，$\boldsymbol{w}^*=(-2,0,1)^T$；

当初始增广权向量 $\boldsymbol{w}^*(0)=(0.5,0.5,1)^T$ 时，$\boldsymbol{w}^*=(-2.5,-2.5,1)^T$。

这也说明，通过感知器准则函数和梯度下降法获取的最终权值有多种可能，非单一解。

4. 根据样本所属类别修正的迭代算法

对于前述两类情况下的单样本修正法，在实际算法实现时，还会考虑另一种形式的计算规则。迭代算法有了一些变化，对样本集不进行符号上的改变，只做权值的增广，即由 $\boldsymbol{x}$ 增广为 $\boldsymbol{x}^*$。在每次判断时，根据样本所属类别和 $\boldsymbol{w}^{*T}\boldsymbol{x}^*$ 的值来判断。

(1) 如果训练样本 $\boldsymbol{x}\in\omega_1$，且 $\boldsymbol{w}^{*T}\boldsymbol{x}^*>0$，则 $\boldsymbol{w}^*(k+1)=\boldsymbol{w}^*(k)$，即权值 $\boldsymbol{w}^*$ 不变；否则 $\boldsymbol{w}^*(k+1)=\boldsymbol{w}^*(k)+\rho(k)\boldsymbol{x}^*$，即对权值 $\boldsymbol{w}^*$ 进行修正。

(2) 如果训练样本 $\boldsymbol{x}\in\omega_2$，而 $\boldsymbol{w}^{*T}\boldsymbol{x}^*<0$，则 $\boldsymbol{w}^*(k+1)=\boldsymbol{w}^*(k)$，即权值 $\boldsymbol{w}^*$ 不变；否则 $\boldsymbol{w}^*(k+1)=\boldsymbol{w}^*(k)-\rho(k)\boldsymbol{x}^*$，即对权值 $\boldsymbol{w}^*$ 进行修正。

4.3.5　小结：训练和迭代

从上面的分析可以看出，对于线性判别方程的求取，使用了另一种不同于基于类中心的最小距离法的方法。首先设定一个权值，对训练样本进行判别，通过类别结果的正确与否不断修改权值，从而保证训练样本完全分类。这种方法就是迭代法。

这种分类器设计的迭代训练过程如图 4-6 所示。

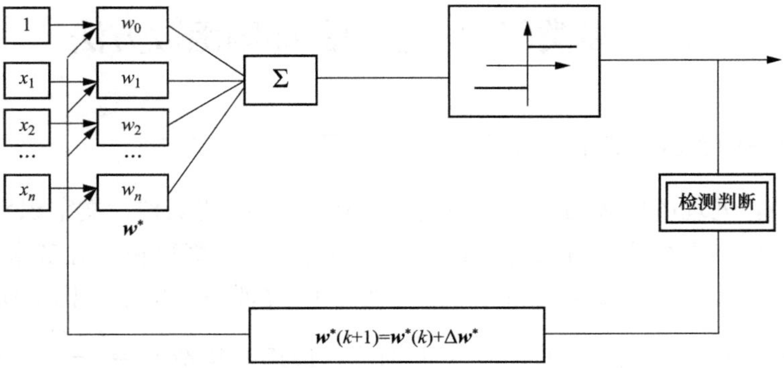

图 4-6　迭代训练过程

因此，求解分类器的过程就是分类器的训练过程，使用已知类别的有限样本获得分类器权向量的方法称为有监督的学习方法。

这种方法的思路是：先给出准则函数，再寻找使准则函数趋于极值的优化算法，不同的优化算法有不同的准则函数。

这种方法得到的权向量的解是非单值的，不同的初始权值、不同的迭代次序以及不同的步长 ρ，都会产生不同的解。同时，步长 ρ 的取值很重要，ρ 值太大，权值变化太大可能会引起振荡甚至发散，或者错过最小值；ρ 值太小，权值变化小，迭代次数会增多，也可能会陷入局部最小值。梯度下降法中步长的影响，如图 4－7 所示。

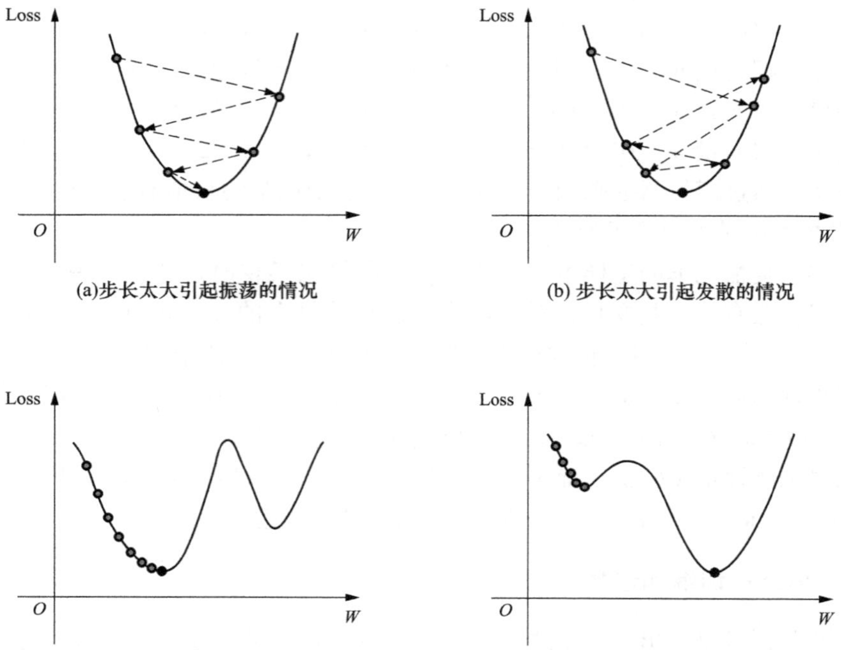

(a)步长太大引起振荡的情况　(b) 步长太大引起发散的情况

(c) 步长太小迭代次数多的情况　(d) 步长太小陷入局部最小值的情况

图 4－7　梯度下降法中步长的影响

4.4　多类问题的感知器准则函数方法

4.4.1　采用两类算法组合解决多类分类情况

实际应用中，处理的更多的是多类问题，如 0～9 数字的识别、文字识别等。进行多类分类时，可以采用两类算法进行组合来解决，主要有一对一算法和一对多算法两种方式。

（1）一对一算法（one versus one）。该算法在 C 类训练样本中，构造所有可能的两类分类器，每类仅在 C 类中的两类训练样本上训练，最终共构造 $C=\dfrac{C(C-1)}{2}$ 个分类器，组合这些两类分类器并使用投票法，得票最多（Max Wins）的类为样本点所属的类。

（2）一对多算法（one versus rest）。该算法对于 C 类问题构造 C 个两类分类器，第 i 个分类器将第 i 类中的训练样本作为一类，将其他的样本作为另一类，最终共构造 C 个分类器，组合这些两类分类器并使用投票法，得票最多（Max Wins）的类为样本点所属的类。

采用上述两种方法将多类问题转化为两类问题求解时，通常都会出现拒绝分类区，可以用一个简单的三类例子来说明。如图 4-8 所示，R1～R7 区域的分类情况见表 4-6 和表 4-7。

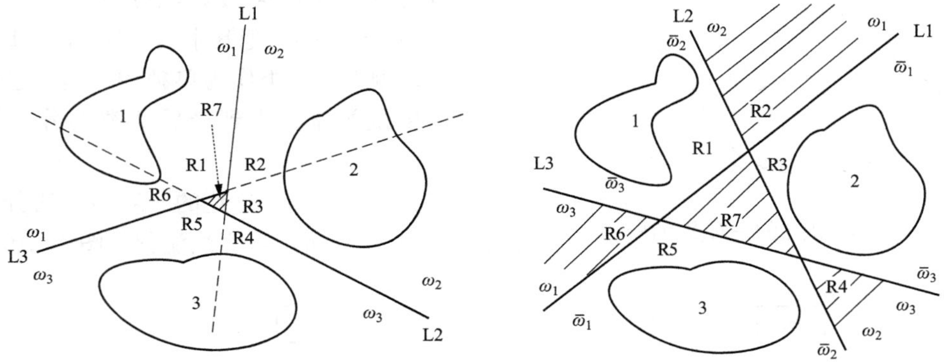

(a) 一对一算法　　(b) 一对多算法

图 4-8　采用两类算法组合解决三类分类情况

表 4-6　　一 对 一 算 法

分类线及结果 区域	L1	L2	L3	分类结果
R1	ω_1	ω_2	ω_1	ω_1
R2	ω_2	ω_2	ω_1	ω_2
R3	ω_2	ω_2	ω_3	ω_2
R4	ω_2	ω_3	ω_3	ω_3
R5	ω_1	ω_3	ω_3	ω_3
R6	ω_1	ω_3	ω_1	ω_1
R7	ω_1	ω_2	ω_3	拒绝分类

表 4-7　　一 对 多 算 法

分类线及结果 区域	L1	L2	L3	分类结果
R1	ω_1	$\bar{\omega}_2$	$\bar{\omega}_3$	ω_1
R2	ω_1	ω_2	$\bar{\omega}_3$	拒绝分类
R3	$\bar{\omega}_1$	ω_2	$\bar{\omega}_3$	ω_2
R4	$\bar{\omega}_1$	ω_2	ω_3	拒绝分类
R5	$\bar{\omega}_1$	$\bar{\omega}_2$	ω_3	ω_3
R6	ω_1	$\bar{\omega}_2$	ω_3	拒绝分类
R7	$\bar{\omega}_1$	$\bar{\omega}_2$	$\bar{\omega}_3$	拒绝分类

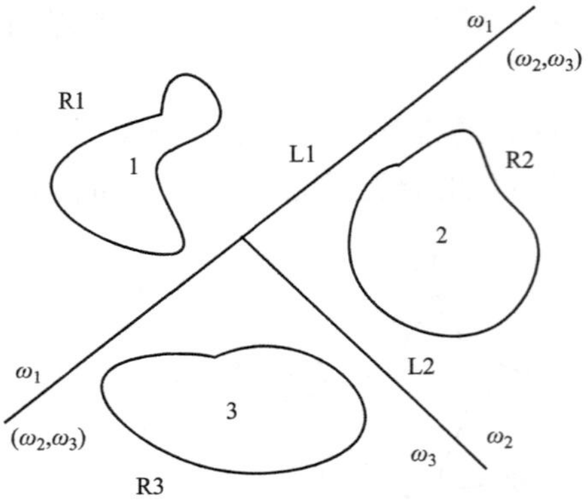

图 4-9　优化的一对多方法

此时，考虑是否有更好的两类组合方法来避免这种拒绝分类情况，可以采用优化的一对多方法。先把 $C-1$ 个类别的样本合并起来，暂时看作一类，把剩下的一类作为单独的一类，进行分类器设计。设计完成后下一步不再考虑这单独的一类，而只研究所合并的 $C-1$ 类，把其中的 $(C-1)-1$ 类暂时看作一类，剩下的一类作为单独的一类，进行分类器设计。依次类推，直到最后两类的分类器设计完成。

以三类情况为例，优化的一对多方法分类器设计结果如图 4-9 所示，算法流程如图 4-10 所示。

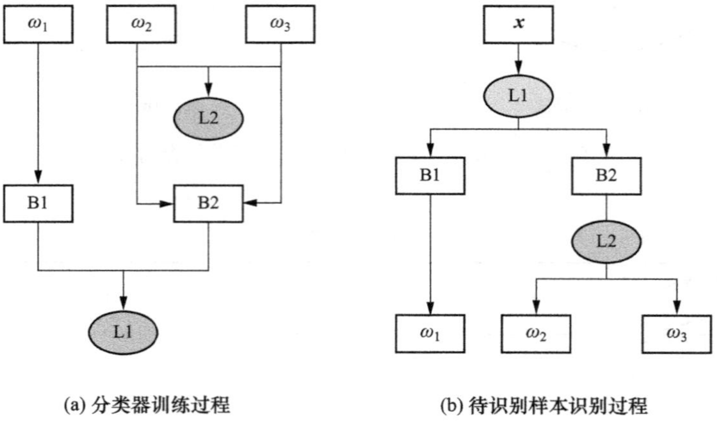

图 4-10　优化的一对多方法的算法流程

分类器训练过程如下：

第一步：假设有三类样本集，分别为 ω_1、ω_2、ω_3，各类样本自成一类。若 ω_2、ω_3 样本集的类均值距离最小，则将 ω_1 作为 B1 类，ω_2、ω_3 合并为 B2 类；以 B1、B2 作为训练集中的两类，得到分类线 L1。

第二步：以 ω_2、ω_3 分别作为训练集中的两类，得到分类线 L2。

待识别样本识别过程如下：

第一步：将待识别样本 $\boldsymbol{x}$ 放入分类线 L1，根据分类线得到判别结果，若 $\boldsymbol{x}$ 属于 B1，则 $\boldsymbol{x}$ 为第一类，即 ω_1；否则属于 B2，进行第二步。

第二步：将待识别样本 $\boldsymbol{x}$ 放入分类线 L2，根据分类线来判别 $\boldsymbol{x}$ 属于 ω_2 或 ω_3。

4.4.2　多类分类情况下的感知器准则函数梯度下降法

进行多类分类时，可以直接采用多类情况下的感知器准则函数梯度下降法来解决。设有 C 类模式，设计 C 个线性判别函数：

$$d_1(\boldsymbol{x}^*)=\boldsymbol{w}_1^{*\mathrm{T}}\boldsymbol{x}^*,\ d_2(\boldsymbol{x}^*)=\boldsymbol{w}_2^{*\mathrm{T}}\boldsymbol{x}^*,\ \cdots,\ d_C(\boldsymbol{x}^*)=\boldsymbol{w}_C^{*\mathrm{T}}\boldsymbol{x}^*$$

决策规则为

若 $d_i(\boldsymbol{x}^*)>d_j(\boldsymbol{x}^*)$，$(i,\ j=1,\ 2,\ 3,\ \cdots,\ C;\ j\neq i)$，则 $\boldsymbol{x}\in\omega_i$。将感知器准则函数单样本修正法推广到 C 类情况，参照 4.4.1 节的两类情况算法，得到多类情况下的感知器准则函数单样本修正法。

(1) 如果训练样本 $\boldsymbol{x}\in\omega_i$，而 $\boldsymbol{w}_i^{*\mathrm{T}}\boldsymbol{x}^*>\boldsymbol{w}_j^{*\mathrm{T}}\boldsymbol{x}^*$，则 $\boldsymbol{w}_i^*(k+1)=\boldsymbol{w}_i^*(k)$，$\boldsymbol{w}_j^*(k+1)=\boldsymbol{w}_j^*(k)$，即 $\boldsymbol{w}_i^*$、$\boldsymbol{w}_j^*$ 不变。

(2) 如果训练样本 $\boldsymbol{x}\in\omega_i$，而 $\boldsymbol{w}_i^{*\mathrm{T}}\boldsymbol{x}^*\leqslant\boldsymbol{w}_j^{*\mathrm{T}}\boldsymbol{x}^*$，则 $\boldsymbol{w}_i^*(k+1)=\boldsymbol{w}_i^*(k)+\rho(k)\boldsymbol{x}^*$，$\boldsymbol{w}_j^*(k+1)=\boldsymbol{w}_j^*(k)-\rho(k)\boldsymbol{x}^*$。

4.5　最小均方误差准则函数

4.5.1　算法原理

除了感知器准则函数之外，还有一些其他的准则函数，采用不同的思路来解决分类过程中遇到的问题。如常用的最小均方误差（Least Mean Square Error，LMSE）准则函数，它由美国斯坦福大学的伯纳德·威德罗（Bernard Widrow）和他的学生泰德·霍夫（Ted Hoff）在研究自适应理论时提出，是基于纠错规则的学习算法。

假设训练样本集共有 n 个样本为 $\boldsymbol{X}=(\boldsymbol{x}_1,\ \boldsymbol{x}_2,\ \cdots,\ \boldsymbol{x}_n)$，同样为了公式推导方便，每个样本采用增广特征向量

$$\boldsymbol{x}^*=(x_1,\ x_2,\ \cdots,\ x_n,\ 1)$$

寻求的权向量也采用增广权向量

$$\boldsymbol{w}^*=(w_1,\ w_2,\ \cdots,\ w_n,\ w_0)$$

假定找到了最佳的权向量 $\boldsymbol{w}_g^*$，并以此权向量 $\boldsymbol{w}_g^*$ 构成判别函数，则对任一样本 $\boldsymbol{x}_i^*$，判别函数的值为 $r_i=\boldsymbol{w}_g^{*\mathrm{T}}\boldsymbol{x}_i^*$。

如果某权向量 $\boldsymbol{w}^*$ 不是最佳的权向量 $\boldsymbol{w}_g^*$，则对任一样本 $\boldsymbol{x}_i^*$，判别函数的值为 $\boldsymbol{w}^{*\mathrm{T}}\boldsymbol{x}_i^*$。我们定义这两个值之间存在的误差为

$$e_i=\boldsymbol{w}_g^{*\mathrm{T}}\boldsymbol{x}_i^*-\boldsymbol{w}^{*\mathrm{T}}\boldsymbol{x}_i^*=r_i-\boldsymbol{w}^{*\mathrm{T}}\boldsymbol{x}_i^* \tag{4-8}$$

LMSE 算法以最小均方误差作为准则，均方误差为

$$J(\boldsymbol{w}^*)=E[(r_i-\boldsymbol{w}^{*\mathrm{T}}\boldsymbol{x}_i^*)^2] \tag{4-9}$$

在实际计算中，训练样本集中样本数不变，可以使用误差平方和作为准则函数进行算法实现，即

$$J(\boldsymbol{w}^*)=\frac{1}{2}\sum_{i=1}^{N}e_i^2=\frac{1}{2}\sum_{i=1}^{N}(r_i-\boldsymbol{w}^{*\mathrm{T}}\boldsymbol{x}_i^*)^2 \tag{4-10}$$

有了准则函数 $J(\boldsymbol{w}^*)$，下一步就是采用何种算法求解使 $J(\boldsymbol{w}^*)$ 取极小值的权向量 $\boldsymbol{w}^*$。

4.5.2　线性可分情况下的基于 LMSE 的分类器设计

求解使 $\boldsymbol{J}(\boldsymbol{w}^*)$ 取极小值的权向量 $\boldsymbol{w}^*$ 的方法有很多种，有计算机编程实现中常用的基于梯度下降的迭代法，还有基于矩阵求解的伪逆法、何-卡法、韦-霍法等。这里介绍迭代

法，在假设样本集线性可分的前提下实现基于 LMSE 准则函数的分类器设计，输出函数考虑阶跃型函数和 Sigmoid 函数两种形式。

1. 阶跃型输出函数

(1) 算法原理。最小均方误差（LMSE）准则函数［见式（4－10）］在 $\sum_{i=1}^{N}(r_i - \boldsymbol{w}^{*\mathrm{T}}\boldsymbol{x}_i^*)^2=0$ 时，$J(\boldsymbol{w}^*)$ 取得最小值。常用的迭代求解算法原理是梯度下降法，首先对 $\boldsymbol{w}^*$ 求偏导为

$$\frac{\partial J(\boldsymbol{w}^*)}{\partial \boldsymbol{w}^*}=-\sum_{i=1}^{N}\boldsymbol{x}_i^*(r_i-\boldsymbol{w}^{*\mathrm{T}}\boldsymbol{x}_i^*) \tag{4-11}$$

采用单样本修正法，迭代方程为

$$\boldsymbol{w}^*(k+1)=\boldsymbol{w}^*(k)+\rho\boldsymbol{x}_i^*(r_i-\boldsymbol{w}^{*\mathrm{T}}\boldsymbol{x}_i^*) \tag{4-12}$$

(2) 算法实现。对于两类的分类问题，假定找到了最佳的权向量 $\boldsymbol{w}_g^*$，并以此权向量 $\boldsymbol{w}_g^*$ 构成判别函数，则对任一样本 $\boldsymbol{x}_i$，判别函数的值为 $r_i=\boldsymbol{w}_g^{*\mathrm{T}}\boldsymbol{x}_i^*$。若 $\boldsymbol{x}_i\in\omega_1$，则 $r(\boldsymbol{x}_k^*)=1$，若 $\boldsymbol{x}_i\in\omega_2$，则 $r(\boldsymbol{x}_k^*)=-1$。设计一个分类器，梯度法的寻优策略是对权值修正，使得第一类 $\boldsymbol{w}^{*\mathrm{T}}\boldsymbol{x}_i^*$ 的值靠近 1，第二类 $\boldsymbol{w}^{*\mathrm{T}}\boldsymbol{x}_i^*$ 的值靠近－1。

权值修正公式为

$$\boldsymbol{w}^*(k+1)=\boldsymbol{w}^*(k)+\rho\sum_{i=1}^{m}\boldsymbol{x}_i^*(r_i-\boldsymbol{w}^{*\mathrm{T}}\boldsymbol{x}_i^*) \tag{4-13}$$

采用单样本修正法有

$$\boldsymbol{w}^*(k+1)=\boldsymbol{w}^*(k)+\rho\boldsymbol{x}_i^*(r_i-\boldsymbol{w}^{*\mathrm{T}}\boldsymbol{x}_i^*) \tag{4-14}$$

判别规则为：$\boldsymbol{w}^{*\mathrm{T}}\boldsymbol{x}_i^*>0$，判别为第一类；$\boldsymbol{w}^{*\mathrm{T}}\boldsymbol{x}_i^*\leqslant 0$，判别为第二类。在线性可分情况下，最终符合要求的权值的条件是：该权值能够对所有样本正确分类。

具体算法流程如下：

1) 设权向量 $\boldsymbol{w}^*$ 初始值 $\boldsymbol{w}^*(0)$。

2) 输入第 i 个样本，计算 $d_i=\boldsymbol{w}^{*\mathrm{T}}\boldsymbol{x}_i^*$。

3) 若 $\boldsymbol{x}_i\in\omega_1$，且 $d_i>0$，则 $\boldsymbol{x}_i$ 被正确分类；若 $\boldsymbol{x}_i\in\omega_2$，且 $d_i\leqslant 0$，则 $\boldsymbol{x}_i$ 被正确分类；否则为错误分类。

4) 若 $\boldsymbol{x}_i$ 被错误分类且属于第一类 ω_1 时，权值修正值为 $\Delta\boldsymbol{w}^*(k+1)=\rho\boldsymbol{x}_i^*(1-\boldsymbol{w}^{*\mathrm{T}}\boldsymbol{x}_i^*)$；若 $\boldsymbol{x}_i$ 被错误分类且属于第二类 ω_2 时，权值修正值为 $\Delta\boldsymbol{w}^*(k+1)=\rho\boldsymbol{x}_i^*(-1-\boldsymbol{w}^{*\mathrm{T}}\boldsymbol{x}_i^*)$。

5) 循环执行步骤 2) 至步骤 4)，直至所有样本全部被正确分类。

具体程序如下：

```
while k<100
    k=k+1
    p=1/k;%% 步长
       for i=1:m_1
         d= w'* Train_Data(:,i)
         if d<=0
```

```
      w= w+p* Train_Data(:,i)* (1-d)
      end
     end
     for i=(m_1+1):(m_1+m_2)
      d= w'* Train_Data(:,i)
      if d> =0
      w= w+p* Train_Data(:,i)* (-1-d)
      end
     end
   %% 批处理后检查是否全部满足条件
    right_num=0;
      for i=1:m_1
         d=w'* Train_Data(:,i)
         if d>0
            right_num=right_num+1
         else
            right_num=0;
         end
      end
      for i=(m_1+1):(m_1+m_2)
         d=w'* Train_Data(:,i)
         if d<0
            right_num=right_num+ 1
         else
            right_num=0;
         end
      end
   if right_num>(m_1+m_2-1)
      wo=w
      break
   end
end
```

经过 4 轮迭代，得到了符合要求的权值为 $\boldsymbol{w}^* =(-2,\ 0.5,\ 0.5)$，对应的分类线如图 4-11 所示。

(3) 多类的分类算法。对于多类的分类问题，参考前述两类的分类算法实现。C 类问题应该有 C 个权向量 $\boldsymbol{w}_i^*$，$i=1,\ 2,\ \cdots,\ C$。对于每一个训练样本 $\boldsymbol{x}_l$，如果 $\boldsymbol{x}_l \in \omega_i$，则 $r_i(\boldsymbol{x}_l^*)=1$，$\boldsymbol{r}_j(\boldsymbol{x}_l^*)=0$ $(j=1,\ 2,\ \cdots,\ C;\ j\neq i)$。

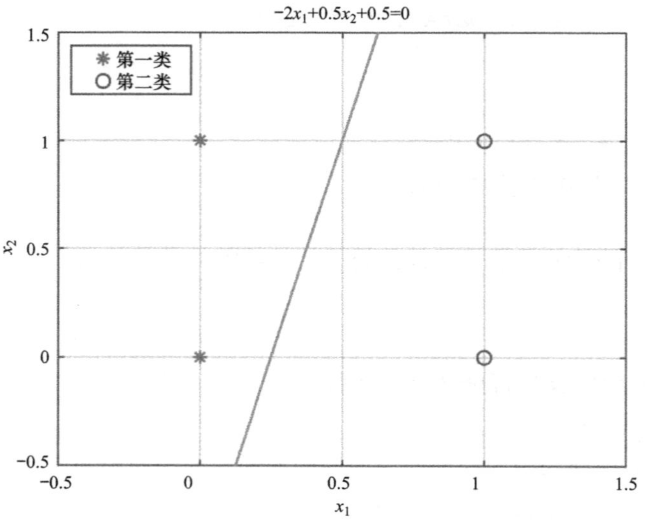

图 4-11　迭代得到的分类线

在算法实现中，参考单样本修正法。若训练样本 $\boldsymbol{x}_l$ 属于第 i 类 ω_i，若被错误分类，则第 i 个权向量的权值修正值为

$$\Delta\boldsymbol{w}_i^*(k+1)=\rho\boldsymbol{x}_l^*(1-\boldsymbol{w}_i^{*\mathrm{T}}\boldsymbol{x}_l^*)$$

第 j 个权向量的权值修正值为

$$\Delta\boldsymbol{w}_j^*(k+1)=\rho\boldsymbol{x}_l^*(0-\boldsymbol{w}_j^{*\mathrm{T}}\boldsymbol{x}_l^*)\qquad(j=1,2,\cdots,C;\ j\neq i)$$

循环终止的判决条件改为：直到所有属于 ω_i 的样本都有 $\boldsymbol{w}_i^{*\mathrm{T}}\boldsymbol{x}_l^*>\boldsymbol{w}_j^{*\mathrm{T}}\boldsymbol{x}_l^*$，$j\neq i$，即全部正确分类。

1）设权向量 $\boldsymbol{w}_i^*$ 初始值 $\boldsymbol{w}_i^*(0)$，$i=1, 2, \cdots, C$，对应第 i 类样本 $r_i=1$，其他类 $r=0$。

2）输入样本 $\boldsymbol{x}_l^*$，计算 $d_i=\boldsymbol{w}_i^{*\mathrm{T}}\boldsymbol{x}_l^*$，$d_j=\boldsymbol{w}_j^{*\mathrm{T}}\boldsymbol{x}_l^*$（其中 $j=1, 2, \cdots, C;\ j\neq i$）。

3）若 $\boldsymbol{x}_l\in\omega_i$，且 $d_i>d_j$，$j\neq i$，则说明该样本被正确分类。

4）若 $\boldsymbol{x}_l\in\omega_i$，且 $d_i\leqslant d_j$，$j\neq i$，说明该样本被错误分类，则第 i 个权向量的权值修正值为

$$\Delta\boldsymbol{w}_i^*(k+1)=\rho\boldsymbol{x}_l^*(1-\boldsymbol{w}_i^{*\mathrm{T}}\boldsymbol{x}_l^*)$$

第 j 个权向量的权值修正值为

$$\Delta\boldsymbol{w}_j^*(k+1)=\rho\boldsymbol{x}_l^*(0-\boldsymbol{w}_j^{*\mathrm{T}}\boldsymbol{x}_l^*)\qquad(j=1,2,\cdots,C;\ j\neq i)$$

5）循环执行第步骤 2）至步骤 4），直到所有属于 ω_i 的样本的 $\boldsymbol{w}_i^{*\mathrm{T}}\boldsymbol{x}_l^*>\boldsymbol{w}_j^{*\mathrm{T}}\boldsymbol{x}_l^*$，$j\neq i$，即全部正确分类，循环终止。

2. Sigmoid 型输出函数

在寻优时经常采用梯度法来修正权值，因此要求准则函数可微。前述分类器设计中，输出函数都为阶跃型函数，不能直接对输出函数求偏导得到权值修正量。例如，在前述基于感知器准则函数的梯度下降法中，是对错分样本的 $\boldsymbol{w}^{\mathrm{T}}\boldsymbol{x}_i^*$ 求偏导得到权值修正量；同样，在前述基于 LMSE 的梯度下降法寻优的两类分类例子中，对 r_i 和 $\boldsymbol{w}^{\mathrm{T}}\boldsymbol{x}_i^*$ 的误差平方和求偏导，得到权值修正量 $\rho\boldsymbol{x}_i^*(r_i-\boldsymbol{w}^{\mathrm{T}}\boldsymbol{x}_i^*)$。如图 4-12 所示，输出函数为阶跃型函数的情况下，

是在分类结果进行检测判断后再进行梯度下降法寻优。

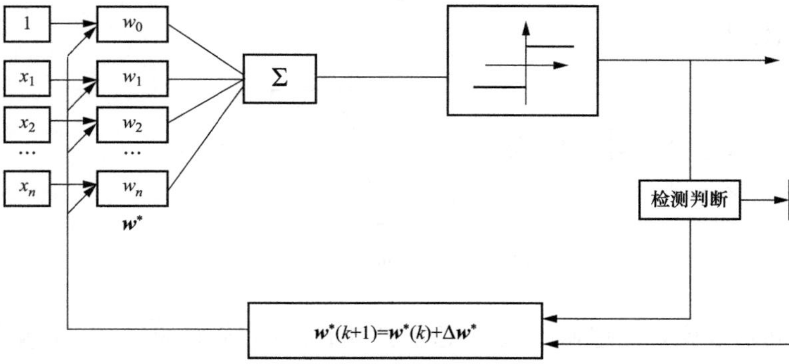

图 4-12　迭代法修正权值示意图

这里，考虑另外一种方式，选择一种可微的 Sigmoid 函数作为输出函数，直接对输出函数求偏导得到梯度下降法中的权值修正量。

Sigmoid 函数可以分为单极型和双极型函数，单极型 Sigmoid 函数是将取值为（$-\infty$，$+\infty$）的数映射到（0，1）之间；双极型 Sigmoid 函数是将取值为（$-\infty$，$+\infty$）的数映射到（-1，1）之间。

单极型 Sigmoid 函数通常可以写成

$$f(x)=\frac{1}{1+e^{-x}}$$

双极型 Sigmoid 函数通常可以写成

$$f(x)=\frac{2}{1+e^{-2x}}-1$$

Sigmoid 函数的曲线如图 4-13 所示。

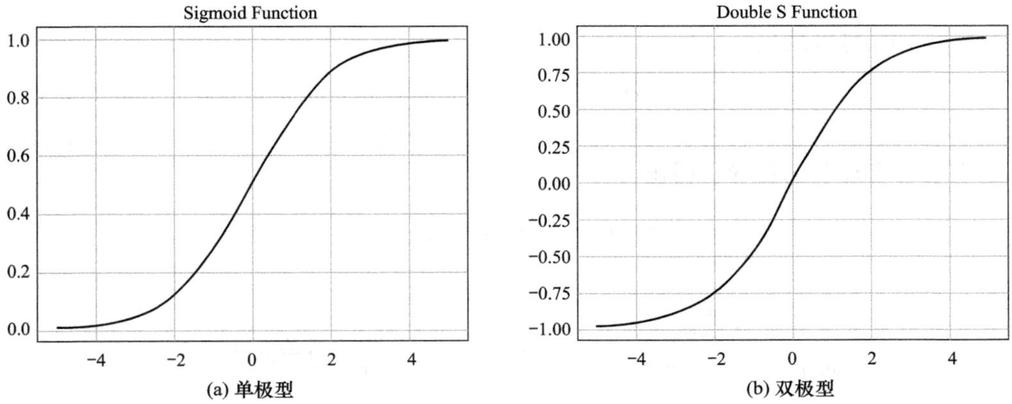

图 4-13　Sigmoid 函数

示例：对于两类分类问题，设计一个分类器，输出为单极型 Sigmoid 函数，如图 4-14 所示。

$$\hat{y}=f(net)=\frac{1}{1+e^{-net}}$$

式中，net 为加法器输出。

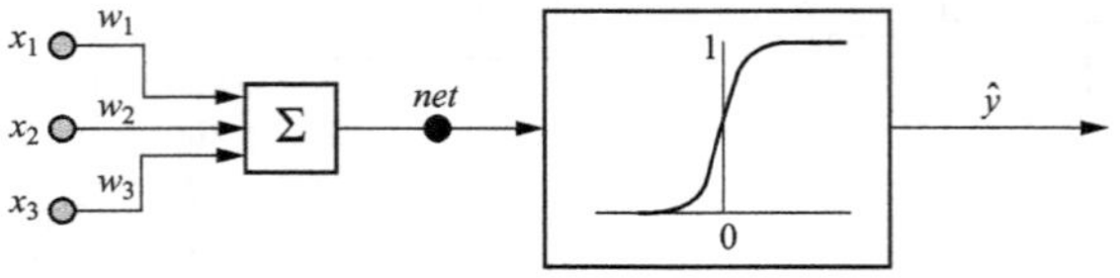

图 4-14　单极型 Sigmoid 函数分类器

对于两类分类问题来说，理想输出值 y 则分别为 1 和 0，$\hat{y}$ 是 $\boldsymbol{w}^{*\mathrm{T}}\boldsymbol{x}_i^*$ 经输出函数计算后的实际输出值，我们力图使第一类样本经过计算后的实际输出值接近理想输出值 1，第二类样本经过计算后的实际输出值接近理想输出值 0，因此要通过权值的修正来达到此目的。

选择误差平方和准则函数，使用梯度下降法进行寻优，首先将准则函数 $J(\boldsymbol{w}^*)$ 对 $\boldsymbol{w}^*$ 求偏导，求导方法采用链式法则。链式法则是在微积分求导运算中一种常用的方法，用于对复合函数求导。其导数是构成复合函数的有限个函数在相应点的导数的乘积，就像锁链那样一环套一环，如图 4-15 所示，故称链式法则。

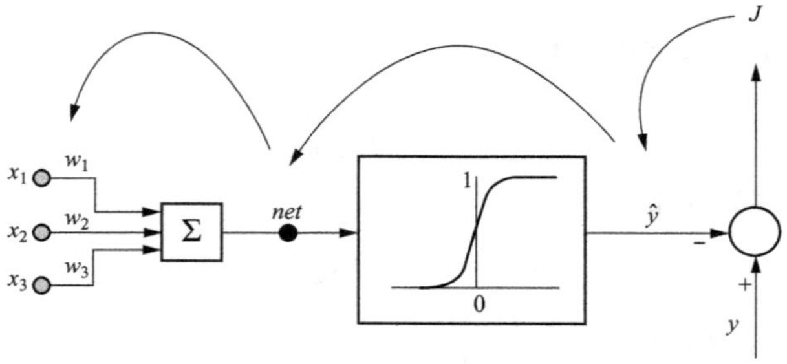

图 4-15　链式求导法则

由图 4-15 可以求出

$$\frac{\partial J}{\partial w_i}=\frac{\partial J}{\partial \hat{y}}\cdot\frac{\partial \hat{y}}{\partial net}\cdot\frac{\partial net}{\partial w_i}$$

分别求各个环节的偏导，得出

$$\frac{\partial J}{\partial \hat{y}}=\frac{1}{2}\times 2(y-\hat{y})'(y-\hat{y})=-(y-\hat{y})$$

$$\frac{\partial \hat{y}}{\partial net}=\frac{\partial\left(\frac{1}{1+e^{-net}}\right)}{\partial net}=\frac{1}{1+e^{-net}}\left(1-\frac{1}{1+e^{-net}}\right)=\hat{y}(1-\hat{y})$$

其中

$$f'(x)=\left(\frac{1}{1+e^{-x}}\right)'=\frac{e^{-x}}{(1+e^{-x})^2}=\frac{1}{1+e^{-x}}\,\frac{e^{-x}}{1+e^{-x}}$$

$$=\frac{1}{1+e^{-x}}\left(1-\frac{1}{1+e^{-x}}\right)=f(x)(1-f(x))$$

$$\frac{\partial net}{\partial w_i}=\frac{\partial(\sum_{i=0}^{n} w_i^{\mathrm{T}} x_i)}{\partial w_i}=x_i$$

最终的结果为

$$\frac{\partial J}{\partial w_i}=-(y-\hat{y})\cdot\hat{y}\cdot(1-\hat{y})\cdot x_i \tag{4-15}$$

$$w_i(k+1)=w_i(k)+\rho\cdot(y-\hat{y})\cdot\hat{y}\cdot(1-\hat{y})\cdot x_i \tag{4-16}$$

这里给出一个小的例子，来说明上述方法的算法实现。为简化起见，以二维数据两类分类问题为例。

【例 4-1】 4 个训练样本，分为两类：Class_1=[0 0；0 1]，Class_2=[1 1；0 1]。设计以单极型 Sigmoid 为输出函数的分类器，选择误差平方和准则函数，使用梯度下降法求解权值。

例程（迭代求解权值部分）：

```
for i=1:loop_limit
    err=0;
    for j=1:4   %% 单样本修正法
        o1=Train_X(1,j);
        o2=Train_X(2,j);
        n3=o1* w(1)+o2* w(2)+p(1);
        o3=1/(1+exp(-s3));
        % 误差计算如下
        e3=o3* (1-o3)* (Train_Y(1,j)-o3);
        % 网络连接权值和偏置更新如下
        w(2)=w(2)+r* o2* e3;
        w(1)=w(1)+r* o1* e3;
        p(1)=p(1)+r* e3;
        err=err+(Train_Y(1,j)-o3)^2
    end
   if err<err_limit
        break;
    end
end
```

例程所对应的分类器形式如图 4-16 所示。

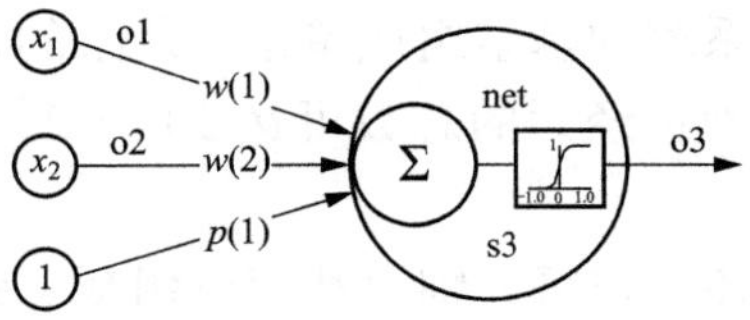

图 4-16　例程对应的分类器形式

经迭代计算后得到：$\boldsymbol{w}$=(−5.942 0.2295 2.7422)。

迭代得到的分类线如图 4-17 所示。

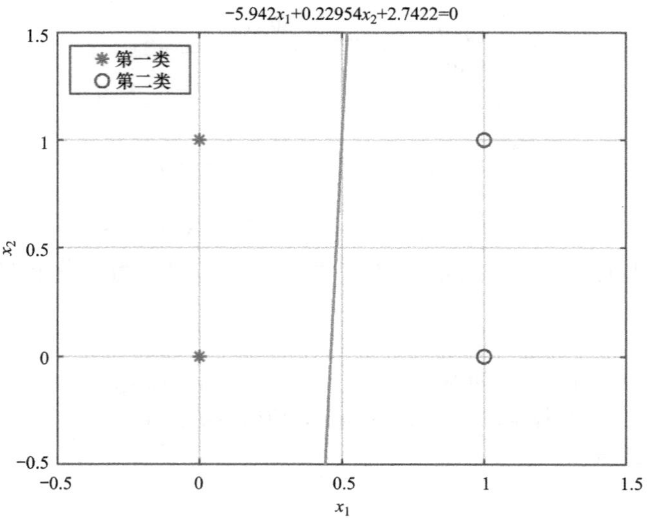

图 4－17　迭代得到的分类线

将训练样本放入分类器进行检验，有

$\boldsymbol{x}_1=(0,\ 0)^{\mathrm{T}}$，$net=3.2175$，$\hat{y}=0.9615$，$\boldsymbol{x}_1$ 属于第一类；

$\boldsymbol{x}_2=(0,\ 1)^{\mathrm{T}}$，$net=3.4404$，$\hat{y}=0.9689$，$\boldsymbol{x}_2$ 属于第一类；

$\boldsymbol{x}_3=(1,\ 1)^{\mathrm{T}}$，$net=-3.6554$，$\hat{y}=0.0252$，$\boldsymbol{x}_3$ 属于第二类；

$\boldsymbol{x}_4=(1,\ 0)^{\mathrm{T}}$，$net=-3.4337$，$\hat{y}=0.0313$，$\boldsymbol{x}_4$ 属于第二类。

4.6　感知器与神经元

基于感知器准则函数和最小误差平方准则函数设计的线性判别分类器，与人工神经网络的产生有着密切的关系。在模式识别技术发展的过程中，使用计算机进行视觉、听觉等信息处理时遇到很多困难，而人脑处理这些信息却轻松自如，一个儿童的语音识别和图像识别能力要远远高于超级计算机。因此，人们一直在寻找一种更加逼近人脑功能的算法，于是与脑神经科学的发展有了交叉，出现了人工神经网络。

脑神经科学中指出，神经网络由大量简单的基本元件——神经元组成。1891 年，德国生理学家瓦尔岱耶（waldeyer）提出神经元这一名称，并创立了神经元学说。一个神经元就是一个神经细胞，它是神经系统的基本组成单位。复杂的神经系统由数目众多的神经元组合而成，人的神经系统中各种神经元的总数可达 $10^{10}\sim10^{11}$ 个。典型的神经元基本结构如图 4－18 所示。

一个典型的神经元由细胞体、树突、轴突和突触组成。细胞体是信息处理的地方。树突是由细胞体延长出来的，分支逐渐变细，呈现树状形式，具有接受刺激并将冲动传入细胞体的功能。轴突可以看作信息传输管道，主要功能是将神经冲动由细胞体传至其他神经元或效应细胞。轴突的末端分裂成许多末梢，由这些末梢把信息传输到其他神经元。在突触处，两神经元并未连通，它只是发生信息传递功能的结合部。每个神经元的突触数目不

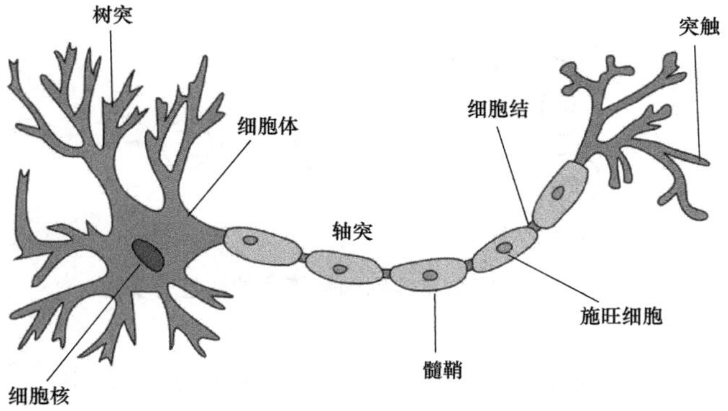

图 4-18　神经元结构

等，最高可达 10^5 个。各神经元之间的连接强度有所不同，并且都可调整，基于这一特性，人脑具有存储信息的功能。

生物神经元具有三种工作状态：兴奋状态、静息状态（静息膜电位一般为−70mV）和抑制状态（膜电位低于静息膜电位）。当传入的神经冲动使细胞膜电位升高到阈值（约为−55mV）时，细胞进入兴奋状态，产生神经冲动，由轴突输出。若细胞膜电位低于阈值时，没有神经冲动输出。

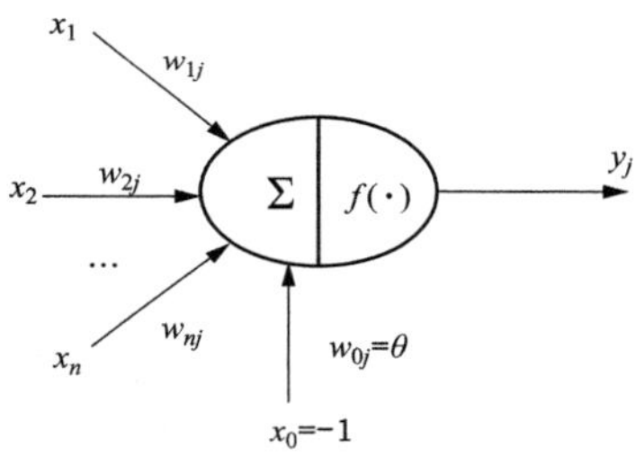

图 4-19　M-P 模型

1943 年，美国神经生理学家沃伦-麦卡洛克（Warren McCuloch）和数学家沃尔特-皮茨（Walter Pitts）提出 M-P 模型，它是首个通过模仿神经元而形成的模型。M-P 模型是按照生物神经元的结构和工作原理构造出来的一个抽象和简化了的模型，如图 4-19 所示。其中变量含义见表 4-8。

表 4-8　　生物神经元与 M-P 模型

生物神经元	神经元	输入信号	权值	输出	总和	膜电位	阈值
M-P 模型	j	x_i	w_{ij}	y_j	Σ	$\sum_{i=1}^{n} w_{ij}x_i(t)$	θ_j

美国心理学家弗兰克·罗森布拉特（Frank Rosenblatt）提出一种具有单层计算单元的神经网络，称为感知器（Perceptron），它基于 M-P 模型的结构而提出，是最简单的神经网络结构。

这里对应一下，感知器准则函数算法的线性分类器为

$$y = \boldsymbol{w}^{\mathrm{T}}\boldsymbol{x} + w_0 = \sum\nolimits_{i=1}^{n} w_i x_i + w_0 \tag{4-17}$$

判别标准为

$$f(y) = \begin{cases} \boldsymbol{x} \in \omega_1, & y > 0 \\ \boldsymbol{x} \in \omega_2, & y \leqslant 0 \end{cases} \tag{4-18}$$

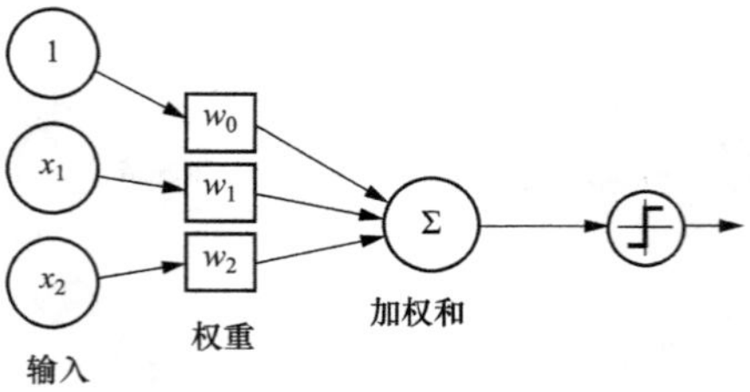

图 4-20　感知器准则函数算法的线性分类器

对该模型进行转变和合并，定义 $\theta=-w_0$，原加权和形式由 $\sum_{i=1}^{n} w_i x_i + w_0$ 转变为 $\sum_{i=1}^{n} w_i x_i - \theta$，激励函数形式不变，并合并为 $y=f(\sum_{i=1}^{n} w_i x_i - \theta)$。

可以认为，感知器准则函数算法的线性分类器就是人工神经元的一种表示形式，其中 $w_0=-\theta$。

人工神经元是对生物神经元的某种模仿、简化和抽象，其结构模型如图 4-21 所示。

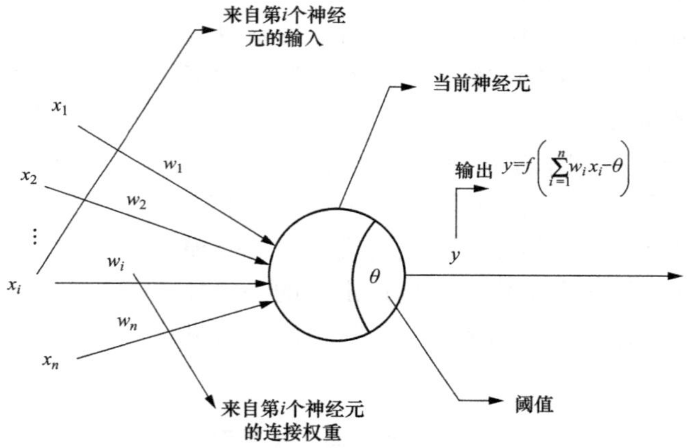

图 4-21　人工神经元结构模型

这样，对于某个神经元，接收多个外界输入信号或其他神经元的输入信号 x_i，各突触强度用实数 w_i 来表示，称为权系数；利用某种运算把输入信号的作用结合起来，称为“净输入”，用 net 表示。净输入表达式有多种类型，其中最简单的一种形式是线性加权求和，即 $net=\sum_{i=1}^{n} w_i x_i$。$net$ 可代替传入的神经冲动的电位总和，同时设定阈值 θ 代替细胞膜电位的阈值。

这样，根据电位总和与阈值之间的关系，模拟神经元的两种输出状态：

当 $net=\sum_{i=1}^{n} w_i x_i \geq \theta$ 时，神经元处于兴奋状态，输出 $y=1$；

当 $net=\sum_{i=1}^{n} w_i x_i < \theta$ 时，神经元处于抑制或静息状态，输出 $y=-1$；

由此得这类人工神经元的数学表达式为

$$y=f\left(\sum_{i=1}^{n} w_i x_i-\theta\right)$$

式中：θ 为阈值；f 为激励函数，函数形式为双极型阶跃函数，即

$$f(x)=\begin{cases}+1, & x\geqslant 0\\ -1, & x<0\end{cases}$$

神经元也有一些不同的绘图形式，如图 4－22 所示。

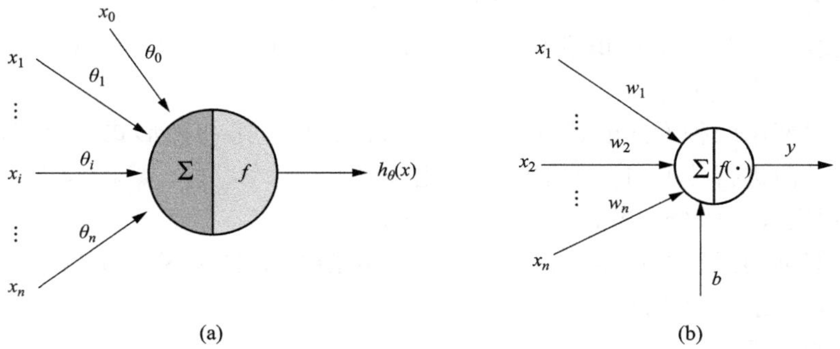

图 4－22　人工神经元的不同绘图形式

在神经元结构中，激励函数 f 是单调非降函数。有三种形式的函数常被用作激励函数：

（1）线性函数

$$f(x)=x$$

（2）阶跃函数，分为双极型阶跃函数和单极型阶跃函数。

双极型阶跃函数

$$f(x)=\begin{cases}+1, & x\geqslant 0\\ -1, & x<0\end{cases}$$

单极型阶跃函数

$$f(x)=\begin{cases}+1, & x\geqslant 0\\ 0, & x<0\end{cases}$$

（3）Sigmoid 函数，简称 S 形函数，分为双极型 S 形函数和单极型 S 形函数。

双极型 S 形函数

$$f(x)=\frac{2}{1+\mathrm{e}^{-\lambda x}}-1$$

单极型 S 形函数

$$f(x)=\frac{1}{1+\mathrm{e}^{-\lambda x}}$$

式中，参数 λ 影响函数形式的陡度。

从上述通用描述可知：基于感知器准则函数的线性分类器使用了双极型阶跃函数作为激励函数，其中阈值 $\theta=-w_0$；基于最小平方误差准则的线性分类器设计的例子使用了 S 形函数作为激励函数，上述算法都实现了一个最小的人工神经元。可以看出，线性判别函数是统计模式识别的一个重要方法，是研究神经网络的基础。

习 题

4.1 编程实践：感知器准则函数的梯度下降法。

对下面两类十个样本数据进行分类：

第一类，五个样本：$(220, 90)^T$，$(240, 95)^T$，$(220, 95)^T$，$(180, 95)^T$，$(140, 90)^T$；

第二类，五个样本：$(80, 85)^T$，$(85, 80)^T$，$(85, 85)^T$，$(82, 80)^T$，$(78, 80)^T$。

获得分类线，并对五个待识别样本 $(180, 90)^T$，$(210, 90)^T$，$(140, 80)^T$，$(90, 80)^T$，$(78, 85)^T$ 进行分类。

注意：可以使用两种形式的数据，并进行对比分析。第一种形式为上述原始数据，第二种形式为分类前进行 [0，1] 范围的归一化数据。

4.2 编程实践：LMSE 准则函数的梯度下降法。

基于感知器准则函数的梯度下降法程序，更换激励函数为 Sigmoid 函数，实现对以下两类数据分类，并绘制分类线：

第一类，两个点：$(0, 0)^T$，$(1, 0)^T$；

第二类，两个点：$(0, 1)^T$，$(1, 1)^T$。

第 5 章　神　经　网　络

5.1　线性不可分问题

5.1.1　异或问题

前述的线性判别函数中，分类线方程是线性函数，使用的训练样本也是线性可分的。例如，基于感知器准则函数的梯度下降法在训练样本线性可分的情况下，通过迭代计算，最终一定能找到将全部训练样本正确分类的权向量 $\boldsymbol{w}$。但是，如果训练样本本身是线性不可分的，这种情况下迭代计算不会终止，算法不收敛，线性判别法无法获得符合要求的权向量 $\boldsymbol{w}$。

例如，存在两类共四个样本：ω_1 中两个样本点 $\boldsymbol{x}_1=(0,1)^{\mathrm{T}}$，$\boldsymbol{x}_4=(1,0)^{\mathrm{T}}$；$\omega_2$ 中两个样本点 $\boldsymbol{x}_2=(1,1)^{\mathrm{T}}$，$\boldsymbol{x}_3=(0,0)^{\mathrm{T}}$。四个样本的分布情况如图 5－1 所示。

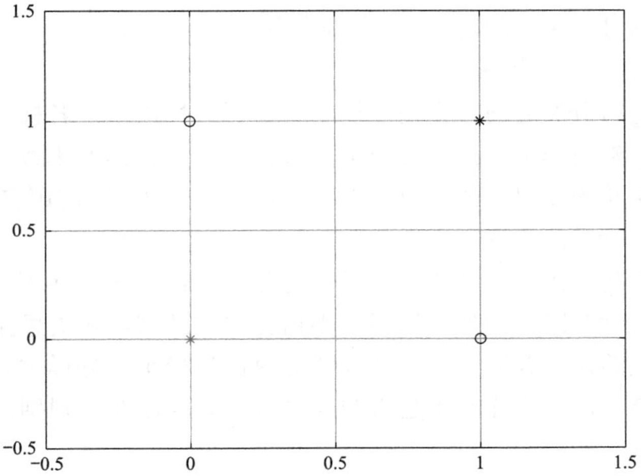

图 5－1　线性不可分的训练样本

显然，这是一组典型的线性不可分的训练样本，不可能用一条线性分类线将两类样本正确分开。如果使用第 4 章的梯度下降法例程，设定步长 0.1，程序会陷入死循环。迭代修正 60 次后的算法结果如图 5－2 所示，未能得到符合要求的权向量 $\boldsymbol{w}$。

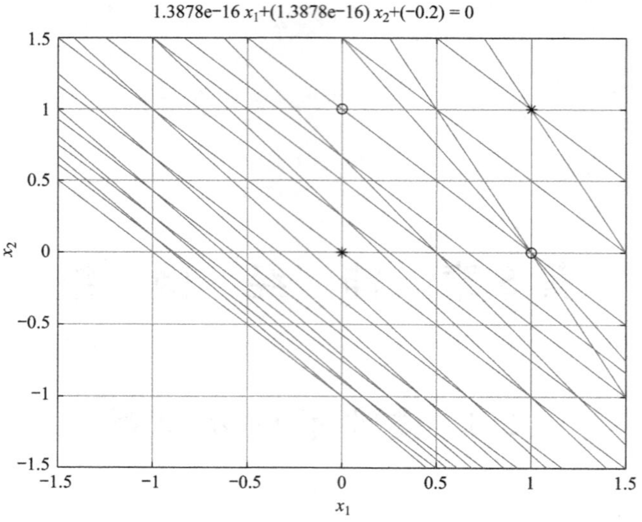

图 5-2　线性分类线的计算结果

如果把样本点作为输入，样本点的类别作为输出，ω_1 对应值 1，ω_2 对应值 0，根据这个输入、输出关系，可以构成逻辑上的“异或”。异或是一个数学运算符，通常应用于逻辑运算中。异或的数学符号为“$\oplus$”，计算机符号为“xor”。其运算法则为

$$a \oplus b=(\bar{a} \cap b) \cup (a \cap \bar{b}) \tag{5-1}$$

如果 a、b 两个值不相同，则异或结果为 1；如果 a、b 两个值相同，异或结果为 0。

5.1.2　解决方法

对于上述两类线性不可分问题，有不同的解决方法。

1. 采用线性判别函数进行分类

一种思路是在进行分类之前，先判断样本集是否线性可分。若样本集线性可分，则进行迭代寻优，获得能够将样本全部正确分类的权向量 $\boldsymbol{w}$。若样本集线性不可分，则采用其他方法，如采取折中法来获得一个折中的值。例如，上例中可以使用多次权值结果的均值，但这种结果没有相对标准的依据。

另一种思路是希望找到一种既适用于线性可分，又适用于线性不可分的算法，而不事先进行样本集的可分性判断。例如，使用最小错分样本准则，解决思路是期望找到一个权向量 $\boldsymbol{w}$，使判别错误的样本数最少，这种准则函数称为最小错分样本数准则函数。即允许有错分样本，这样就不用关心样本集是否线性可分，只要使线性判别结果中的错分样本数最少就行。

2. 采用非线性判别函数进行分类

根据实际具体问题，采用非线性判别函数也可以得到好的分类结果。例如，对于上述异或问题，引入下述非线性函数

$$f(\boldsymbol{x})=w_1x_1+w_2x_2+w_3x_1^2+w_4x_2^2+w_5x_1x_2+w_0$$

即

$$\boldsymbol{f}(\boldsymbol{x})=\boldsymbol{w}^{*\mathrm{T}}\boldsymbol{x}^{*}$$

$$\boldsymbol{w}^* = (w_1, w_2, w_3, w_4, w_5, w_0)^{\mathrm{T}}$$
$$\boldsymbol{x}^* = (x_1, x_2, x_1^2, x_2^2, x_1x_2, 1)^{\mathrm{T}}$$

判别规则为：

所有属于 ω_1 中的样本，$f(\boldsymbol{x}) = \boldsymbol{w}^{*\mathrm{T}}\boldsymbol{x}^* > 0$；

所有属于 ω_2 中的样本，$f(\boldsymbol{x}) = \boldsymbol{w}^{*\mathrm{T}}\boldsymbol{x}^* \leqslant 0$。

由此构成非线性分类器。计算时按前述方法，对非线性函数采用感知器准则函数的梯度下降法，有

$$\boldsymbol{w}_{k+1}^* = \boldsymbol{w}_k^* - \rho_k \sum_{x \in S_e} (-x^{*\prime}) = w_k^* + \rho_k \sum_{x \in S_e} x^{*\prime} \tag{5-2}$$

经过迭代计算，得到

$$f(x) = -0.5x_1 - 0.5x_2 - 0.5x_1^2 - 0.5x_2^2 + 2.5x_1x_2 + 0.5$$

该非线性判别函数能够将样本正确分类，解决该异或问题，分类结果如图 5-3 所示，其中红色曲线为最终得到的非线性判别函数曲线。

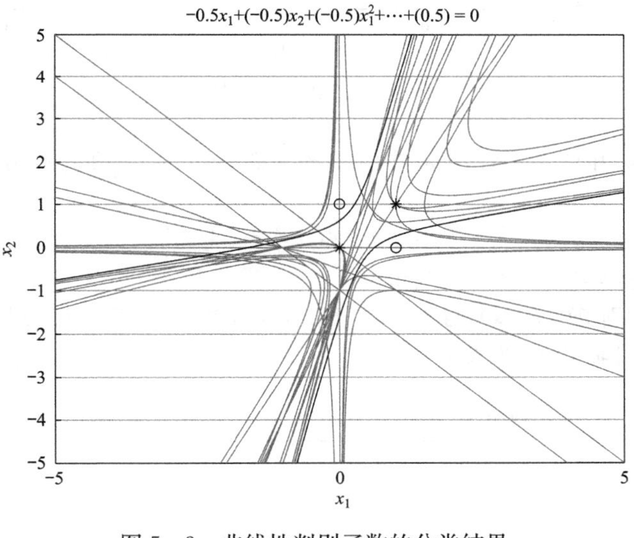

彩图

图 5-3 非线性判别函数的分类结果

5.2 线性判别函数组合方法

5.1 节介绍了针对线性不可分问题的解决方法，采用线性判别函数和非线性判别函数进行分类。采用一个线性判别函数能使判别错误的样本数尽量少，但不能为零；采用非线性判别函数缺乏通用性。本节介绍另一种线性不可分问题的解决方法，即线性判别函数组合方法。

【例 5-1】 两类共四个样本，ω_1 中两个样本点 $x_1 = (0, 1)^{\mathrm{T}}$，$x_4 = (1, 0)^{\mathrm{T}}$；$\omega_2$ 中两个样本点，$x_2 = (1, 1)^{\mathrm{T}}$，$x_3 = (0, 0)^{\mathrm{T}}$。使用线性判别函数组合方法进行分类。

解 可以作如下划分：ω_1 中的 $\boldsymbol{x}_1$、$\boldsymbol{x}_4$ 和 ω_2 中的 $\boldsymbol{x}_3$ 作为第一类，ω_2 中的 $\boldsymbol{x}_2$ 作为第二类，通过前述基于感知器准则函数的梯度下降法得到线性边界 $\boldsymbol{l}_A$，其线性方程为

$$f_A(x)=-3x_1-2x_2+4=0$$

将 l_A 作为第一条分类线，如图 5-4 所示。

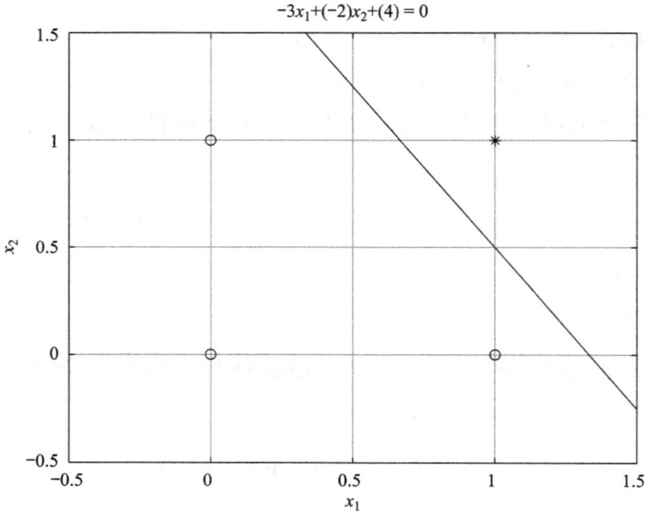

图 5-4　第一条分类线

同样，可以划分 ω_1 中的 $\boldsymbol{x}_1$、$\boldsymbol{x}_4$ 和 ω_2 中的 $\boldsymbol{x}_4$ 作为第一类，ω_2 中的 $\boldsymbol{x}_3$ 作为第二类，得到线性边界 l_B，其线性方程为

$$f_B(x)=2x_1+2x_2-1=0$$

将 l_B 作为第二条分类线，如图 5-5 所示。

将四个样本代入判别函数 $f_A(\boldsymbol{x})$ 与 $f_B(\boldsymbol{x})$，得到判别函数值，然后送入判别器中（阶跃型输出函数，见图 5-6），得到判别器输出值，见表 5-1。

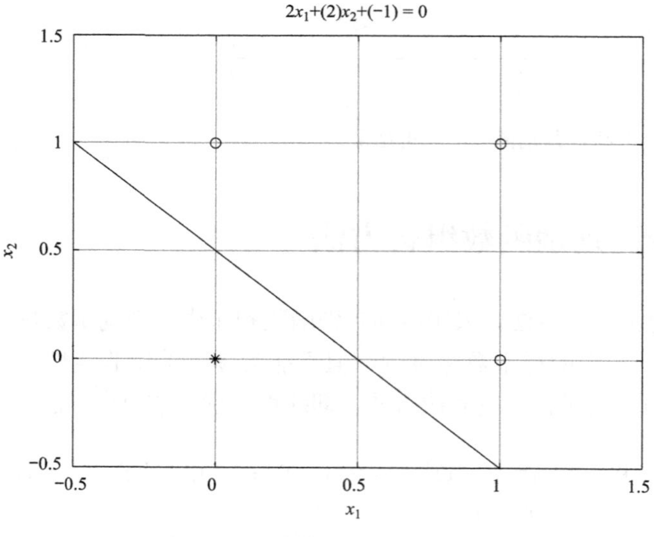

图 5-5　第二条分类线

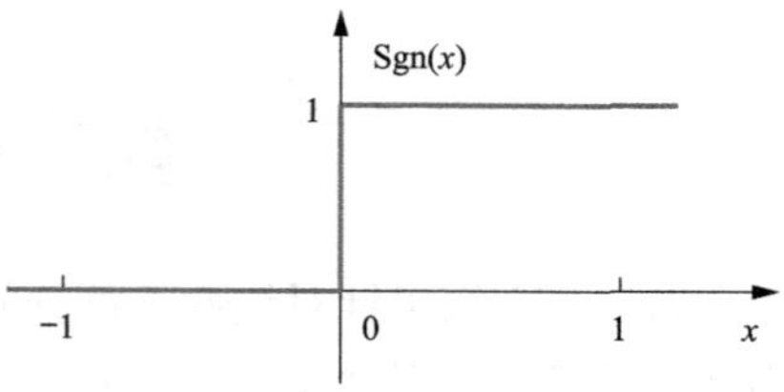

图 5-6　阶跃型输出函数

表 5-1　**判别函数值及判别器输出**

计算值＼样本	x_1	x_2	x_3	x_4
$\boldsymbol{x}$	$(0,\ 1)^T$	$(1,\ 1)^T$	$(0,\ 0)^T$	$(1,\ 0)^T$
$f_A(\boldsymbol{x})$	2	−1	4	1
O_A	1	0	1	1
$f_B(\boldsymbol{x})$	1	3	−1	1
O_B	1	1	0	1

将 l_A 与 l_B 的输出 O_A 和 O_B 构成一个空间，称为映像空间。在这个空间中，可以看出，这四个样本是线性可分的。线性边界 l_C 的方程为

$$f_C(\boldsymbol{x}) = 2O_A + 3O_B - 4 = 0$$

判别规则为

$$\begin{cases} f_C(\boldsymbol{x})>0 \Rightarrow O_C=1 \Rightarrow \boldsymbol{x}\in\omega_1 \\ f_C(\boldsymbol{x})\leqslant 0 \Rightarrow O_C=0 \Rightarrow \boldsymbol{x}\in\omega_2 \end{cases}$$

线性边界 l_C 如图 5-7 所示。

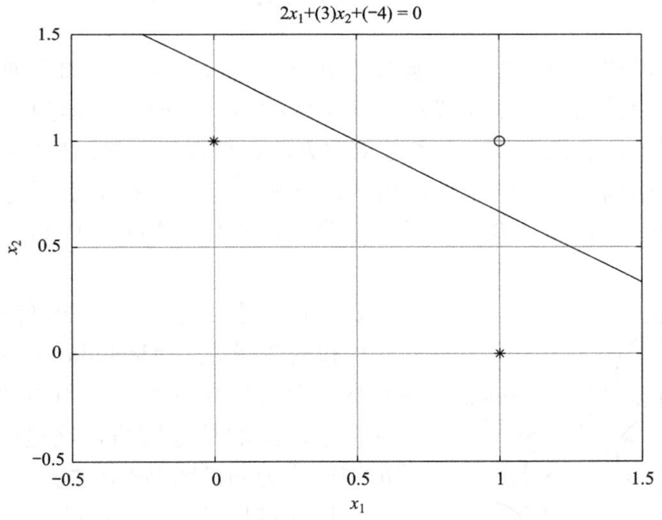

图 5-7　线性边界 l_C

依据判别规则，将两类样本正确分类，判别结果见表 5-2。

表 5-2　**判　别　结　果**

计算值＼样本	x_1	x_2	x_3	x_4
$\boldsymbol{x}$	$(0,\ 1)^T$	$(1,\ 1)^T$	$(0,\ 0)^T$	$(1,\ 0)^T$
$(O_A,\ O_B)^T$	$(1,\ 1)^T$	$(0,\ 1)^T$	$(1,\ 0)^T$	$(1,\ 1)^T$
$f_C(\boldsymbol{x})$	1	−1	−2	1
O_C	1	0	0	1
判别结果	ω_1	ω_2	ω_2	ω_1

基于 l_A、l_B、l_C 分别构成三个单神经元，它们之间通过输出输入连接在一起，构造了一个前向神经网络，包括输入层、隐层和输出层，这也是神经网络的常规描述方法。两个特征输入构成输入层，不进行任何计算，中间的隐层包括两个神经元，输出层包括一个神经元，如图 5－8 所示。

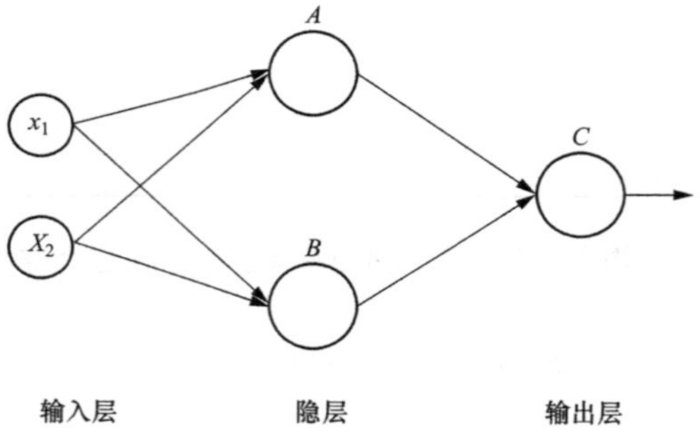

图 5－8　前向神经网络结构

5.3　BP 神 经 网 络

上面这个例子说明前向神经网络能够解决线性不可分问题，如异或问题。但是，例子中是按照直观的、设计的角度来完成神经网络的构建。同时，延伸到高维空间，这种方法不可行。实际应用中，必须寻找一种参数求取方法，根据样本得出连接的权值和阈值。

通常，网络的结构是人为给定的，包括设计多少隐层、每个隐层有多少神经元，后期各个权值和阈值通过学习算法获得。其中最常见的网络结构是 BP（Back-Propagation）神经网络。

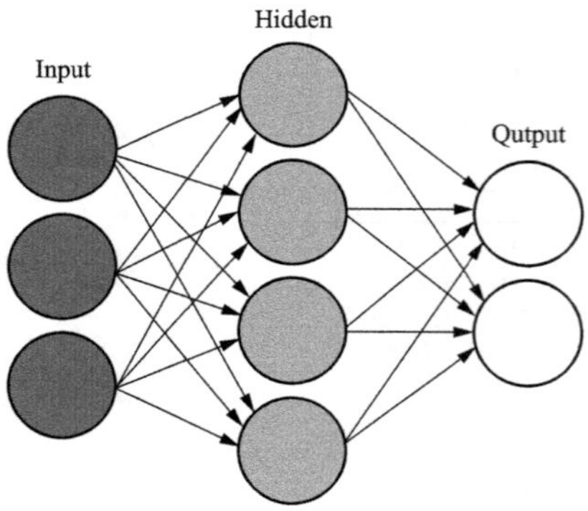

图 5－9　三层前馈神经网络

BP 神经网络是 1986 年由鲁梅尔哈特（Rumelhart）和麦克莱兰（Meclelland）提出的概念，是一种按照误差逆向传播算法训练的多层前馈神经网络，是应用最广泛的神经网络，这里以图 5－9 所示的三层前馈网络为例说明 BP 算法。

三层前馈网络的适用范围大大超过二层前馈网络，但学习算法较为复杂，主要困难是中间的隐层不直接与外界连接，无法直接计算其误差。为解决这一问题，提出了反向传播算法。其主要思想是从后向前（反向）逐层传播输出层的误差，从而间接计算出隐层误差。该算法分为两个阶段：第一阶段为正向过程，输入信息从输入层经隐层逐层计算各单元的输出值；第二阶段为反向传播过程，输出误差逐层向前算出隐层各单元的误差，并用此误差修正前层权值。

在反向传播算法中常采用梯度法修正权值，因此要求输出函数可微，通常采用 Sigmoid 函数作为输出函数。不失其普遍性，对于神经网络某一层的第 j 个计算单元，用脚标 i 代表其前层第 i 个单元，脚标 k 代表后层第 k 个单元，O_j 代表本层输出，w_{ij} 代表前层到本层的权值，w_{jk} 代表本层到后层的权值，如图 5－10 所示。

当输入某个样本时，从前到后对每层各单元作如下计算（正向算法）

$$net_j = \sum_i w_{ij} O_i \tag{5-3}$$

$$O_j = f(net_j) \tag{5-4}$$

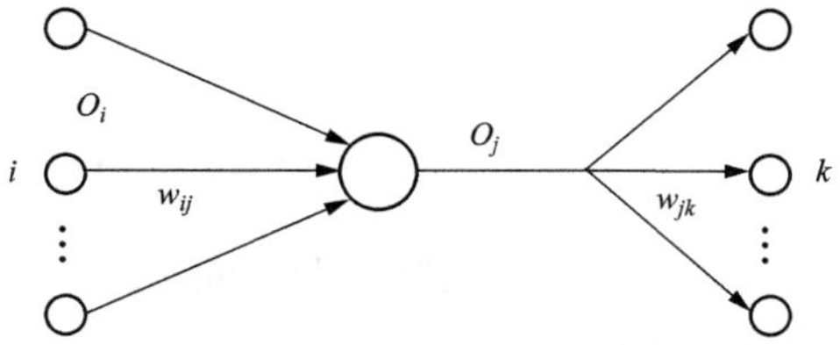

图 5-10　神经网络计算单元

对于输出层而言，$\hat{y}_j = O_j$ 是实际输出值，y_j 是理想输出值，此样本下的误差为

$$J = \frac{1}{2} \sum_j (y_j - \hat{y}_j)^2 \tag{5-5}$$

$$\frac{\partial J}{\partial w_{ij}} = \frac{\partial J}{\partial \hat{y}_j} \cdot \frac{\partial \hat{y}_j}{\partial net_j} \cdot \frac{\partial net_j}{\partial w_{ij}} \tag{5-6}$$

其中

$$\frac{\partial net_j}{\partial w_{ij}} = O_i$$

定义局部梯度

$$\delta_j = \frac{\partial J}{\partial \hat{y}_j} \cdot \frac{\partial \hat{y}_j}{\partial net_j} = \frac{\partial J}{\partial net_j} \tag{5-7}$$

考虑权值 $\boldsymbol{w}_{ij}$ 对误差的影响，可得

$$\frac{\partial J}{\partial w_{ij}} = \frac{\partial J}{\partial net_j} \cdot \frac{\partial net_j}{\partial w_{ij}} = \delta_j O_i \tag{5-8}$$

权值修正应使误差减小速度最快，修正量为

$$\Delta w_{ij} = -\eta \delta_j O_i \tag{5-9}$$

$$w_{ij}(k+1) = w_{ij}(t) + \Delta w_{ij}(t) \tag{5-10}$$

式（5-9）中，η 为步长（或学习速率），有时也用 ρ 表示。

如果节点 j 是输出单元，则有

$$O_j = \hat{y}_j \tag{5-11}$$

$$\delta_j = \frac{\partial J}{\partial \hat{y}_j} \cdot \frac{\partial \hat{y}_j}{\partial net_j} = -(y_j - \hat{y}_j) f'(net_j) \tag{5-12}$$

对于 Sigmoid 函数

$$f(x) = \frac{1}{1+\mathrm{e}^{-x}} \tag{5-13}$$

有

$$f'(x) = \frac{\mathrm{e}^{-x}}{(1+\mathrm{e}^{-x})^2} = f(x)[1-f(x)] \tag{5-14}$$

则

$$\delta_j = \frac{\partial E}{\partial \hat{y}_j} \cdot \frac{\partial \hat{y}_j}{\partial net_j} = -(y_j - \hat{y}_j)\hat{y}_j(1-\hat{y}_j) \tag{5-15}$$

如果节点 j 不是输出单元，由图可知，O_j 对后层的全部节点都有影响。因此，

$$\delta_j = \frac{\partial J}{\partial net_j} = \sum_k \frac{\partial J}{\partial net_k} \frac{\partial net_k}{\partial O_j} \frac{\partial O_j}{\partial net_j}$$

$$
\begin{aligned}
&= \sum_k \delta_k w_{jk} f'(net_j) \\
&= O_j(1-O_j)\sum_k \delta_k w_{jk}
\end{aligned}
\tag{5-16}
$$

现以前述异或问题为例，说明链式求导法则。如图 5 - 11 所示，图中标明了不同层的局部梯度构成。

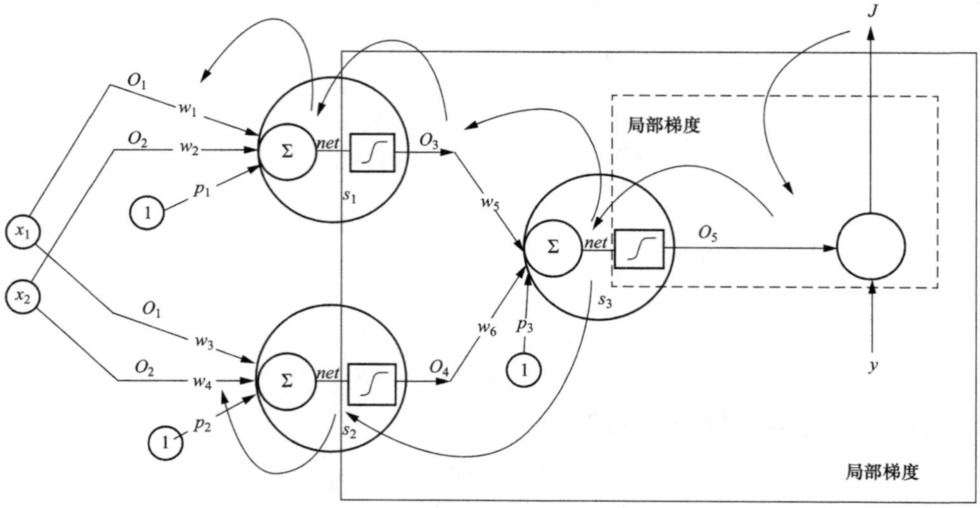

图 5 - 11　链式求导法则

在实际计算时，为了加快收敛速度，通常在权值修正量中加上前一次的权值修正量，一般称之为惯性项，即

$$
\Delta w_{ij}(k) = -\eta\delta_j O_i + \alpha\Delta w_{ij}(k-1) \tag{5-17}
$$

式中：α 为惯性系数或者动量系数；η 为学习速率。

综上所述，反向传播算法步骤如下：

(1) 选定权系数初始值。

(2) 重复下述过程直至收敛，采用单样本修正法，对各样本依次计算。

1) 从前向后逐层计算各单元 O_j

$$
net_j = \sum_i w_{ij} O_i
$$

$$
O_j = 1/(1 - e^{-net_j})
$$

2) 对输出层计算 δ_j

$$
\delta_j = -(y - O_j)O_j(1 - O_j)
$$

3) 从后向前计算各隐层 δ_j

$$
\delta_j = O_j(1 - O_j)\sum_k \delta_k w_{jk}
$$

4) 计算并保存各权值修正量

$$
\Delta w_{ij}(k) = -\eta\delta_j O_i + \alpha\Delta w_{ij}(k-1)
$$

5）修正权值

$$w_{ij}(k+1)=w_{ij}(k)+\Delta w_{ij}(k)$$

上述算法是对每个样本作权值修正，也可以对各样本计算 δ_j 后求和，按总误差修正权值，即批量修正法。

反向传播算法解决了隐层权值修正问题，但它是用梯度法求非线性函数极值，因而有可能陷入局部极小点，不能保证收敛到全局极小点。

二层前馈网络的收敛性不受初始值影响，各权值的初始值可以全设定为零；而三层以上的前馈网络（含有一个以上隐层）使用反向传播算法时，如果权值初始值都为零或都相同，隐层各单元不能出现差异，运算不能正常进行。因此，通常用较小的随机数（如±0.3区间）作为权值初始值。初始值对收敛有影响，当计算不收敛时，可以改变初始值试算。

反向传播算法中有两个参数 η 和 α。步长 η 对收敛性影响很大，而且对于不同的问题其最佳值相差也很大，通常可在 0.1～3 之间试探；对于较复杂的问题应用较大的值。惯性项系数 α 影响收敛速度，在很多应用中其值可在 0.9～1 之间选择（如 0.95），$\alpha \geqslant 1$ 时不收敛；有些情况下也可不用惯性项（即 $\alpha=0$）。

三层前馈网络的输出层与输入层单元数是由问题本身决定的。例如，对于模式识别问题，输入单元数是特征维数，输出单元数是类别数。但中间隐层的单元数如何确定则缺乏有效的方法。一般来说，问题越复杂，需要的隐层单元越多；或者说同样的问题，隐层单元越多越容易收敛，但是隐层单元过多会增加使用时的计算量，同时会产生“过学习”现象，使其对未出现过的样本的分类准确率降低，即推广能力变差。

【例 5-2】 仍以前述异或问题数据为例。设有四个样本：ω_1 中两个样本点 $(0, 0)^T$。$(1, 1)^T$；ω_2 中两个样本点 $(0, 1)^T$、$(1, 0)^T$。使用 BP 神经网络进行分类。

解　构成隐层包含两个神经单元的神经网络，结构如图 5-12 所示。

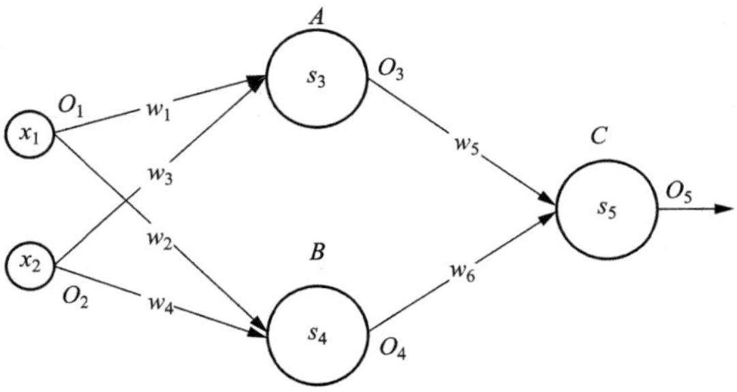

图 5-12　解决异或问题的神经网络结构

首先，计算前向通道的值。

```
% 每个神经元的总输入和输出计算如下
        o1=x(1);
        o2=x(2);
        s3=w(1)* x(1)+w(3)* x(2)+p(1);
        o3=1/(1+exp(-s3));
        s4=w(2)* x(1)+w(4)* x(2)+p(2);
        o4=1/(1+exp(-s4));
        s5=o3* w(5)+o4* w(6)+p(3);
```

```
o5=1/(1+exp(-s5));
```

然后，计算误差：

```
% 输出层和隐含层神经元的误差计算如下
e5=o5* (1-o5) * (y-o5);
e4=o4* (1-o4) * e5* w(6);
e3=o3* (1-o3) * e5* w(5);
```

最后，计算权值更新：

```
% 网络连接权值更新如下
w(6)=w(6)+l* o4* e5;
w(5)=w(5)+l* o3* e5;
w(4)=w(4)+l* o2* e4;
w(3)=w(3)+l* o2* e3;
w(2)=w(2)+l* o1* e4;
w(1)=w(1)+l* o1* e3;
% 神经元偏置更新如下
p(1)=p(1)+l* e3;
p(2)=p(2)+l* e4;
p(3)=p(3)+l* e5;
```

通过上述算法，能够得到一组符合条件的参数结果为

$$w=(-6.2733,\ -7.8457,\ -6.2712,\ -7.8345,\ -14.5898,\ 14.6865)$$

$$p=(9.3749,\ 3.4140,\ 7.0891)$$

对应的分类线分别为

$$f_A=-6.2733x_1-6.2712x_2+9.3749=0$$

$$f_B=-7.8457x_1-7.8345x_2+3.4140=0$$

$$f_C=-14.5898x_1+14.6865+7.0891=0$$

三条分类线如图 5 - 13 所示。

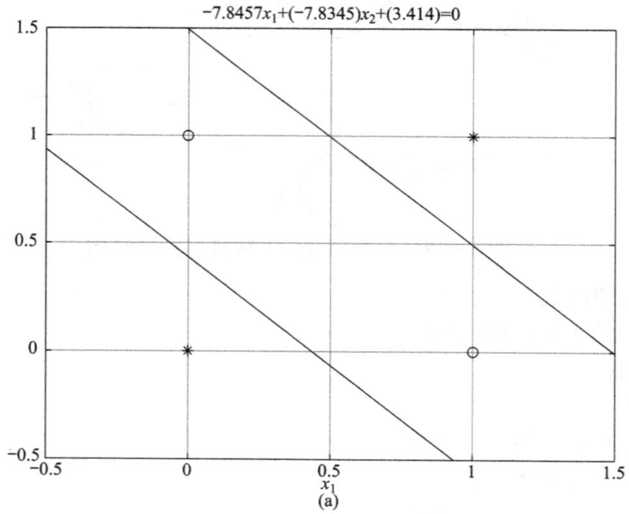

图 5 - 13　解决异或问题的分类线（一）

(a) 分类线 f_A、f_B

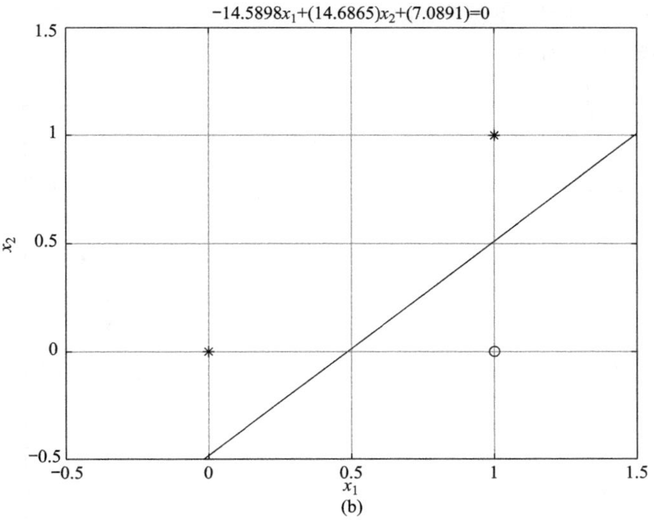

图 5 - 13　解决异或问题的分类线（二）

（b）分类线 f_C

这说明，通过这种学习算法，能够得到神经网络中各连接的权值，解决这种线性不可分问题。事实上，对于第 4 章所讲述的感知器准则函数解决的线性可分问题，采用 BP 算法同样能够很方便地解决。第 4 章的例子其实就是单神经元的 BP 算法实现，并用来进行两类分类。

二维码

例程

完整的算法例程扫描二维码获取。

5.4　神经网络算法的应用

5.4.1　函数拟合与数据预测

5.3 节中，介绍了 BP 神经网络用于模式识别问题的例子，解决了四个线性不可分样本点的分类问题。除此之外，经过一些小的改变，[例 5 - 2] 还能扩展应用于其他领域，如函数的拟合。

【例 5 - 3】 抛物线函数 $f(x)=(x-1)^2$ 在 $x\in[0,\ 2]$ 范围内，以等间距 0.1 产生训练样本，采用隐层为 3 个神经单元的三层 BP 神经网络进行训练，得到拟合关系 $g(x)$，然后对 $x\in[0,\ 2]$ 范围内的任何 x 求取其对应的拟合值 $g(x)$。

例程　(1) 生成训练数据。

```
x=0:0.1:2;
[m,n]=size(x)
for i=1:n
    D(i)=(x(i)-1)^2
end
figure;
```

```
plot(x,D,'* '); % 绘制训练数据分布图
```

训练数据分布如图 5 - 14 所示。

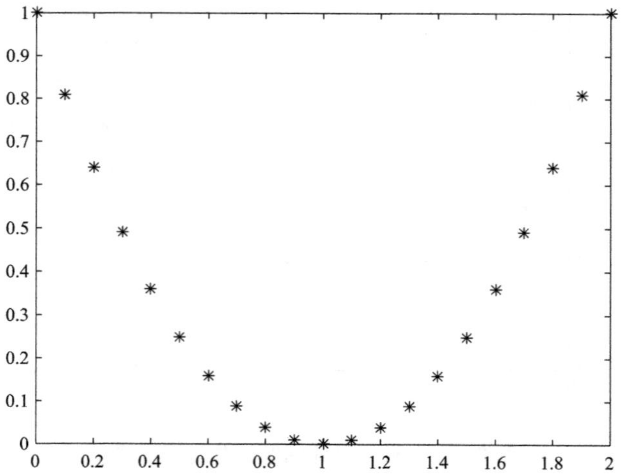

图 5 - 14　训练数据分布

(2) 建立隐层包含三个神经单元的神经网络，如图 5 - 15 所示。

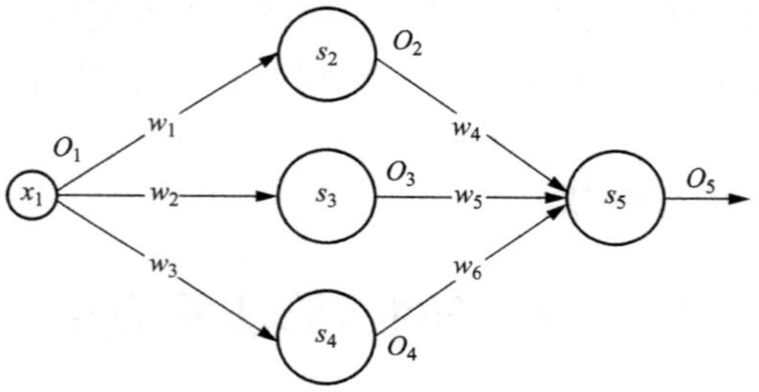

图 5 - 15　隐层包含三个神经单元的神经网络

(3) 采用 BP 算法进行前向计算和后向误差传递，修正权值。

```
for i=1:n
        % 每个神经元的总输入和输出计算如下
        in=x(i);
        out=D(i);

        s2=w(1)* in+p(1);
        o2=1/(1+exp(-s2));
        s3=w(2)* in+p(2);
        o3=1/(1+exp(-s3));
        s4=w(3)* in+p(3);
        o4=1/(1+exp(-s4));
        s5=o2* w(4)+o3* w(5)+o4* w(6)+p(4);
        o5=1/(1+exp(-s5));
```

```
        e=out-o5;
        err=err+abs(e);% 简化,应该用平方

        % 输出层神经元的误差计算如下
        e5=e* o5* (1-o5);
        % 隐层神经元的误差计算如下
        e2=o2* (1-o2) * w(4) * e5;
        e3=o3* (1-o3) * w(5) * e5;
        e4=o4* (1-o4) * w(6) * e5;

        % 网络连接权值更新如下
        w(4)=w(4)+l* e5* o2;
        w(5)=w(5)+l* e5* o3;
        w(6)=w(6)+l* e5* o4;

        w(1)=w(1)+k* e2* in;
        w(2)=w(2)+k* e3* in;
        w(3)=w(3)+k* e4* in;

        %% 神经元偏置更新如下
        p(1)=p(1)+k* e2;
        p(2)=p(2)+k* e3;
        p(3)=p(3)+k* e4;
        p(4)=p(4)+l* e5;
    end
```

对于训练数据的拟合结果如图 5－16 所示。

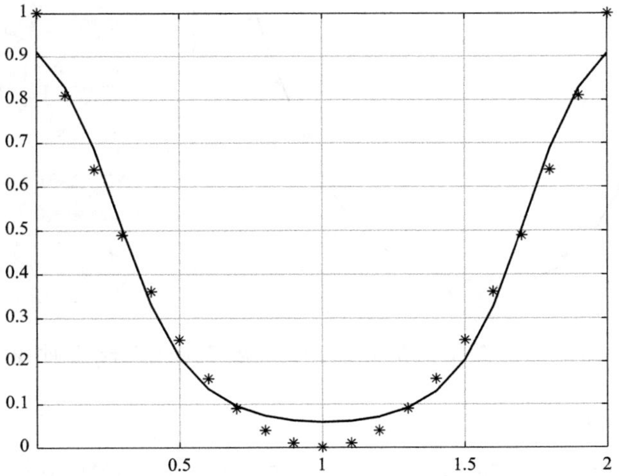

图 5－16　拟合结果曲线

（4）未知数据估计。经过训练，获取模型中各个神经元的参数后，对 $x\in[0, 2]$ 范围内的任何 x 求取其对应的拟合值。

假设 $x=0.45$，$g(x)=0.2677$。

同样使用 MATLAB 中的函数可以很方便地得出拟合曲线和各神经单元的权值。参考程序如下：

```
net=newff([0 2],[3 1],{'logsig','logsig'});
net.trainParam.epochs=10000; % 训练的最大次数
net.trainParam.goal=0.001; % 全局最小误差
net=train(net,X,D);
O=sim(net,X);
figure;
plot(X,D,'*',X,O); % 绘制训练后得到的结果和误差曲线
V=net.iw{1,1}% 输入层到中间层权值
theta1=net.b{1}% 中间层各神经元阈值
W=net.lw{2,1}% 中间层到输出层权值
theta2=net.b{2}% 输出层各神经元阈值
```

其中：newff 为建立前向神经网络函数。

1）newff 第一个变量，设定输入特征的范围。如果具有 n 个输入特征，变量需要变成 n 行。

2）newff 第二个变量，设定隐含层和输出层神经元的数目，本例隐含层为三个神经单元，输出层为一个，因此设定为 [3，1]。

3）newff 第三个变量，默认的函数 Sigmoid。

4）默认训练方法为（Levenburg-Marquardt），为梯度下降和牛顿法的结合。

使用 MATLAB 中的函数得出的拟合结果如图 5-17 所示。

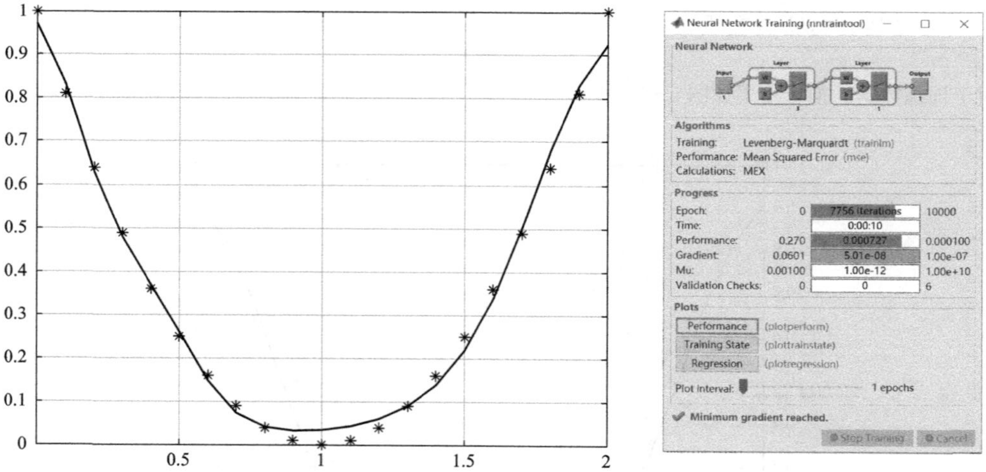

图 5-17　使用 MATLAB 中的函数得到的拟合结果曲线

模型中各个神经元的参数为

$$w=(-1.0013,\ -8.5535,\ -5.6476,\ 1.0e+03*-3.1091,\ 0.0046,\ 2.7673)$$

$$\boldsymbol{p}=(7.7828,\ 5.5994,\ -6.3665,\ 3.1020e+03)$$

然后，对 [0，2] 范围内的任何 x 求取其对应的拟合值。例如，$x=0.45$，$g(x)=0.3140$。

同样，进行一些小的调整，上述例程还能扩展应用于数据预测领域。例如，某电商“双十一”销售额数据见表 5-3。

表 5-3　某电商“双十一”销售额数据

年份	2009	2010	2011	2012	2013	2014	2015	2016	2017	2018
销售额（亿元）	0.5	9	52	191	350	571	912	1207	1682	2135
销售额拟合数值	26	49	95	179	321	546	862	1259	1700	2137

将原始数据绘制于图 5-18 中，参考前述例子的例程，可以得到对销售额的拟合曲线和拟合数值，见图 5-19 及表 5-3。参考程序见配套数字资源。

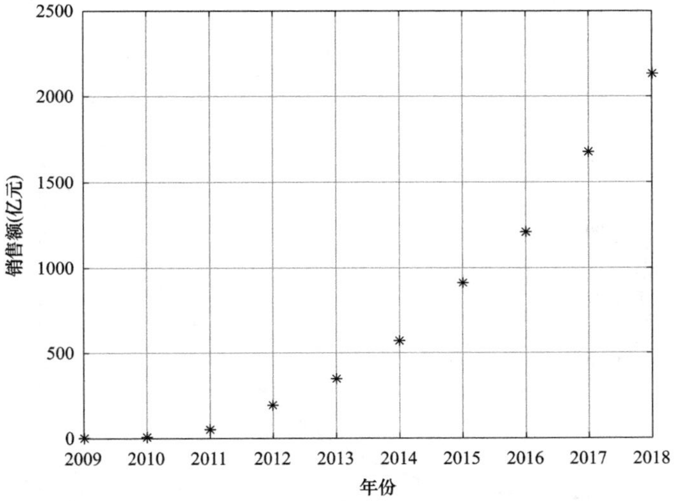

图 5-18　原始数据点

对原始输入数据 x 范围外的数据进行预测，得到 2019 年销售额预测值为 2535 亿元，真实值为 2684 亿元，如图 5-20 所示。

5.4.2　应用中的优缺点

人工神经网络（Artificial Neural Network，ANN）是机器学习和模式识别领域中常用的计算机算法，在人工智能发展过程中起到了重要作用，并且在不断地发展和变化，其发展历史如图 5-21 所示。人工神经网络的形式很多，这里以具有代表性的 BP 神经网络来说明。

1986 年，BP 神经网络出现之后，在图像识别、自然语言处理、预测与回归等任务中取得了大量研究成果，算法有很多的优点，但也存在着一些缺点。

BP 神经网络的优点：

（1）非线性映射能力。BP 神经网络的实质是实现了一个从输入到输出的映射功能，数学理论证明三层的神经网络就能够以任意精度逼近任何非线性连续函数。这使得其特别适合于求解内部机制复杂的问题，即 BP 神经网络具有较强的非线性映射能力。

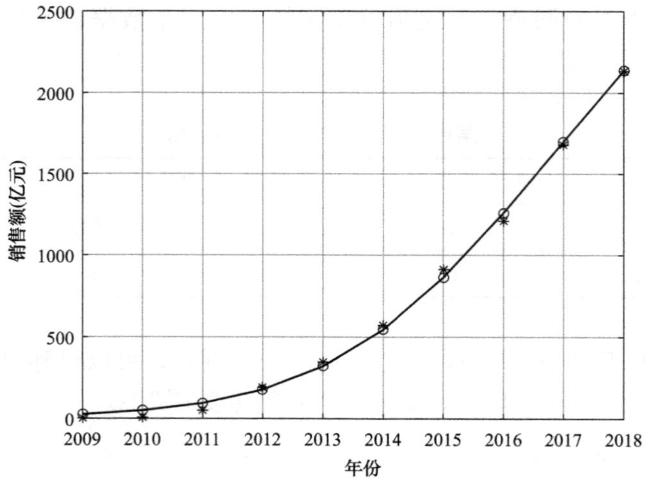

图 5-19 数据拟合结果

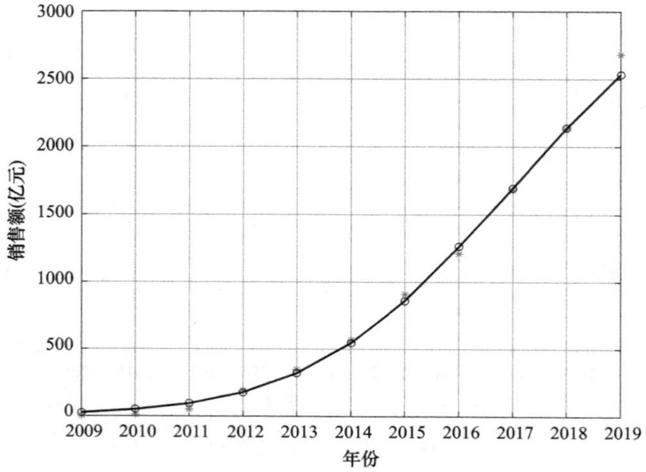

图 5-20 数据预测结果

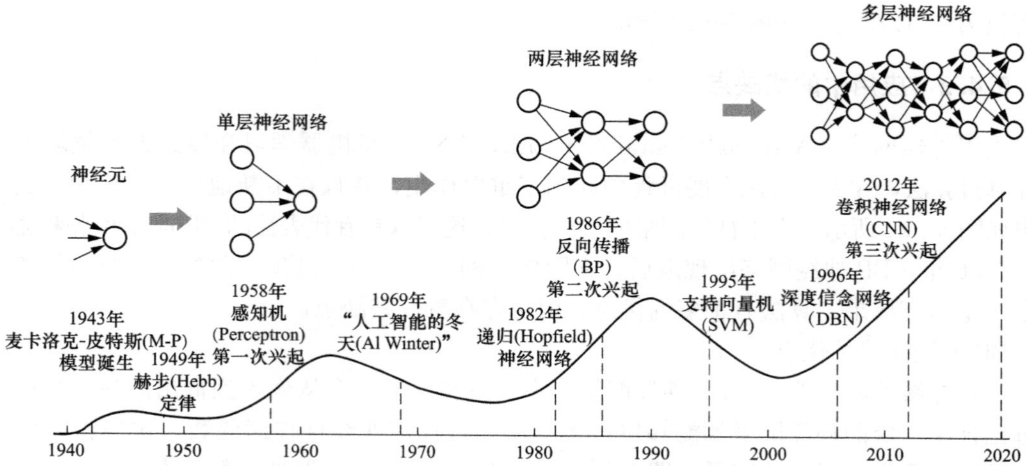

图 5-21 人工神经网络的发展历史

（2）自学习和自适应能力。BP 神经网络在训练时，能够通过学习自动提取输入与输出数据间的“合理映射”，并自适应地将学习内容记忆于网络的权值中，即 BP 神经网络具有高度自学习和自适应的能力。

（3）泛化能力。泛化能力是指在设计模式分类器时，既要考虑网络能够对研究对象正确分类，又要关心网络在经过训练后，能否对未见过的模式或有噪声污染的模式进行正确的分类，即 BP 神经网络具有将学习成果应用于新知识的能力。

（4）容错能力。BP 神经网络在其局部的或者部分的神经元受到破坏后，对全局的训练结果不会造成很大的影响，也就是说即使系统在受到局部损伤时还可以正常工作，即 BP 神经网络具有一定的容错能力。

鉴于 BP 神经网络的这些优点，国内外不少学者都对其进行了研究，并运用 BP 神经网络解决了不少应用问题。但是随着应用范围的逐步扩大，BP 神经网络也暴露出了越来越多的缺点和不足。

BP 神经网络的缺点和不足：

（1）局部极小化问题。从数学角度看，传统的 BP 神经网络是一种局部搜索的优化方法，它要解决的是一个复杂非线性化问题，网络的权值是通过沿局部改善的方向逐渐进行调整的，这样会使算法陷入局部极值，权值收敛到损失函数的局部极小点，从而导致网络训练失败。加上 BP 神经网络对初始网络权重非常敏感，以不同的权重初始化网络，往往会收敛于不同的局部极小，得到不同的训练结果。

（2）收敛速度慢。BP 神经网络算法的本质为梯度下降法，所要优化的目标函数非常复杂，因此，必然会出现“锯齿形现象”，这使得 BP 算法低效。同时，由于优化的目标函数很复杂，它必然会在神经元输出接近 0 或 1 的情况下，出现一些平坦区，在这些区域内，权值误差改变很小，使训练过程几乎停顿。此外，在 BP 神经网络模型中，为了使网络执行 BP 算法，不能使用传统的一维搜索法求每次迭代的步长，而必须把步长的更新规则预先赋予网络，这种方法也会引起算法低效。以上种种，导致了 BP 神经网络算法收敛速度较慢。

（3）结构选择缺乏理论指导。BP 神经网络结构的选择至今尚无统一而完整的理论指导，一般只能按经验选定。如果网络结构选择过大，训练效率不高，可能出现过拟合现象，造成网络性能低，容错性下降；如果网络结构选择过小，则又会造成网络可能不收敛。而网络的结构直接影响网络的逼近能力及推广性质。因此，应用中如何选择合适的网络结构是一个重要的问题。

（4）应用实例与网络规模的矛盾问题。BP 神经网络难以解决应用问题的实例规模和网络规模间的矛盾，涉及网络容量的可能性与可行性的关系问题，即学习复杂性问题。

（5）预测能力和训练能力的矛盾问题。预测能力也称泛化能力或者推广能力，而训练能力也称逼近能力或者学习能力。一般情况下，训练能力差时，预测能力也差，并且在一定程度上，随着训练能力的提高，预测能力会得到提高。但这种趋势不是固定的，其有一个极限，当达到此极限时，随着训练能力的提高，预测能力反而会下降，出现所谓“过拟合”现象。出现该现象的原因是网络学习了过多的训练样本，学习出的模型已不能反映一般样本内含的规律，因此，如何把握好学习的度，解决网络预测能力和训练能力间矛盾问题也是 BP 神经网络的重要研究内容。

（6）样本依赖性问题。网络模型的逼近和推广能力与学习样本的典型性密切相关，而从问题中选取典型样本实例组成训练集是一个很困难的问题。

习　题

编程实践：BP 算法实现。

编写 BP 算法程序，对四个样本进行分类。

第一类，两个样本：$(0,\ 0)^T$，$(1,\ 1)^T$；

第二类，两个样本：$(1,\ 0)^T$，$(0,\ 1)^T$。

第 6 章　支 持 向 量 机

6.1　机　器　学　习

6.1.1　机器学习问题的表示

第 5 章所介绍的 BP 神经网络算法最初应用于模式识别，之后推广至函数拟合和数据预测领域，这些算法都属于人工智能领域中的机器学习问题。此处，先介绍一下机器学习问题的一般表示。

在人工智能的研究中，希望用机器（计算机）来模拟人类的学习能力，这是机器学习理论的出发点，有时也称为机器智能。基于数据的机器学习问题是机器智能计算技术的一个重要分支，主要研究如何从一些观测数据（样本）挖掘出目前尚不能通过原理分析得到的规律，并利用这些规律去分析客观对象，对未来数据或无法观测的数据进行预测，模式识别就是其中重要的一部分。现实世界中，存在着大量尚无法准确认识但却可以进行观测的事物，因此基于数据的机器学习在从现代科学技术到社会经济等各领域中都具有十分广阔的应用前景。

机器学习的目的是从给定的训练样本中学习输入、输出之间的依赖关系，并据此对未知的输出做出尽可能准确的预测。

定义 6.1　根据样本学习的一般模型 M，由产生器 G、训练器 S、学习机器 LM 三个部分组成，如图 6－1 所示。G 是样本产生器，能从固定但未知的概率分布函数 $F(\boldsymbol{x})$ 中独立产生随机向量 $\boldsymbol{x}\in R^n$。S 是训练器，对每个输入向量 $\boldsymbol{x}$ 返回一个确定的输出值 y，产生输出的根据是固定但未知的条件分布函数 $F(y|\boldsymbol{x})$。

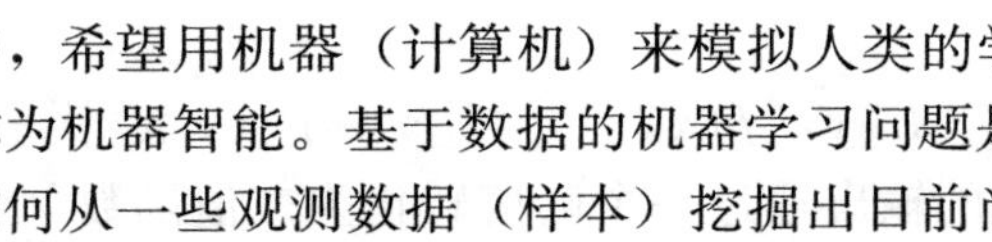

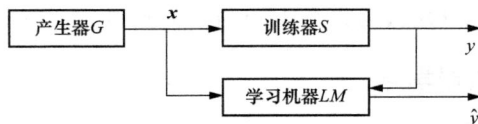

图 6－1　根据样本学习的一般模型

根据联合分布

$$F(\boldsymbol{x},\ y)=F(\boldsymbol{x})F(y|\boldsymbol{x}) \tag{6-1}$$

抽取出的 l 个独立分布观察数据对

$$(\boldsymbol{x}_1, y_1), \cdots, (\boldsymbol{x}_l, y_l) \tag{6-2}$$

构成训练集。

LM 是学习机器，能在一组函数集 $f(\boldsymbol{x}, \alpha)$，($\alpha \in \Lambda$，$\Lambda$ 是参数集合）中选择出能够使输出 $\hat{y}$ 最好地逼近训练响应 y 的函数 $f(\boldsymbol{x}, \alpha_0)$。训练之后的学习机器必须对任意输入 $\boldsymbol{x}$ 给出输出 $\hat{y}$，使期望风险 $R(\alpha)$ 最小，即

$$R(\alpha) = \int L[y, f(\boldsymbol{x}, \alpha)] \mathrm{d}F(\boldsymbol{x}, y) \tag{6-3}$$

式中：$f(\boldsymbol{x}, \alpha)$ 称为学习函数集或预测函数集；α 为函数的广义参数；$L[y, f(\boldsymbol{x}, \alpha)]$ 为在给定输入 $\boldsymbol{x}$ 下训练器输出 y 与学习器给出的 $f(\boldsymbol{x}, \alpha)$ 之间损失的期望。

通过定义不同形式的损失函数可以构成三种基本的机器学习问题：模式识别、函数拟合（回归函数估计）和概率密度估计。

对于模式识别问题，输出 y 是类别标号，两类情况下 $y=\{0, 1\}$ 或 $\{-1, 1\}$ 是二值函数，预测函数称为指示函数，也就是判别函数。模式识别问题中损失函数的定义为

$$L[y, f(\boldsymbol{x}, \alpha)] = \begin{cases} 0, & y = f(\boldsymbol{x}, \alpha) \\ 1, & y \neq f(\boldsymbol{x}, \alpha) \end{cases} \tag{6-4}$$

期望风险最小就是贝叶斯决策中错误率最小。

在函数拟合问题中，y 是连续变量（这里假设为单值函数），它是 $\boldsymbol{x}$ 的函数，损失函数定义为

$$L[y, f(\boldsymbol{x}, \alpha)] = [y - f(\boldsymbol{x}, \alpha)]^2 \tag{6-5}$$

实际上，只要把函数的输出通过一个阈值转化为二值函数，函数拟合问题就变成了模式识别问题。

而对于概率密度估计问题，学习的目的是根据训练样本确定 $\boldsymbol{x}$ 的概率密度。令估计的密度函数为 $p(\boldsymbol{x}, \alpha)$，则损失函数可以定义为

$$L[p(\boldsymbol{x}, \alpha)] = -\log p(\boldsymbol{x}, \alpha) \tag{6-6}$$

更一般地，学习问题可以这样定义：

定义 6.2 设有定义在空间 Z 上的概率测度 $F(\boldsymbol{z})$，考虑函数的集合 $Q(\boldsymbol{z}, \alpha)$ ($\alpha \in \Lambda$)，学习的目标是最小化风险泛函

$$R(\alpha) = \int Q(\boldsymbol{z}, \alpha) \mathrm{d}F(\boldsymbol{z}), \quad \alpha \in \Lambda \tag{6-7}$$

其中概率测度 $F(\boldsymbol{z})$ 未知，但给定了独立分布样本：

$$\boldsymbol{z}_1, \boldsymbol{z}_2, \cdots, \boldsymbol{z}_l \tag{6-8}$$

$\boldsymbol{z}$ 代表数据对 $(\boldsymbol{x}, y)$，$Q(\boldsymbol{z}, \alpha)$ 是不同的损失函数。

6.1.2 模式识别与机器学习

模式识别是机器学习的一种基本问题，第 1 章已对其基本方法进行了介绍。一般可以分为两个过程和四个环节。两个过程分别为学习（训练）过程和识别（测试）过程。学习过程是基于学习样本完成分类器的设计，识别过程则是根据分类器来完成未知样本的分类决策。四个环节包括数据获取和预处理、特征选择和提取、分类器设计、分类决策。在模式识别系统中，将已识别的分类结果与已知类别的输入模式作对比，不断改进判决规则，

制定出最合理的判决规则，这也就是通常所说的“学习”过程。

可以用计算机实现的分类模型来说明模式识别与机器学习之间的联系，如图6-2所示。

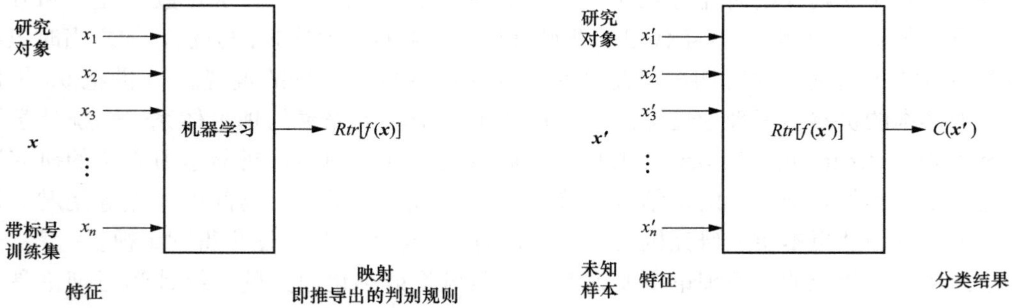

(a) 利用已知标号的训练集学习分类规则 (b) 利用学习到的映射进行分类

图6-2 计算机实现的模式识别分类模型

用映射形式来描述模式识别方法，包括以下几个步骤：

第一步，完成特征的抽取，即决定如何以 $f(\boldsymbol{x})$ 的形式描述对象 $\boldsymbol{x}$。选择 $f(\boldsymbol{x})$ 是一个困难又关键的任务，不存在先验基础，通常与具体的工程应用紧密相连。不恰当的特征选择会使判别规则或映射 $Rtr(\cdot)$ 复杂化，而有效的特征选择则会使规则既简单又易于理解。

第二步，学习一种能明确表达的映射 $Rtr[f(\boldsymbol{x})]$，即利用一组已知类别标号的训练模式样本推导出决策规则。

第三步，运用映射 $Rtr[f(\boldsymbol{x})]$ 进行分类。

事实上，分类只是狭义模式识别所考虑的问题。模式识别所关心的不只是分类，更一般地，还有对各种属性的估计，即广义上所理解的模式识别。从广义上讲，“模式”可以是人类认识世界和解释世界的手段，此时的“识别”这个词也应该广义地去理解，不仅有分类，还有分析、描述、判别等含义。实际上，在一些研究课题中，不仅要求把一个模式分到某一类，同时还要描述它的结构特点及属性，在这种情况下，识别不是简单的分类，还需要对模式做出完整的描述才能满足要求。总之，在人类社会中，可能产生多种复杂的信息，凡是对产生这些信息的过程或现象进行分类与描述，并在这些信息中寻找规律或模式的过程，都可以称为模式识别。人类的很多活动，几乎都可以用模式识别的语言加以描述。在这样的意义上，模式识别和“学习”“概念形成”是很相近的，甚至可以说是相同的范畴。

6.2 统计学习理论

人工神经网络以传统的学习理论为基础，其代表性的BP神经网络具有5.4.2节中提到的缺点和不足。原因在于传统的学习理论主要是基于经验风险最小化（Empirical Risk Minization，ERM）原则的。所谓经验风险，是指在训练集上的风险，通常用均方误差表示。理论表明，当训练样本趋于无穷时，经验风险收敛于实际风险。因此，经验风险最小化原则隐含地使用了训练样本无穷多的假设条件。然而，在实际应用中（如故障诊断）样本数据通常是有限的，因此研究在有限样本情况下的机器学习理论具有更高的实用价值。

以万普尼克（V. N. Vapnik）和泽范兰杰斯（Chervonenkis）为代表的理论分析学派早在 20 世纪 60 年代就开始研究有限样本情况下的机器学习问题。由于在数学理论和方法论上缺乏重大革新，20 世纪 90 年代以前并没有提出能够将理论实现的方法，加之当时正处在其他学习方法飞速发展的时期，因此这些研究并没有得到充分的重视。20 世纪 90 年代初期，有限样本的机器学习理论逐渐成熟，形成了一个较为完善的理论体系——统计学习理论（Statistical Learning Theory，SLT），而同时人工神经网络等机器学习方法的研究遇到了一些困难，例如，神经元网络结构的确定、过学习和欠学习、局部极小点等问题。在这种情况下，试图从更本质上研究机器学习问题的统计学习理论才逐步得到重视。

总体而言，传统的学习理论主要是基于经验风险最小化原则的，统计学习理论是基于结构风险最小化（Structural Risk Minimization，SRM）原则的。

6.2.1 经验风险最小化原则

式（6－7）给出的学习问题的学习目标在于使期望风险 $R(\alpha)$ 达到最小化，但是，由于已知的全部信息只有独立分布样本，如式（6－8）所示，因此期望风险无法通过式（6－7）直接计算得到。

所以根据概率论中的大数定律的思想，传统的学习方法中自然用到算术平均方法来逼近（6－7）中的期望风险，即

$$R_{\text{emp}}(\alpha)=\frac{1}{l}\sum_{i=1}^{l}Q(z_i,\alpha) \tag{6-9}$$

由于 $R_{\text{emp}}(\alpha)$ 是用已知的训练样本（即经验数据）定义的，因此也称为经验风险。用经验风险 $R_{\text{emp}}(\alpha)$ 最小化来代替期望风险 $R(\alpha)$ 最小化，从而求得学习机器的参数 α 的方法，这就是所谓的经验风险最小化（ERM）原则。

事实上，一方面用经验风险最小化原则代替期望风险最小化原则并没有经过充分的理论论证，只是直观上合理的做法。没有理论保证，在样本无穷大条件下得到的学习机器在样本有限的情况下仍能有好的效果。另一方面，概率论中的大数定律只是说明（在一定条件下）当样本趋于无穷多时，$R_{\text{emp}}(\alpha)$ 将在概率意义上趋近于 $R(\alpha)$，并不保证 $R_{\text{emp}}(\alpha)$ 和 $R(\alpha)$ 在同一点上取得最小值。但多年来这种思想在机器学习方法研究中占据了主要地位，这使得大部分研究者将注意力集中到如何更好地最小化经验风险上。

定义 6.3 设 $Q(z,\alpha_l)$ 是对给定的独立同分布观测 $z_1, z_2, \cdots, z_l$ 使经验风险泛函 $R_{\text{emp}}(\alpha)=\frac{1}{l}\sum_{i=1}^{l}Q(z_i,\alpha)$ 最小化的函数。如果下面两个序列概率收敛于同一个极限，如图 6－3 所示，即

$$\begin{aligned}R(\alpha_l)&\xrightarrow[l\to\infty]{P}\inf_{\alpha\in\Lambda}R(\alpha)\\ R_{\text{emp}}(\alpha_l)&\xrightarrow[l\to\infty]{P}\inf_{\alpha\in\Lambda}R(\alpha)\end{aligned} \tag{6-10}$$

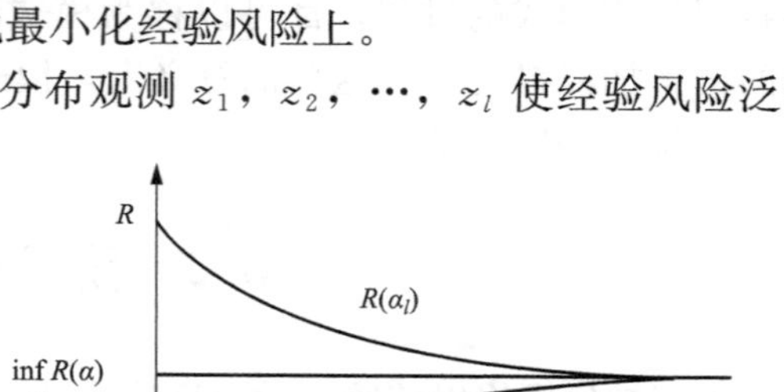

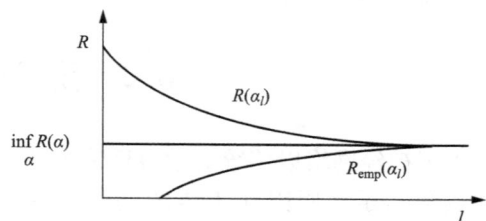

图 6－3 期望风险和经验风险都收敛于最小可能风险的情况

则称 ERM 原则对函数集 $Q(z,\alpha)$ （$\alpha\in\Lambda$）

和概率分布函数 $F(z)$ 是一致的。

对函数集 $Q(z,\alpha)$ $(\alpha \in \Lambda)$，定义其子集 $\Lambda(c)$ 为

$$\Lambda(c)=\left\{\alpha: \int Q(z,\alpha)\mathrm{d}F(z)>c,\ \alpha \in \Lambda\right\} \tag{6-11}$$

如果对函数集的任意非空子集 $\Lambda(c)$ $[c\in(-\infty,+\infty)]$ 都有

$$\inf_{\alpha\in\Lambda} R_{\text{emp}}(\alpha_l) \xrightarrow[l\to\infty]{P} \inf_{\alpha\in\Lambda} R(\alpha) \tag{6-12}$$

成立，则 ERM 原则对函数集 $Q(z,\alpha)$ $(\alpha\in\Lambda)$ 和概率分布函数 $F(z)$ 是非平凡一致的。

也就是说，一个 ERM 原则，如果把函数集中取得风险最小值的函数去掉后，即去掉平凡一致性的情况，仍然能够满足式（6-12）的收敛条件，则这个 ERM 原则是收敛的。

Vapnik 和 Chervonenkis 于 1989 年提出了 ERM 原则非平凡一致收敛的充要条件，被称为学习理论的关键定理。

定理 6.1　对函数集 $Q(z,\alpha)$ $(\alpha\in\Lambda)$，满足条件

$$A\leqslant \int Q(z,\alpha)\mathrm{d}F(z)\leqslant B\ (A\leqslant R(\alpha)\leqslant B)$$

那么，ERM 方法非平凡一致收敛的充要条件为：经验风险 $R_{\text{emp}}(\alpha)$ 在函数集 $Q(z,\alpha)$ $(\alpha\in\Lambda)$ 上在如下意义下一致收敛于实际风险 $R(\alpha)$

$$\lim_{l\to\infty} P\{\sup_{\alpha\in\Lambda}[R(\alpha)-R_{\text{emp}}(\alpha)]>\varepsilon\}=0,\ \forall\varepsilon>0 \tag{6-13}$$

这种一致收敛称为单边收敛，这与下式定义的一致双边收敛相对应

$$\lim_{l\to\infty} P\{\sup_{\alpha\in\Lambda}|R(\alpha)-R_{\text{emp}}(\alpha)|>\varepsilon\}=0,\ \forall\varepsilon>0 \tag{6-14}$$

由于在学习过程中，经验风险和期望风险都是预测函数的函数（泛函）。我们的目的不是用经验风险去逼近期望风险，而是通过求使经验风险最小化的函数逼近能使期望风险最小化的函数，因此其一致性条件比传统统计学中的一致性条件更严格。

从上面学习理论关键定理可以看到，基于经验风险最小化原则的学习过程一致的条件取决于预测函数集中最差的函数，因此是最坏情况分析，基于这一条件得到的模式识别方法可能趋于悲观和保守。

6.2.2　学习机器的复杂性与推广能力

在早期神经网络研究中，人们总是把注意力集中在如何使 $R_{\text{emp}}(\alpha)$ 更小，但很快便发现，单一追求训练误差小并不是总能达到好的预测效果。人们将学习机器对未来输出进行正确预测的能力称作推广能力。

定义 6.4　学习机器的推广能力是指对一个经过训练并成功收敛于 $Q(z,\alpha_0)$ $(\alpha_0\in\Lambda)$ 的学习机器 LM_0，从概率测度 $F(z)$ 中随机产生样本 z'，$Q(z',\alpha_0)$ 趋近于零的概率 $P(LM_0)$。

某些情况下，训练误差过小反而会导致推广能力下降，这是许多神经网络研究者都曾遇到过的学习问题。原因在于：学习样本不充分和学习机器设计不合理，这两个问题是互相关联的。有时，试图用一个复杂的模型去拟合有限的样本，结果导致丧失了推广能力。在神经网络中，如果对于有限的训练样本来说，网络的学习能力过强，足以记住每一个训练样本，此时经验风险很快就可以收敛到很小甚至零，但却根本无法保证它能够很好地预

测未来新的样本。这就是有限样本下学习机器的复杂性与推广性之间的矛盾。

很多情况下，即使已知问题中的样本来自某个比较复杂的模型，但由于训练样本有限，用复杂的预测函数对样本进行学习的效果通常也不如用相对简单的预测函数，当有噪声存在时更是如此。

从这些讨论可以得出下述基本结论：在有限样本情况下，经验风险最小并不一定意味着期望风险最小；学习机器的复杂性不仅与所研究的系统有关，而且要与有限的学习样本相适应。

有限样本情况下，学习精度和推广性之间的矛盾似乎是不可调和的，采用复杂的学习机器容易使学习误差更小，但往往却丧失了推广性。因此，人们研究了很多弥补办法，例如，在训练误差中，对学习函数的复杂性进行惩罚，或者通过交叉验证等方法进行模型选择以控制复杂度，等等，这使一些原有方法得到了改进。但是，这些方法多带有经验性质，缺乏完善的理论基础。在神经网络研究中，针对具体问题可以通过合理设计网络结构和学习算法达到学习精度和推广性的兼顾，但却没有任何理论指导。

6.2.3 VC 维

为了研究函数集在经验风险最小化原则下的学习过程一致收敛的速度和推广性，统计学习理论定义了一系列有关函数集学习性能的指标，其中最重要的是 VC 维（Vapnik-Chervonenkis Dimension）。

VC 维理论是统计学习理论的最重要的理论基础，它是一种定量反映函数集学习能力的概念，是对函数集学习性能的描述指标。下面给出 VC 维的直观定义。

定义 6.5 一个指示函数集 $Q(z, \alpha)$，$\alpha \in \Lambda$ 的 VC 维，是能够被集合中的函数以所有可能的 2^h 种方式分成两类的向量 z_1，z_2，…，z_h 的最大数目 h（即能够被这个函数集打散的最大样本数目）。若对任意的 n，总存在一个 n 个向量的集合可以被函数集打散，则函数集的 VC 维是无穷大的。设 $A \leqslant Q(z, \alpha) \leqslant B$，$\alpha \in \Lambda$ 是一个以常数 A 和 B 为界的实函数集合，考虑其指示器集合为

$$I(z, \alpha, \beta) = \theta\{Q(z, \alpha) - \beta\}, \alpha \in \Lambda, \beta \in (A, B)$$

其中，$\theta(z)$ 是阶跃函数。

则实函数集 $Q(z, \alpha)$（$\alpha \in \Lambda$）的 VC 维定义为相应的指示器集合 $I(z, \alpha, \beta)$ [$\alpha \in \Lambda$，$\beta \in (A, B)$] 的 VC 维。

VC 维反映了函数集的学习能力，VC 维越大则学习机器越复杂（容量越大）。所以，VC 维又是学习机器复杂程度的一种衡量。但是遗憾的是，目前尚没有通用的计算任意函数集的 VC 维的理论，只准确知道一些特殊的函数集的 VC 维，例如，平面中直线的 VC 维是 3，因为它们能打散 3 个向量，如图 6-4（a）所示。而平面中直线的 VC 维无法为 4，因为它们不能打散 4 个向量，如图 6-4（b）所示，向量 z_2 和 z_4 不能被直线与 z_1 和 z_3 分隔开。n 维坐标空间中的线性函数的集合的 VC 维等于 $n+1$。

对于一些比较复杂的学习机器（如神经网络），其 VC 维除了与函数集（神经网络结构）选择有关外，通常也受学习算法等的影响，因此确定其 VC 维将更加困难。对于给定的学习函数集，如何用理论或实验的方法计算它的 VC 维仍是当前统计学习理论中有待解

决的一个问题。

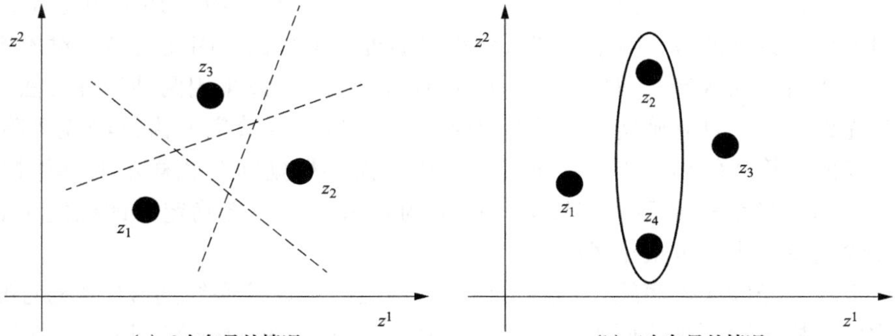

(a) 3个向量的情况　　(b) 4个向量的情况

图 6-4　平面中直线的 VC 维是 3 的举例

6.2.4　推广性的界理论

对于一个学习机器，我们关心的是该学习机器对训练样本之外的样本数据的处理能力，即学习机的推广性。统计学习理论系统地研究了不同类型的函数集的经验风险和实际风险之间的关系，即推广性的界，它是分析学习机器性能和发展新的学习算法的重要基础。

推广能力界的结论从理论上说明了学习机器的实际风险是由两部分组成的，即

实际风险 = 经验风险(训练误差) + 置信范围

置信范围 $\Phi(n/h)$ 与学习机器的 VC 维 h 及训练样本数 n 有关，它随 n/h 的变化趋势如图 6-5 所示。

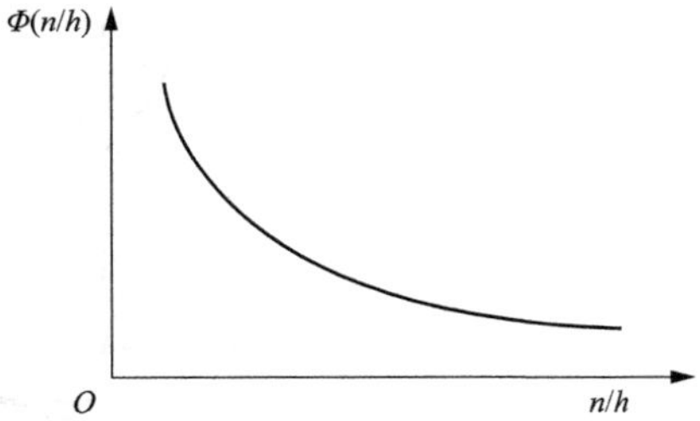

n：训练样本数，h：VC维，$\Phi(n/h)$：置信范围

图 6-5　置信范围的变化趋势

对于一个特定的问题，其样本数 n 是固定的，此时学习机器（分类器）的 VC 维越高（即复杂性越高），则置信范围就越大，导致实际风险与经验风险之间可能的差就越大。因此，在设计分类器时，不但要使经验风险最小化，还要使 VC 维尽量小，从而缩小置信范围，使期望风险最小。神经网络等方法出现过学习现象的原因，是因为在有限样本的情况下，如果网络或算法设计不合理，就会出现经验风险较小，但置信范围很大的情况，导致推广能力下降。这也是在一般情况下，选用过于复杂的分类器或神经网络往往得不到好的推广效果的原因。

6.2.5　结构风险最小化原则

从对 ERM 原则及其推广能力的有关分析结论中可以看到，机器学习过程不但要使经验风险最小，还要使 VC 维尽量小，以缩小置信范围，才能取得较小的实际风险，即对未知样本有较好的推广性。ERM 原则在样本有限时是不合理的。其实，在传统方法中，由于缺乏理论指导，一般是根据先验知识和人工经验，反复地修改学习模型和算法，以调整置信范围，这种手工的方法比较适合现有样本的离线训练。当样本数目变化且样本更新时，所选择的模型常常会出现较大的偏差，需要进一步调整，于是产生了自适应算法等多种修正方法，但根本问题未得到解决。

如果一个复杂的机器，其置信范围很大，即使可以把经验风险最小化为零，但在测试集上的错误数目仍可能很大，这叫作过学习现象。为避免过学习，必须构造 VC 维小的学习机器，但如果函数集的 VC 维小，那么就难以逼近训练数据，因此这是一对矛盾。

对于这对矛盾，在构造学习机器时，根据不同侧重点可以采用两种处理方法。

（1）预先设计一个具有确定复杂度的函数集，在这个函数集上执行经验风险最小化原则。这是神经网络算法的出发点。在神经网络中，需要根据问题和样本的具体情况来选择不同的网络结构。当结构模型确定以后，网络的容量也就随之确定，即确定了置信范围，然后根据经验风险最小化求最小风险。

（2）给定一个经验误差底线，然后选择能够满足这个误差底线的 VC 维最小的函数集。这种思想称作结构风险最小化原则。支持向量机（Support Vector Machine，SVM）是这种思路的实现方法，且不需要计算 VC 维的具体值，只需要知道不同函数集的 VC 维的相对大小。

对于 SVM 方法，在使用结构风险最小化原则的过程中，为了便于比较函数集的 VC 维的大小，统计学习理论提出了一种新的策略：即把函数集构造为一个函数子集序列，使各个子集按照 VC 维的大小进行排列，这样在同一个子集中置信范围就相同；在每一个子集中寻找最小经验风险，它通常随着子集复杂度的增加而减小。在子集中选择经验风险 $R(\alpha)$ 和置信范围 $\Phi(n/h)$ 之和最小的子集，作为结构风险最小的函数模型，如图 6－6 所示。

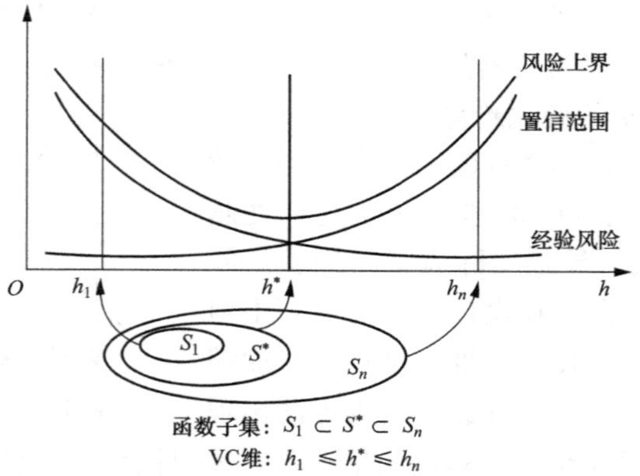

图 6－6　结构风险最小化示意图

同时，统计学习理论还给出了合理的函数子集结构应满足的条件，及其在 SRM 方法下实际风险收敛的性质。实现 SRM 方法可以有两个思路。

（1）在每个子集中求最小经验风险，然后选择使最小经验风险和置信范围之和最小的子集。显然，对于子集数目不大的情况，这种方法尚能可行，但当子集数目趋于无穷时，这种方法是不可行的。

（2）设计函数集的某种结构，使每个子集中都能取得最小的经验风险（如经验风险为零），然后，只需选择适当的子集使置信范围最小，则这个子集使经验风险和置信范围同时最小。

SVM 方法就是利用了第（2）种思路成功地实现了上述思想，在解决小样本、非线性及高维模式识别问题中表现出许多特有的优势，并能够推广应用到函数拟合等其他机器学习问题中，表现出很多优异的性能。

简而言之，ANN 方法采用了保持置信范围（通过选择一个适当构造的学习机器）并最小化经验风险的策略；SVM 方法采用的是保持经验风险固定（或等于零）并最小化置信范围的策略。可以看出，SVM 方法更侧重于获得良好的推广能力。

对于 ANN 方法，由于合理的网络复杂度取决于具体问题，因此对不同的问题，可能需要使用不同的网络结构，然而在对结构模型进行选择时缺乏成熟的理论指导，所以这种选择往往是依赖先验知识和经验进行的，这就造成了神经网络等方法对使用者"技巧"的过分依赖。

6.3 支 持 向 量 机

支持向量机是弗拉基米尔·万普尼克（Vladimir Naumovich Vapnik）等人根据统计学习理论中的结构风险最小化原则提出的，其主要内容在 1992～1995 年基本完成的。可以说，统计学习理论从 20 世纪 90 年代以来越来越受到重视，很大程度上是因为它发展出了支持向量机这一通用学习方法，使统计学习理论具有了有效的实现手段。

万普尼克等人对有限样本情况下机器学习中的一些根本性问题进行了系统的理论研究。以往困扰很多机器学习方法的问题，如模型选择与过学习问题、非线性和维数灾难问题、局部极小点问题等，在这里都得到了很大程度上的解决。支持向量机更充分考虑了算法的推广能力，而且，很多传统的机器学习方法都可以看作是支持向量机方法的一种实现，因此，统计学习理论和支持向量机被很多人认为是研究机器学习问题的一个基本框架。

支持向量机的重点在于最优超平面的构造和非线性问题的处理两个方面。

（1）最优超平面的构造。统计学习理论根据结构风险最小化原则，把最优超平面的构造转化为二次优化问题，从而求得全局最优解，这是支持向量机的核心内容。

（2）非线性问题的处理。实际的分类问题通常都是非线性的，因此，对于支持向量机来说，解决非线性问题的能力是至关重要的。该方法处理这个问题的基本思想是将样本空间映射到更高维的特征空间，在特征空间中求出最优超平面，该超平面实际上对应着原样本空间中的非线性超平面。支持向量机通过具有特殊性质的核函数巧妙地避开了直接在高维空间中处理问题，从而使计算的复杂性基本不增加。

6.3.1 最优超平面的构造

支持向量机方法最初来自对数据分类问题的处理。对于数据分类问题，如果采用通用的神经网络方法来实现，其机理可以简单地描述为：系统随机产生一个超平面并移动它，直到训练集中属于不同类别的点正好位于平面的不同侧面。因此，用神经网络方法进行数据分类最终获得的分类平面往往非常靠近训练集中的点，大多数情况下，并不是一个最优解。因此，支持向量机方法考虑寻找一个满足分类条件的分类平面，并使训练集中的点距离该分类平面尽可能远。

最优超平面的构造又分为线性可分和线性不可分两种情况，支持向量机方法最初是在线性可分的情况下提出的。设两类样本集（$\boldsymbol{x}_i$，y_i），$\boldsymbol{x}_i \in R^n$，$y_i \in \{-1，+1\}$，$i=1，2，\cdots N$。其中，N 为训练样本总数，n 为样本空间的维数，y 为样本的类别标志。

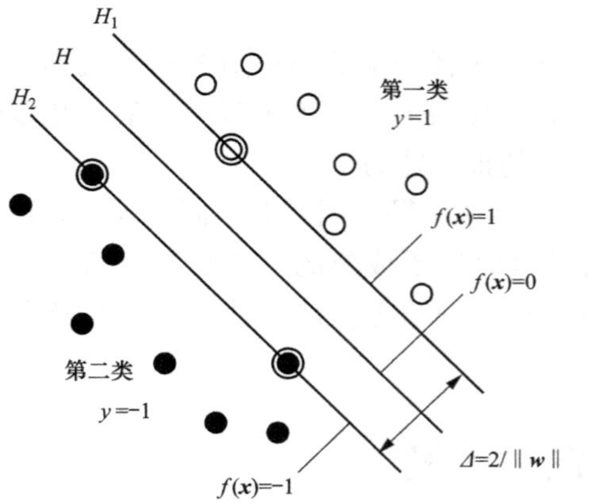

图 6-7　二维两类线性可分情况下的分类超平面

考虑图 6-7 所示的二维两类线性可分情况，图中实心点和空心点分别代表两类。为统一起见，对于一维空间中的点、二维空间中的直线、三维空间中的平面以及高维空间中的超平面，统称为超平面。

H 为超平面，其方向用法向量表示，H_1、H_2 为与 H 平行且过两类样本中离超平面 H 最近的点的直线，H_1 与 H_2 之间的距离称为分类间隔，即 $\Delta=\frac{2}{\|\boldsymbol{w}\|}$，也就是说，当超平面发生变化时，分类间隔 Δ 也会随之发生变化。反之，给定的 Δ 对应着一个或一组超平面，其 VC 维 h 与 Δ 满足下述的函数关系

$$h=f(1/\Delta^2) \tag{6-15}$$

其中，$f(\cdot)$ 是单调递增函数，即 h 与 Δ^2 成反比关系。因此，当训练样本给定时，分类间隔越大，所对应的超平面集合的 VC 维越小。如果将超平面的集合按照它们对应的间隔大小进行排序，有

$$\Delta_1 \geqslant \Delta_2 \geqslant \Delta_3 \geqslant \cdots \tag{6-16}$$

其中，最大的分类间隔为 Δ_1。根据式（6-15），按照式（6-16）排序的分类间隔所对应的超平面集合的 VC 维恰好是从小到大排序的。因此，基于结构风险最小化原则，线性可分情况下，最小化期望风险的上界，实际上就是最小化置信范围，即最小化 VC 维。而在这里，最小化 VC 维的问题转化为最大化分类间隔问题，最优超平面即最大间隔超平面。

进一步，超平面 H 可以表示为

$$g(\boldsymbol{x})=\boldsymbol{w}^{\mathrm{T}}\boldsymbol{x}+b=0 \tag{6-17}$$

在线性可分情况下，对判别函数 $g(\boldsymbol{x})$ 进行归一化，使所有训练样本都满足 $|g(\boldsymbol{x})|\geqslant 1$。用 $g(\boldsymbol{x}_i)$ 表示判别函数对输入 $\boldsymbol{x}_i$ 的输出，则在分类完全正确的情况下，分类输出与实际类别 y_i 一致，$y_i\in\{-1,+1\}$，因此 $|g(\boldsymbol{x})|\geqslant 1$ 可写为

$$y_i[\boldsymbol{w}^{\mathrm{T}}\boldsymbol{x}_i+b]\geqslant 1,\quad i=1,2,\cdots,N \tag{6-18}$$

其中离超平面最近的样本点满足 $|g(\boldsymbol{x})|=1$。

判别函数 $|g(\boldsymbol{x})|$ 可以看成是特征空间中某点 $\boldsymbol{x}$ 到超平面的距离的一种代数度量。进而可以计算 $\boldsymbol{x}$ 到超平面 H 的代数垂直距离 r

$$r=g(\boldsymbol{x})/\|\boldsymbol{w}\| \tag{6-19}$$

则分类间隔为

$$\Delta=2\times|r_0|=2\times|g(\boldsymbol{x})|/\|\boldsymbol{w}\|=2/\|\boldsymbol{w}\| \tag{6-20}$$

其中，r_0 为离超平面最近的点到超平面的垂直距离。

由此可见，最大化分类间隔又转化为最小化 $\|\boldsymbol{w}\|$ 的问题。即在线性可分情况下，在结构风险最小化原则下，最优超平面可以通过下述最小化泛函（公式）得到

$$\Phi(\boldsymbol{w})=\|\boldsymbol{w}\|^2=(\boldsymbol{w}\cdot\boldsymbol{w}) \tag{6-21}$$

由于要求超平面能够对所有数据进行正确划分，因此上面的泛函存在约束条件

$$y_i[\boldsymbol{w}^{\mathrm{T}}\boldsymbol{x}_i+b]\geqslant 1,\quad i=1,2,\cdots,N \tag{6-22}$$

使分类间隔最大，本质就是对推广能力的控制，这是SVM核心思想之一。因此，最小化$\|\boldsymbol{w}\|$使推广性的界中的置信范围最小。

推广一：对于非线性可分情况，可将样本通过非线性函数ϕ映射到高维特征空间中，使其线性可分，再在该特征空间建立优化超平面：

$$\boldsymbol{w}^{\mathrm{T}}\phi(\boldsymbol{x})+b=0 \tag{6-23}$$

于是，原样本空间的二元模式分类问题可以表示为

$$y_i[\boldsymbol{w}^{\mathrm{T}}\phi(\boldsymbol{x})+b]\geqslant 1,\quad i=1,2,\cdots,N \tag{6-24}$$

推广二：最优超平面是在线性可分的前提下讨论的，在线性不可分的情况下，即考虑到有些样本不能被式（6-17）正确分开，引入松弛变量$\zeta_i\geqslant 0$（$i=1,2,\cdots,N$），使决策面约束为

$$y_i[\boldsymbol{w}^{\mathrm{T}}\phi(\boldsymbol{x})+b]\geqslant 1-\zeta_i,\quad i=1,2,\cdots,N \tag{6-25}$$

在线性不可分情况下得到的最优超平面，称作广义最优超平面。

6.3.2 支持向量机分类算法推导

根据结构风险原则，分类问题的最小风险界可由下述优化问题得到，即

$$\min R(\boldsymbol{w},\xi)=\frac{1}{2}\boldsymbol{w}^{\mathrm{T}}\boldsymbol{w}+c\sum_{i=1}^{N}\xi_i \tag{6-26}$$

通过引入拉格朗日函数等一系列优化手段，将其转化成在条件$0\leqslant\alpha_i\leqslant c$（$c$为常数）和$\sum_{i=1}^{n}\alpha_i y_i=0$约束下，对拉格朗日乘子$\alpha_i$求解下列函数的最大值，即

$$Q[\alpha,\varphi(\boldsymbol{x}_i)]=-\frac{1}{2}\sum_{i,j=1}^{N}y_iy_j\varphi(\boldsymbol{x}_i)^{\mathrm{T}}\varphi(\boldsymbol{x}_j)\alpha_i\alpha_j+\sum_{i=1}^{N}\alpha_i \tag{6-27}$$

式（6-27）为在不等式约束下的一个二次规划问题，有唯一解。根据泛函理论，存在一内积函数$K(\boldsymbol{x}_i,\boldsymbol{x}_j)$满足Mercer条件

$$\varphi(\boldsymbol{x}_i)^{\mathrm{T}}\varphi(\boldsymbol{x}_j)=K(\boldsymbol{x}_i,\boldsymbol{x}_j) \tag{6-28}$$

其中，$K(\boldsymbol{x}_i,\boldsymbol{x}_j)$称为核函数。所以，$\alpha_i$即为下述二次规划问题的解

$$\max \boldsymbol{Q}[\alpha,K(\boldsymbol{x}_i,\boldsymbol{x}_j)]=-\frac{1}{2}\sum_{i,j=1}^{N}y_iy_jK(\boldsymbol{x}_i,\boldsymbol{x}_j)\alpha_i\alpha_j+\sum_{i=1}^{N}\alpha_i \tag{6-29}$$

可以证明：式（6-29）中只有少部分α_i不为零，与之对应的样本即为支持向量（Support Vector）。

由此可得到最优分类决策函数为

$$f(\boldsymbol{x})=\mathrm{sign}\left[\sum_{i=1}^{l}\alpha_i y_i K(\boldsymbol{x}_i,\boldsymbol{x}_j)+b^*\right] \tag{6-30}$$

式中：sign为符号函数；l为支持向量数目；b^*为分类阈值。

支持向量机决策的依据是从训练数据中得到的支持向量，这些支持向量是那些距离训练样本的最大间隔分类面最近的样本点。

6.3.3 核函数

在构造最优超平面的过程中，采用适当的核函数$K(\boldsymbol{x}_i,\boldsymbol{x}_j)$可以实现某一非线性变换

后的线性分类，而计算的复杂度却没有增加。这一特点为算法可能导致的“维数灾难”问题提供了解决方法：在构造判别函数时，不是对输入空间的样本作非线性变换，然后在特征空间中求解；而是先在输入空间比较向量，然后再对结果作非线性变换，这样，大的工作量将在输入空间而不是在高维特征空间中完成。

选用不同的核函数会产生不同的支持向量机算法，应用较多的核函数有下述三种：

（1）阶次为 q 的多项式核函数，即

$$K(\boldsymbol{x}_i, \boldsymbol{x}_j) = (\boldsymbol{x}_i \cdot \boldsymbol{x}_j + 1)^q \tag{6-31}$$

此时得到的支持向量机是一个 q 阶多项式分类器。

（2）径向基核函数，即

$$K(\boldsymbol{x}_i, \boldsymbol{x}_j) = \exp\left[-\frac{\| x_i - x_j \|^2}{2\sigma^2}\right] \tag{6-32}$$

得到的支持向量机是一种径向基函数分类器。它与神经网络 RBF 算法的根本区别是：每个径向基函数的中心对应一个支持向量，网络结构及其网络权值由算法自动确定。

（3）神经网络核函数，即

$$K(\boldsymbol{x}_i, \boldsymbol{x}_j) = \tanh[c_1(\boldsymbol{x}_i \cdot \boldsymbol{x}_j) + c_2] \tag{6-33}$$

则支持向量机实现的就是一个两层的多层感知器神经网络，它包含了一个隐层，隐层节点数是由算法自动确定的，而且算法不存在困扰神经网络的局部极小点的问题。

SVM 核函数方法给了我们一个非常重要的启示：用内积运算实现某种非线性运算。核函数的种类还有很多，如样条（Spline）函数核、Fourier 核、小波函数等，上面提到的只是最基本的三种。

6.4 支持向量机算法实现

6.4.1 算法基本原理

（1）分析点到直线距离。

在两类情况下判别函数为线性的情况，这里给出它的一般表达式为

$$g(\boldsymbol{x}) = \boldsymbol{w}^{\mathrm{T}}\boldsymbol{x} + b \tag{6-34}$$

假设 $\boldsymbol{x}_1$ 和 $\boldsymbol{x}_2$ 都在决策面 H 上，则有

$$\boldsymbol{w}^{\mathrm{T}}\boldsymbol{x}_1 + b = \boldsymbol{w}^{\mathrm{T}}\boldsymbol{x}_2 + b \tag{6-35}$$

或

$$\boldsymbol{w}^{\mathrm{T}}(\boldsymbol{x}_1 - \boldsymbol{x}_2) = 0 \tag{6-36}$$

这表明：$\boldsymbol{w}$ 和超平面 H 上任一向量正交，即 $\boldsymbol{w}$ 是 H 的法向量。一般说来，一个超平面 H 把特征空间分成两个半空间，即对 ω_1 类的决策域 R_1 和对 ω_2 类的决策域 R_2。因为当 x 在 R_1 中时，$g(\boldsymbol{x})>0$，所以决策面的法向量是指向 R_1 的。因此，有时称 R_1 中的所有 $\boldsymbol{x}$ 在 H 的正侧。相应地，称 R_2 中的所有 $\boldsymbol{x}$ 在 H 的负侧。

判别函数 $g(\boldsymbol{x})$ 可以看成是特征空间中某点 $\boldsymbol{x}$ 到超平面的距离的一种代数度量，如图 6-8 所示。

若把 $\boldsymbol{x}$ 表示成

$$\boldsymbol{x}=\boldsymbol{x}_p+r\frac{\boldsymbol{w}}{\|\boldsymbol{w}\|} \quad (6-37)$$

式中：$\boldsymbol{x}_p$ 为 $\boldsymbol{x}$ 在 H 上的投影向量；r 为 $\boldsymbol{x}$ 到 H 的垂直距离；$\frac{\boldsymbol{w}}{\|\boldsymbol{w}\|}$ 为 $\boldsymbol{w}$ 方向上的单位向量。

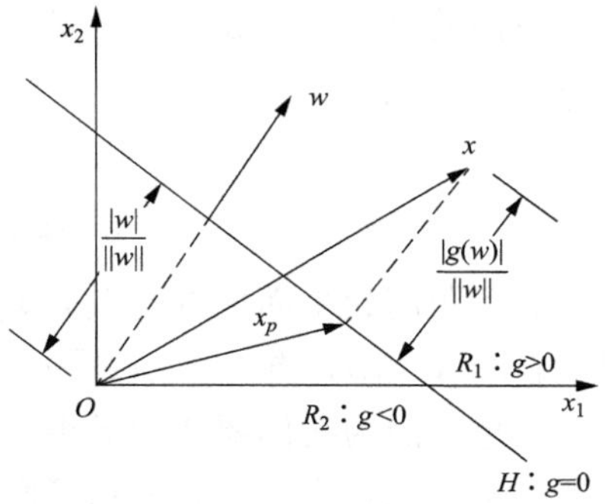

图 6－8　线性判别函数

将式（6－37）代入式（6－34）中，可得

$$g(\boldsymbol{x})=\boldsymbol{w}^{\mathrm{T}}\left(\boldsymbol{x}_p+r\frac{\boldsymbol{w}}{\|\boldsymbol{w}\|}\right)+b$$

$$=\boldsymbol{w}^{\mathrm{T}}\boldsymbol{x}_p+b+r\frac{\boldsymbol{w}^{\mathrm{T}}\boldsymbol{w}}{\|\boldsymbol{w}\|}=r\|\boldsymbol{w}\| \quad (6-38)$$

或写作

$$r=\frac{g(\boldsymbol{x})}{\|\boldsymbol{w}\|} \quad (6-39)$$

对于 $\boldsymbol{x}$ 在 H 的负侧，即 $\boldsymbol{x}=\boldsymbol{x}_p-r\frac{\boldsymbol{w}}{\|\boldsymbol{w}\|}$ 时，有

$$r=\frac{-g(\boldsymbol{x})}{\|\boldsymbol{w}\|} \quad (6-40)$$

因此，点到超平面的距离值为

$$r=\frac{|g(\boldsymbol{x})|}{\|\boldsymbol{w}\|} \quad (6-41)$$

（2）回顾线性分类器。

设有两类样本集 $\boldsymbol{D}=(\boldsymbol{x}_i,\ y_i)$，$y_i\in\{-1,\ 1\}$；$i=1,\ 2,\ \cdots,\ N$，其中 N 为训练样本总数；$\boldsymbol{x}_i$ 为 n 维列向量，即 $\boldsymbol{x}\in R^{n\times 1}$，样本空间的维数为 n。y_i 表示 $\boldsymbol{x}_i$ 所属的类，为样本的类别标志，其取值为 1 和－1。

我们的目标是想找出一条线 $y=\boldsymbol{w}^{\mathrm{T}}\boldsymbol{x}+b$，使得对于所有的 $\boldsymbol{x}_i$ 都有

$$y_i(\boldsymbol{w}^{\mathrm{T}}\boldsymbol{x}_i+b)>0 \quad (6-42)$$

式（6－42）的意义在于，当 y_i 为 1 时，$\boldsymbol{w}^{\mathrm{T}}\boldsymbol{x}_i+b$ 要求为正数，这样乘积为正；当 y_i 为－1 时，$\boldsymbol{w}^{\mathrm{T}}\boldsymbol{x}_i+b$ 要求为负数，这样乘积仍然为正。

假如找到这样一组 $\boldsymbol{w}$ 和 b 后，将新的样本 $\boldsymbol{x}'$ 代入 $\boldsymbol{w}^{\mathrm{T}}\boldsymbol{x}'+b$，如果结果为正，则 $\boldsymbol{x}'$ 属于 ω_1 类；如果结果为负，则 $\boldsymbol{x}'$ 属于 ω_2 类，完成了分类。

（3）考虑样本与超平面之间的距离。

任一训练样本 $\boldsymbol{x}$ 与超平面 H 之间的距离可以表示为式（6－41），即

$$\mathrm{dist}(\boldsymbol{x},\ H)=\frac{|\boldsymbol{w}^{\mathrm{T}}\boldsymbol{x}+b|}{\|\boldsymbol{w}\|} \quad (6-43)$$

对于可以正确分类的超平面，都满足线性分类器的条件，即

$$y_i(\boldsymbol{w}^{\mathrm{T}}\boldsymbol{x}_i+b)>0 \quad (6-44)$$

那么就可以去掉上述公式中的绝对值，即

$$\mathrm{dist}(\boldsymbol{x},\ H)=\frac{y_i(\boldsymbol{w}^{\mathrm{T}}\boldsymbol{x}_i+b)}{\|\boldsymbol{w}\|} \quad (6-45)$$

（4）求间距最大的点。

我们的目标可以表示为：对于所有的 $\boldsymbol{x}_i$，都有 $y_i(\boldsymbol{w}^{\mathrm{T}}\boldsymbol{x}_i+b)>0$，并且间距最大，可以用下面的公式表示

$$\max_{b,\ w}[\mathrm{margin}(b,\ \boldsymbol{w})] \tag{6-46}$$

$$\mathrm{margin}(b,\ \boldsymbol{w})=\min_{i=1,2,\cdots,N}\mathrm{dist}(\boldsymbol{x}_i,\ h)$$

假定距离超平面最近的点为 $\boldsymbol{x}_i$，令 $t=y_i(\boldsymbol{w}^{*\mathrm{T}}\boldsymbol{x}_i+b^*)$。将 $\boldsymbol{w}^*$ 和 b^* 同时除以 t 就可以得到新的 $\boldsymbol{w}$ 和 b，有 $1=y_i(\boldsymbol{w}^{\mathrm{T}}x_i+b)$。

注意，因为我们要找到最小的 $\mathrm{dist}(\boldsymbol{x},\ h)$，因此，对 $\boldsymbol{w}$ 和 b 的放缩不会影响谁是最近的点这个结果，也不会影响超平面的位置，即 $\boldsymbol{w}^{\mathrm{T}}\boldsymbol{x}+b=0$ 和 $(\boldsymbol{w}^{\mathrm{T}}\boldsymbol{x}/t+b/t)=0$ 并无分别。

不失一般性，可以认为对于距离最近的点，有 $\boldsymbol{w}^{\mathrm{T}}\boldsymbol{x}+b=1$，其他点距离都大于 1，那么就有该点距离

$$y_i(\boldsymbol{w}^{\mathrm{T}}\boldsymbol{x}_i+b)\geqslant 1 \tag{6-47}$$

（5）求解对应的 $\boldsymbol{w}$。

$\mathrm{margin}(b,\ \boldsymbol{w})$ 表示的是最近的点到平面的距离，因为 $\boldsymbol{w}^{\mathrm{T}}\boldsymbol{x}_i+b=1$，所以

$$\mathrm{margin}(b,\ \boldsymbol{w})=\frac{1}{\|\boldsymbol{w}\|} \tag{6-48}$$

考虑最大化分类间隔，可得到

$$\max_{b,\ w}\frac{1}{\|\boldsymbol{w}\|},\qquad 使得\ y_i(\boldsymbol{w}^{\mathrm{T}}\boldsymbol{x}_i+b)\geqslant 1 \tag{6-49}$$

一般我们使用 min，因此可以采用倒数替代。一个正数取最大值时，其倒数取最小值为

$$\min_{b,\ w}\|\boldsymbol{w}\|,\qquad 使得\ y_i(\boldsymbol{w}^{\mathrm{T}}\boldsymbol{x}_i+b)\geqslant 1 \tag{6-50}$$

其中，$\|\boldsymbol{w}\|$ 可以用 $\boldsymbol{w}^{\mathrm{T}}\boldsymbol{w}$ 开平方得到，开平方不影响大小关系，因此可以不开方并加上一个系数，得到

$$\min_{b,\ w}\frac{1}{2}\boldsymbol{w}^{\mathrm{T}}\boldsymbol{w},\qquad 使得\ y_i(\boldsymbol{w}^{\mathrm{T}}\boldsymbol{x}_i+b)\geqslant 1 \tag{6-51}$$

由此可见，最大化分类间隔转化为最小化 $\|\boldsymbol{w}\|$ 的问题。即在线性可分情况下，按照结构风险最小化原则，最优超平面可以通过最小化泛函得到。

6.4.2 支持向量机算法的 MATLAB 实现

这里以二维样本数据的二分类问题为例，来研究 SVM 方法的实现过程。例如，式（6-51）是一个二次规划问题，在实际应用中，可以将其转化为二次规划的标准型，再采用 MATLAB 二次规划工具求解。

二次规划的标准型为以下形式

$$优化\ \boldsymbol{u}\leftarrow QP(\boldsymbol{H},\ \boldsymbol{f},\ \boldsymbol{A},\ \boldsymbol{b})$$

$$\min_{u}\frac{1}{2}\boldsymbol{u}^{\mathrm{T}}\boldsymbol{H}\boldsymbol{u}+\boldsymbol{f}^{\mathrm{T}}\boldsymbol{u} \tag{6-52}$$

$$满足\ \boldsymbol{a}_m^{\mathrm{T}}\boldsymbol{u}\leqslant b_m$$

将式（6-51）转化为上述形式为

优化 $\boldsymbol{w}$

$$\min_{b,\ \boldsymbol{w}} \frac{1}{2}\boldsymbol{w}^{\mathrm{T}}\boldsymbol{w} \tag{6-53}$$

使得 $y_i(\boldsymbol{w}^{\mathrm{T}}\boldsymbol{x}_i+b)\geqslant 1$

其中，$\boldsymbol{u}$ 为 $\boldsymbol{w}$ 的增广形式 $\boldsymbol{u}=\begin{bmatrix} b \\ \boldsymbol{w} \end{bmatrix}$，$\boldsymbol{H}=\begin{bmatrix} \boldsymbol{O} & \boldsymbol{O}_k \\ \boldsymbol{O}_k & \boldsymbol{I}_k \end{bmatrix}$，$k$ 为 $\boldsymbol{w}$ 的维度，$\boldsymbol{H}$ 是（$k+1$）×（$k+1$）的矩阵，除了（1，1）点，其他对角线均为 1。

这样 $\boldsymbol{u}^{\mathrm{T}}\boldsymbol{H}\boldsymbol{u}$ 就能表示出 $\boldsymbol{w}^{\mathrm{T}}\boldsymbol{w}$ 这个结果。

例如，$\boldsymbol{u}=\begin{bmatrix} b \\ \boldsymbol{w}_1 \\ \boldsymbol{w}_2 \end{bmatrix}$，$\boldsymbol{H}=\begin{bmatrix} 0 & 0 & 0 \\ 0 & 1 & 0 \\ 0 & 0 & 1 \end{bmatrix}$，$\boldsymbol{u}^{\mathrm{T}}\boldsymbol{H}\boldsymbol{u}=[0 \quad \boldsymbol{w}_1 \quad \boldsymbol{w}_2]\begin{bmatrix} b \\ \boldsymbol{w}_1 \\ \boldsymbol{w}_2 \end{bmatrix}=\boldsymbol{w}^{\mathrm{T}}\boldsymbol{w}$，令

$$\boldsymbol{f}=\boldsymbol{O}_{(k+1)}\in R^{(k+1)\times 1} \tag{6-54}$$

使一次项 $\boldsymbol{f}^{\mathrm{T}}\boldsymbol{u}=0$。

$y_i(\boldsymbol{w}^{\mathrm{T}}\boldsymbol{x}_i+b)\geqslant 1$ 修改为 $-y_i(\boldsymbol{w}^{\mathrm{T}}\boldsymbol{x}_i+b)\leqslant -1$。

$\boldsymbol{A}_i=-y_i[1,\ \boldsymbol{x}_i]$，使得 $b_i=-1$，从而对应 $\boldsymbol{a}_m^{\mathrm{T}}\boldsymbol{u}\leqslant b_m$。

【例 6-1】 对于线性可分的四个点，借助 MATLAB 中的 quadprog 函数（Quadprog Quadratic programming）来实现向量机算法。其中，quadprog 函数的形式为：X=quadprog($\boldsymbol{H}$，$\boldsymbol{f}$，$\boldsymbol{A}$，$\boldsymbol{b}$)。

例程

```
% % 简单的 SVM 程序,用于演示四个点的两类分类情况
% 此例子为线性可分情况
clc;            % 关闭所有的变量和窗口
clear all;
close all;
% 定义各个点
t=[0 0;0 1;1 0;1 1]; % 输入
y=[1 1 -1 -1];       % 点的分类
[m,n]=size(t);
x=zeros(m,1);

% 解释 quadprog(H,f,A,b,Aeq,beq),原型为 min 1/2* x'* H* x+ f'* x
% 限制条件为:A* x< =b  Aeq* x=beq
% 所求的函数为 min 1/2* x'* A* x-f'* x
% 限制条件为:xi>=0,y'* x=0;x 为所求,f= (1 1…1)',
% y=(y1,y2…yn);Aij=yi* yj(xi.xj)
% 所以 H=A,f=-b,A=-eye(n),;b=zeros(6,1)

for i=1:m
    for j=1:m
        A(i,j)=y(i)* y(j)* (t(i,1)* t(j,1)+ t(i,2)* t(j,2));
    end
end
```

```
f=-ones(m,1);
b=zeros(m,1)
beq=zeros(m,m);
m_2=-eye(m,m);
% 是因为有时候在寻优的时候 H 阵是一个行列式为 0 的矩阵,
% 这样函数就无法工作,所以要加一个极小值
A=A+1.0e-10* eye(size(A));
Aeq=y;
beq=0;
x=quadprog(A,f,m_2,b,Aeq,beq);

% 计算 w 和 b,其中 w=(x 与 y 以及各点坐标的和)。
% 当数据点为支持向量时[即 x(i)不等零时],利用 x(i)(y(i)(w* x+b)-1)=0 计算出 b。
w=zeros(1,2);
for i=1:m
    w=t(i,:)* y(i)* x(i)+w;
end

j=1;
while x(j)<1.0e-5
    j=j+1;
end

w1=w* t(j,:)';
b1=1/y(j)-w1;

% 画图,绘制曲线
title('线性可分 SVM');
hold on;
axis([-1 2 -1 2]);
hold on;
xlabel('X1');
hold on;
ylabel('X2');
hold on;
plot(t(1:2,1),t(1:2,2),'R+',t(3:4,1),t(3:4,2),'bp');
hold on;
f2=[num2str(w(1,1)) '* x1+(' num2str(w(1,2)) ')* x2+(' num2str(b1) ')'];
%% 生成函数字符串
h=ezplot(f2,[-1,2]);
grid;
axis([-1 2 -1 2]);
```

```
hold on;
xlabel('X1');
hold on;
ylabel('X2');
hold on;
plot(t(1:2,1),t(1:2,2),'R+',t(3:4,1),t(3:4,2),'bp');
hold on;
f2=[num2str(w(1,1)) '* x1+(' num2str(w(1,2)) ')* x2+(' num2str(b1) ')'];
%% 生成函数字符串
h=ezplot(f2,[-1,2]);
grid;
```

分类结果如图 6－9 所示。

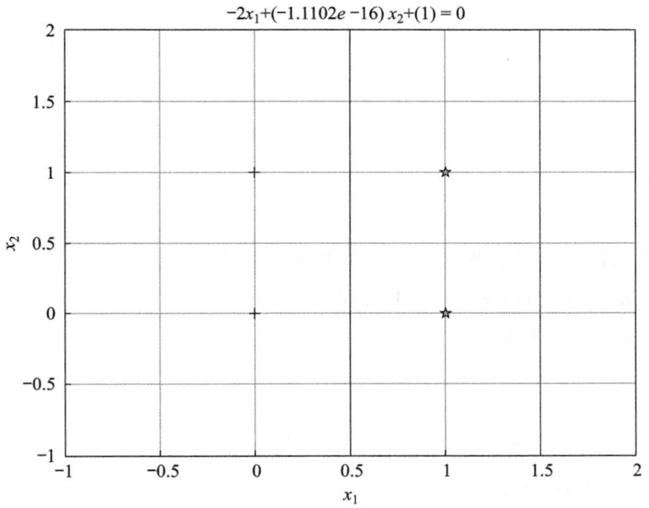

图 6－9　线性可分的四个点的分类结果

【例 6－2】 对于线性不可分情况，以 5. 1. 1 节中的异或问题为例，借助 MATLAB 中的 quadprog 函数（Quadprog Quadratic programming）来实现向量机算法。

例程

```
% 简单的 SVM 程序,用于演示四个点的两类分类情况
% 此例子为线性不可分情况,异或问题

clc;            % 关闭所有的变量和窗口
clear all;
close all;

% 定义各个点
t=[0 0;1 1;1 0;0 1]; % 输入点
y=[1 1 -1 -1];          % 点的类别
[m,n]=size(t)
```

```
x=zeros(m,1);

% 解释 quadprog(H,f,A,b,Aeq,beq),原型为 min 1/2* x'* H* x+ f'* x
% 限制条件为:A* x<=b   Aeq* x=beq
% 所求的函数为 min 1/2* x'* A* x-f'* x
% 限制条件为:xi>=0,y'* x=0;x 为所求,f=(1 1…1)',
% y=(y1,y2…yn);Aij=yi* yj(xi.xj)
% 所以 H=A,f=-b,A=-eye(n),;b=zeros(6,1)

for i=1:m
    for j=1:m
        A(i,j)=y(i)* y(j)* ((t(i,1)* t(j,1)+t(i,2)* t(j,2))+1)^2;
    end
end
f=-ones(m,1);

b=zeros(m,1)
beq=zeros(m,m);
m_2=-eye(m,m);
% 是因为有时候在寻优的时候 H 阵是一个行列式为 0 的矩阵,
% 这样函数就没办法工作,所以要加一个极小值
A=A+1.0e-10* eye(size(A));

Aeq=y;
beq=0;
x=quadprog(A,f,m_2,b,Aeq,beq);

j=1;
while x(j)<1.0e-5
    j=j+1;
end

t1=0;
for i=1:m
    t1=x(i)* y(i)* (t(i,:)* t(j,:)'+1)^2+t1;

end
b1=1/y(j)-t1;

% 画图,绘制曲线
hold on;   % 表示允许在一幅已经生成的图中添加其他图形,但不改变坐标轴关系
```

```
hold on;
xlabel('X1');
hold on;
ylabel('X2');
hold on;
syms x1 x2;
xt=[x1,x2];
mx=0;
for i=1:m
    mx=y(i)* x(i)* (xt* t(i,:)'+1)^2+mx;
end
% mx=simple(mx);
mx=mx+b1;

grid on;
plot(t(1:2,1),t(1:2,2),'R+',t(3:4,1),t(3:4,2),'bp')
hold on;
ezplot(mx,[-0.5,1.5],[-0.5,1.5]);
title('线性不可分 SVM');
```

分类结果如图 6－10 所示。

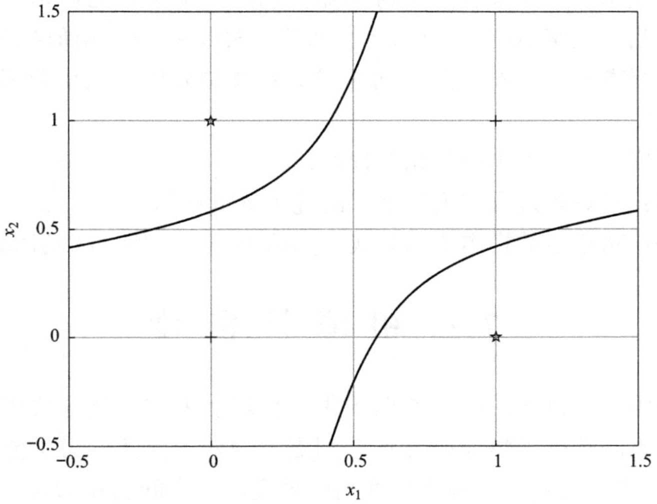

图 6－10　线性不可分的四个点的分类结果

由［例 6－2］结果可以看出，SVM 算法能够解决小样本、非线性等模式识别问题，表现出很多优于已有方法的性能，并能够推广应用到函数拟合等其他机器学习问题中。支持向量机使得统计学习理论具有了有效的实现手段，从而更加引起了研究人员的重视和兴趣。

第7章 聚 类 分 析

在使用贝叶斯决策、近邻法、线性判别法等方法进行分类器设计时，都存在着一个已知样本类别的训练集，利用训练集中已知类别的样本进行学习训练，通过学习训练的结果来确定分类器的参数，这种方式称为有监督的学习或有教师的学习。

在一些实际应用中，还有另外一种情况，所提供的样本训练集中的样本没有类别标签，甚至不知道这些训练样本应该分为几类。这种情况下，首先要将训练样本集划分成若干个子集（类别），然后对测试样本进行分类，这种方式称为无监督或无教师的学习。例如，商业领域的客户细分，根据销售记录对客户划分为不同的群体，然后针对不同的客户群体，精准地进行商品推送，从而节约营销成本，提高营销效率。

借鉴“物以类聚，人以群分”的说法，这种分类方法称为聚类分析或集群，也是数据挖掘中常用的一种技术，其基本思想是对未知类别的样本集根据样本之间的相似程度进行划分。进行聚类分析时要解决几个问题：如何确定样本相似？相似到什么程度归为一类？如何使用计算机进行算法实现？这几个问题对应着聚类分析的三个要素：相似性测度、聚类准则、聚类算法。

（1）相似性测度：度量样本间的相似程度；

（2）聚类准则：对聚类过程或聚类结果的优劣进行评估；

（3）聚类算法：将给定的样本集划分成不同的类别（子集）的具体算法。

7.1 相 似 性 测 度

要在一组数据中找出自然形成的数据子集，直观上来讲，就是希望同一数据子集中的样本更相似一些，不同数据子集间的样本差别更大一些。因此，为了能将样本集划分成不同类别（子集），首先需要定义一种相似性测度来度量样本间的相似性。相似性测度类型很多，有的适用于通用领域，有的适用于特定领域，如何选择相似性测度是一个相当复杂的问题。常用相似性测度包括距离相似性测度和角度相似性测度。

7.1.1 距离相似性测度

距离相似性测度是指通过计算样本间的距离来描述样本之间的相似性。距离也有很多种，如欧氏距离、马氏距离、曼哈顿距离、切比雪夫距离、闵可夫斯基距离等。具体采用何种方法计算距离是很重要的，关系到分类结果的正确性。

设两个 n 维样本 $\boldsymbol{x}_i$、$\boldsymbol{x}_j$，几种距离的具体定义如下：

1. 欧氏距离（Euclidean Distance）

欧氏距离定义为

$$d(\boldsymbol{x}_i, \boldsymbol{x}_j)=\|\boldsymbol{x}_i-\boldsymbol{x}_j\|$$

两者之间的欧氏距离越小，则越相似。

2. 曼哈顿距离（Manhattan Distance）

曼哈顿距离又称为街坊距离或绝对值距离，定义为

$$d(\boldsymbol{x}_i, \boldsymbol{x}_j)=\sum_{k=1}^{n}|x_{ik}-x_{jk}|$$

3. 马氏距离（Mahalanobis Distance）

马氏距离是由马哈拉诺比斯（P. C. Mahalanobis）提出的，表示数据的协方差距离。是一种有效计算两个未知样本集的相似度的方法。与欧氏距离不同的是，它考虑到各种特性之间的联系（例如：一条关于身高的信息会带来一条关于体重的信息，因为两者是有关联的），并且是尺度无关的，即独立于测量尺度。

对于一个均值为 $\boldsymbol{\mu}=(\mu_1, \mu_2, \mu_3, \cdots, \mu_n)^{\mathrm{T}}$、协方差矩阵为 $\boldsymbol{S}$ 的多变量 $\boldsymbol{x}=(x_1, x_2, x_3, \cdots, x_n)^{\mathrm{T}}$，其马氏距离为

$$d_M(\boldsymbol{x})=\sqrt{(\boldsymbol{x}-\boldsymbol{\mu})^{\mathrm{T}}\boldsymbol{S}^{-1}(\boldsymbol{x}-\boldsymbol{\mu})}$$

如果 $\boldsymbol{S}^{-1}$ 是单位阵的时候，马氏距离简化为欧氏距离。

马氏距离有很多优点，例如：马氏距离不受量纲的影响，两点之间的马氏距离与原始数据的测量单位无关；由标准化数据和中心化数据（即原始数据与均值之差）计算出的两点之间的马氏距离相同；此外，马氏距离还可以排除变量之间的相关性的干扰。

7.1.2 角度相似性函数

角度相似性函数定义为

$$s(\boldsymbol{x}_i, \boldsymbol{x}_j)=\frac{\boldsymbol{x}_i^{\mathrm{T}}\boldsymbol{x}_j}{\|\boldsymbol{x}_i\|\cdot\|\boldsymbol{x}_j\|}=\frac{\boldsymbol{x}_i^{\mathrm{T}}}{\|\boldsymbol{x}_i\|}\cdot\frac{\boldsymbol{x}_j}{\|\boldsymbol{x}_j\|}$$

$s(\boldsymbol{x}_i, \boldsymbol{x}_j)$ 是 $\boldsymbol{x}_i$ 的单位向量 $\frac{\boldsymbol{x}_i}{\|\boldsymbol{x}_i\|}$ 与 $\boldsymbol{x}_j$ 的单位向量 $\frac{\boldsymbol{x}_j}{\|\boldsymbol{x}_j\|}$ 之间的点积，也就是样本 $\boldsymbol{x}_i$ 与 $\boldsymbol{x}_j$ 之间夹角的余弦。余弦值落于区间 [−1, 1]，值越大，差异越小。

距离相似性函数和角度相似性函数作为相似性测度各有其局限性，二者的特点对比见表 7-1。在应用中，要考虑相似性测度的尺度不变性。

表 7-1　相似性测度的特点对比

函数	旋转	平移	放大、缩小（量纲变化）
距离相似性函数	√	√	×
角度相似性函数	√	×	√

距离相似性函数对于坐标系的旋转和位移是不变的，如图 7-1（a）、（b）所示。$\boldsymbol{x}_1$，$\boldsymbol{x}_2$ 与 $\boldsymbol{x}_3$ 之间的距离 a、b 不受坐标系旋转和平移影响，相对大小不变，即相似性不变。对于放大和缩小，距离 a、b 则不具有不变性，如图 7-1（c）所示。由于坐标轴量纲变化，

会使得距离 a、b 变化，相对大小也发生变化。因此，使用距离相似性函数时要注意模式各特征的量纲，量纲不同，聚类结果可能不同。为了克服这个缺点，一般要先进行数据标准化，使距离与量纲标尺没有关系。

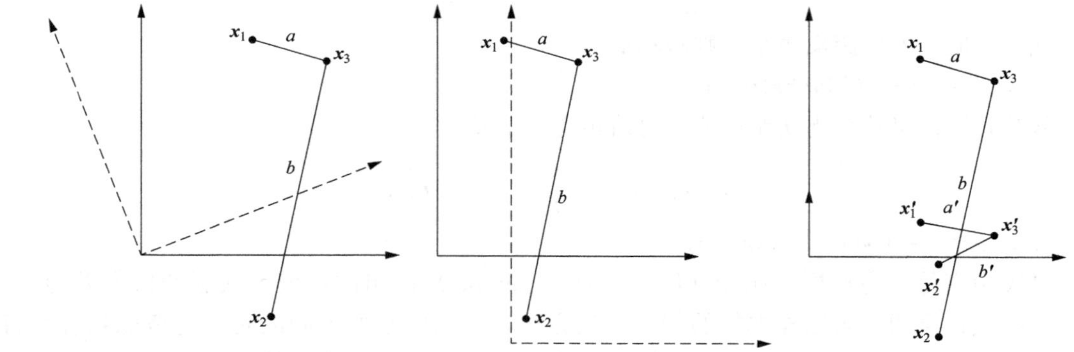

(a) 旋转　(b) 平移　(c) 放大/缩小

图 7－1　距离相似性测度的特点

角度相似性函数对于坐标系的旋转、放大/缩小是不变的，如图 7－2（a）、（c）所示。图中 $\boldsymbol{x}_1$，$\boldsymbol{x}_2$ 与 $\boldsymbol{x}_3$ 之间的角度 α、β 不受坐标系旋转和放大/缩小影响，相对大小不变，即相似性不变。但角度 α、β 对于位移不具备不变性，如图 7－2（b）所示，由于坐标系平移，会使得角度 α、β 的相对大小发生变化，从而影响相似度结果。从几何意义上来说，例如二维向量空间的一条线段作为底边和原点组成的三角形，其顶角大小是不确定的。也就是说对于两条空间向量，即使两点距离一定，它们的夹角余弦值也可以任意变化。

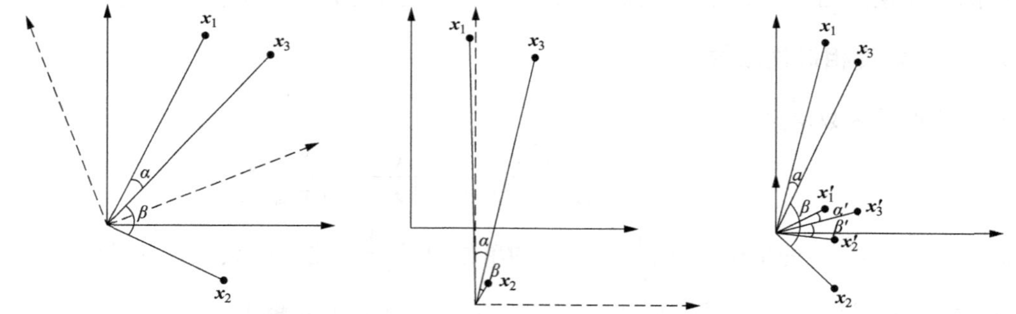

(a) 旋转　(b) 平移　(c) 放大/缩小

图 7－2　角度相似性测度的特点

用角度相似性函数作为相似性的测度还有一个缺点，当属于不同类的样本分布在从模式空间原点出发的一条直线上时，这些样本之间角度相似性函数几乎都等于 1，会引起归为一类的错误。角度相似性函数也有其自身的优点，例如，当两用户只对两件商品评分时，向量分别为（3，3）和（5，5），这两位用户的认知其实是一样的，趋势一致。但是评分值差距很大，在这种情况下，欧氏距离给出的结果显然没有余弦值合理。

两个相似性测度的共同点，都涉及把两个相比较的向量 $\boldsymbol{x}_i$ 和 $\boldsymbol{x}_j$ 组合起来，但怎样组合并没有普遍有效的方法。对于具体的模式分类，需视情况进行适当的选择或将几种测度联合使用。

7.2 聚 类 准 则

为评价聚类结果的好坏，必须定义准则函数。常用的准则函数是误差平方和准则。

假设将给定的样本集聚类为 C 个类别，若 n_i 为第 i 类 ω_i 中样本个数，$\boldsymbol{m}_i$ 是第 i 类的均值，即

$$\boldsymbol{m}_i = \frac{1}{n_i}\sum_{x\in\omega_i}\boldsymbol{x} \tag{7-1}$$

计算 ω_i 中各个样本 $\boldsymbol{x}$ 与类均值 $\boldsymbol{m}_i$ 之间的误差平方和，对所有类相加后得到误差平方和。

$$J = \sum_{i=1}^{c}\sum_{\boldsymbol{x}\in\omega_i}\|\boldsymbol{x}-\boldsymbol{m}_i\|^2 \tag{7-2}$$

J 是基于误差平方和的聚类准则，度量了用 C 个类中心 m_1，m_2，m_3，…，m_c 代表 C 个样本子集 ω_i 时所产生的总的误差平方和。

对于训练样本集，不同的子集划分结果所对应的 J 值也不同。J 值依赖于样本的划分结果，使 J 最小的一种划分定义为最优划分，最终的聚类是误差平方和准则下的最优结果。有了相似性测度和准则函数后，聚类就变成了使准则函数取极值的优化问题。

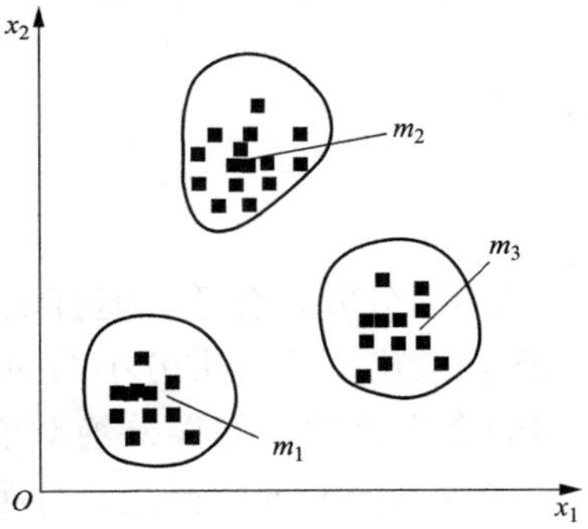

图 7-3　适用误差平方和聚类准则的分布示例

误差平方和函数是最常用的聚类准则，此外还有加权平均平方距离和准则、类间距离和准则等。经验表明，基于误差平方和的聚类准则进行划分的方法适用于各类样本比较密集、各类样本数目悬殊不大、不同类样本明显分开的分布情况。如图 7-3 所示的样本分布共有三个类型，各个类别的样本数目相差不多（约为 10 个），类内较密集，不同类之间距离远。这种情况适合使用基于误差平方和的聚类准则。

如果不同类型的样本数目相差很大，采用误差平方和准则时，有可能把样本数目多的类型分开，以便达到总的 J 值最小。图 7-4 中，ω_1 类样本数远比 ω_2 类的样本数目多，按照误差平方和准则，有可能从样本多的 ω_1 类中分拆出一部分样本作为 ω_2 类，使误差平方和更小，从而造成错误分类。

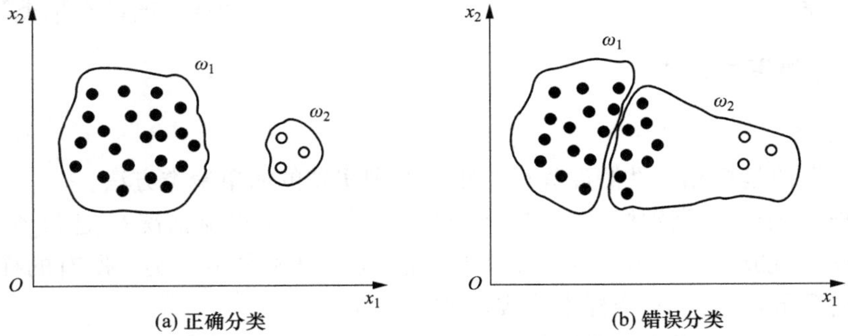

图 7-4　不适用误差平方和聚类准则的分布示例

对于这种情况，使用一个简单的一维样本例子进行计算说明。如图 7－5 所示，对 9 个数字进行划分：{1，2，3，4，5，6，7，10，11}。

图 7－5　数字划分示例

第一种划分方式如下：

$$\omega_1=\{1,\ 2,\ 3,\ 4,\ 5,\ 6,\ 7\},\ \omega_2=\{10,\ 11\}$$

$$m_1=4,\ J_1^{(1)}=(3^2+2^2+1^2+0^2)\times 2=28$$

$$m_2=10.5,\ J_2^{(1)}=(0.5^2+0.5^2)=0.5$$

第一种划分方式的误差平方和为

$$J^{(1)}=J_1^{(1)}+J_2^{(1)}=28.5$$

第二种划分方式如下：

$$\omega_1=\{1,\ 2,\ 3,\ 4,\ 5,\ 6\},\quad \omega_2=\{7,\ 10,\ 11\}$$

$$m_1=3.5,\quad J_1^{(2)}=(2.5^2+1.5^2+0.5^2)\times 2=17.5$$

$$m_2=9.333,\quad J_2^{(2)}=(7-9.333)^2+(10-9.333)^2+(11-9.333)^2=8.667$$

第二种划分方式的误差平方和为

$$J^{(2)}=J_1^{(2)}+J_2^{(2)}=26.167$$

由此可知

$$J^{(1)}>J^{(2)}$$

结果表示：按误差平方和准则函数计算并判断，认定第二种划分方式合适。但直观上，会更认可第一种划分方式。这说明如各类样本数目相差很大时，会出现把大类分小的问题。因此，针对误差平方和准则函数的不足，可以采取其他不同的准则函数，如误差绝对值和准则函数、最大误差准则函数或误差 p 次方和准则函数等。采取不同的准则函数，分类结果可能不同。

7.3　聚　类　算　法

选定相似性测度和聚类准则后，后续的问题是采用什么算法找出最优划分与最优聚类结果。常用的聚类算法形式有两种：非迭代的分级聚类算法和迭代的动态聚类算法。

7.3.1　分级聚类算法

1. 基本方法

分级聚类算法是按相似性测度和最小距离原则实现的简单聚类方法。

例如，把 N 个没有类别标志的样本分成若干类。一种极端情况是把 N 个样本分成 N 类，每一个样本自成一类。另一种极端情况是把 N 个样本分成一类，所有的样本都属于同一类。一般情况下，会把 N 个样本分成 C 类，$1<C<N$。

因此，可以对 N 个样本进行划分序列。第一级划分是把样本集分成 N 类，每一个样本自成一类；第二级划分是将样本集划分成 $N-1$ 类，直到第 N 级划分时，把样本仅分成 1

类。分级聚类就是这样一种划分序列，可以表示成树形结构。

图 7－6 所示为具有六个样本的聚类树示例。第一级划分时，6 个样本分为 6 类；第二级划分时，根据各类之间的距离，找到最小的类间距离，例如 $\boldsymbol{x}_4$ 和 $\boldsymbol{x}_5$ 之间距离最小，则分在同一类，类间距离在图中标出。之后根据类间距离的大小，不断地进行划分，最终第六级划分时归为一类。

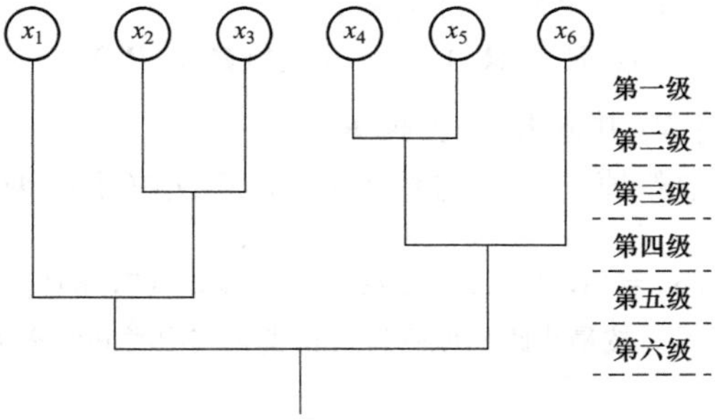

图 7－6　聚类算法

在这里涉及类间距离。最常用的类间距离，即定义两个聚类 R_i 与 R_j 之间的距离，有以下三种：

（1）近点距离。近点距离是指 R_i 类中所有样本与 R_j 类中所有样本间的最小距离，如图 7－7 所示，即

$$\Delta(R_i - R_j) = \min_{\substack{x\in R_i \\ y\in R_j}}\{d(\boldsymbol{x}, \boldsymbol{y})\}$$

（2）远点距离。远点距离是指 R_i 类中所有样本与 R_j 类中所有样本间的最大距离，如图 7－8 所示，即

$$\Delta(R_i - R_j) = \max_{\substack{x\in R_i \\ y\in R_j}}\{d(\boldsymbol{x}, \boldsymbol{y})\}$$

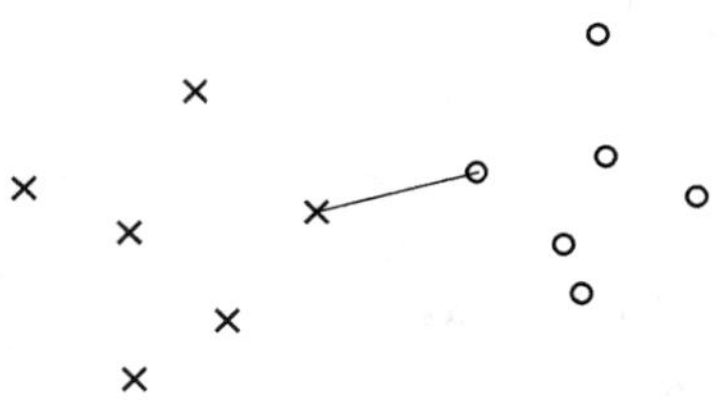

图 7－7　近点距离

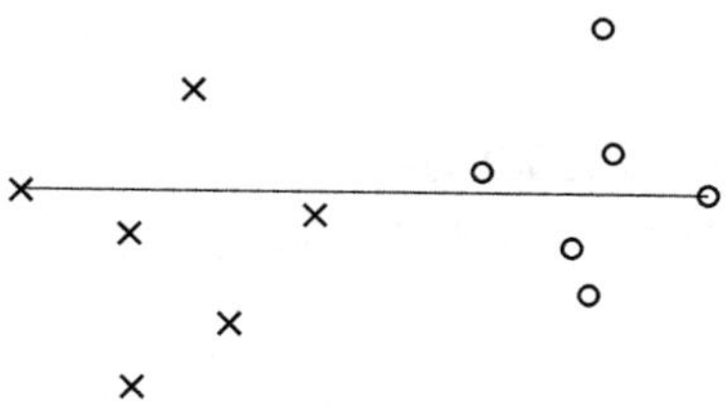

图 7－8　远点距离

（3）均值距离。R_i 类与 R_j 类的均值向量的距离，如图 7－9 所示，即

$$\Delta(R_i, R_j) = d(\boldsymbol{m}_i, \boldsymbol{m}_j)$$

式中：$\boldsymbol{m}_i$、$\boldsymbol{m}_j$ 分别是 R_i、R_j 的均值向量。

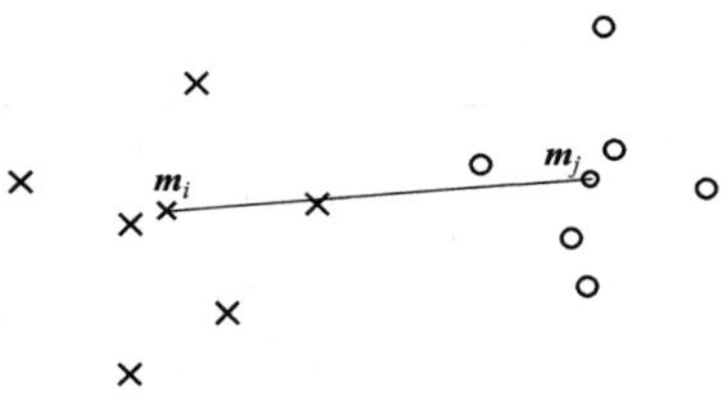

图 7－9　均值距离

由于定义类间距离的方法不一样，得到的聚类结果可能不一致。实际中，常用几种不同的方法计算，比较

聚类结果，选择一个比较切合实际的聚类。

2. 分级聚类算法

已知样本 $\{\boldsymbol{x}_1, \boldsymbol{x}_2, \cdots, \boldsymbol{x}_N\}$，相应的分级聚类算法的步骤为：

（1）初始时，有

$$\boldsymbol{R}_j=\{\boldsymbol{x}_j\},\ \forall j \in I,\ I=\{1, 2, \cdots, N\}$$

（2）在集合中找到一对满足下列条件的聚类

$$\Delta(\boldsymbol{R}_i, \boldsymbol{R}_k)=\min_{\forall j,\ l \in I}\{\Delta(\boldsymbol{R}_j, \boldsymbol{R}_l)\}$$

（3）聚类 $\boldsymbol{R}_i$，$\boldsymbol{R}_k$，将 $\boldsymbol{R}_i$ 并入 $\boldsymbol{R}_k$，去掉 $\boldsymbol{R}_i$。

（4）把 i 从指标集 I 中删掉，若 I 的基数为 1，算法终止；否则转第（2）步。

【例 7-1】 对 6 个样本点 $\boldsymbol{x}_1=(4, 6)^{\mathrm{T}}$，$\boldsymbol{x}_2=(6, 5)^{\mathrm{T}}$，$\boldsymbol{x}_3=(7, 6)^{\mathrm{T}}$，$\boldsymbol{x}_4=(9, 6)^{\mathrm{T}}$，$\boldsymbol{x}_5=(9, 5)^{\mathrm{T}}$，$\boldsymbol{x}_6=(10, 4)^{\mathrm{T}}$，如图 7-10 所示，按最小距离原则进行聚类，其中类间距离采用均值距离计算。

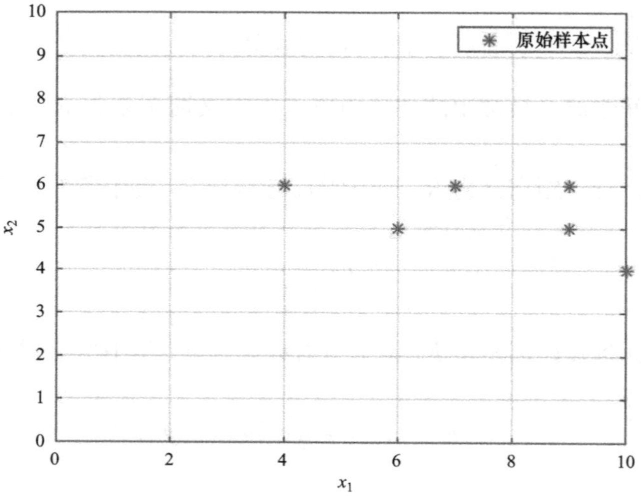

图 7-10　分级聚类初始点

解　分级聚类算法为：

（1）初始时，每一样本自成一类，有

$$R_1(0)=\{\boldsymbol{x}_1\},\ R_2(0)=\{\boldsymbol{x}_2\},\ R_3(0)=\{\boldsymbol{x}_3\}$$

$$R_4(0)=\{\boldsymbol{x}_4\},\ R_5(0)=\{\boldsymbol{x}_5\},\ R_6(0)=\{\boldsymbol{x}_6\}$$

按欧氏距离计算初始距离矩阵 $D(0)$，见表 7-2。

表 7-2　　**分级聚类初始距离矩阵**

距离 R_j \ R_i	$R_1(0)$	$R_2(0)$	$R_3(0)$	$R_4(0)$	$R_5(0)$	$R_6(0)$
$R_1(0)$	0	2.2361	3.0000	5.0000	5.0990	6.3246
$R_2(0)$	2.2361	0	1.4142	3.1623	3.0000	4.1231
$R_3(0)$	3.0000	1.4142	0	2.0000	2.2361	3.6056

续表

距离 R_i / R_j	$R_1(0)$	$R_2(0)$	$R_3(0)$	$R_4(0)$	$R_5(0)$	$R_6(0)$
$R_4(0)$	5.0000	3.1623	2.0000	0	**1.0000**	2.2361
$R_5(0)$	5.0990	3.0000	2.2361	**1.0000**	0	1.4142
$R_6(0)$	6.3246	4.1231	3.6056	2.2361	1.4142	0

(2) $D(0)$ 中最小值为 1.0000，是 $R_4(0)$ 与 $R_5(0)$ 之间的距离。对 $R_4(0)$ 和 $R_5(0)$ 执行合并操作，结果如图 7-11 所示。

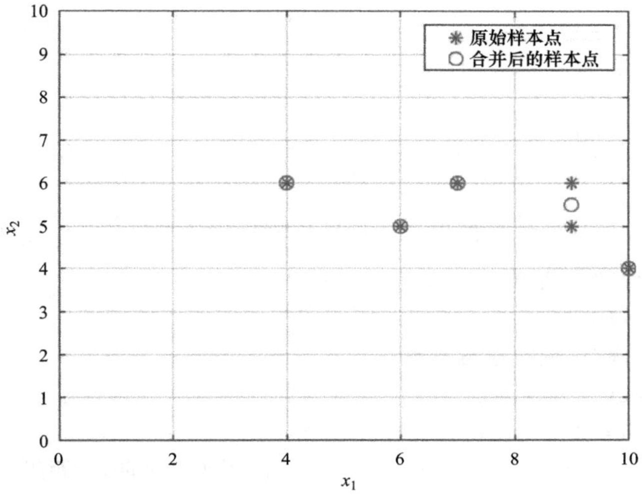

图 7-11　分级聚类第一次合并

合并后的聚类表示为

$$R_1(1)=R_1(0),\ R_2(1)=R_2(0),\ R_3(1)=R_3(0)$$

$$R_4(1)=\{R_4(0),\ R_5(0)\}=\{\boldsymbol{x}_4,\ \boldsymbol{x}_5\},\ R_5(1)=R_6(0)$$

$R_4(1)$ 的均值为 $(9.5,\ 5)^{\mathrm{T}}$，按欧氏距离计算合并后的距离矩阵 $D(1)$，见表 7-3。

表 7-3　　分级聚类第一次合并后距离矩阵

距离 R_i / R_j	$R_1(1)$	$R_2(1)$	$R_3(1)$	$R_4(1)$	$R_5(1)$
$R_1(1)$	0	2.2361	3.0000	5.0249	6.3246
$R_2(1)$	2.2361	0	**1.4142**	3.0414	4.1231
$R_3(1)$	3.0000	**1.4142**	0	2.0616	3.6056
$R_4(1)$	5.0249	3.0414	2.0616	0	1.8028
$R_5(1)$	6.3246	4.1231	3.6056	1.8028	0

(3) $D(1)$ 中距离最小值为 1.4142，是 $R_2(1)$ 与 $R_3(1)$ 间的距离，合并 $R_2(1)$ 与 $R_3(1)$，结果如图 7-12 所示。合并后的聚类表示为

$$R_1(2)=R_1(1),\ R_2(2)=\{R_2(1),\ R_3(1)\}=\{\boldsymbol{x}_2,\boldsymbol{x}_3\}$$
$$R_3(2)=R_4(1)=\{\boldsymbol{x}_4,\boldsymbol{x}_5\},\ R_4(2)=R_5(1)$$

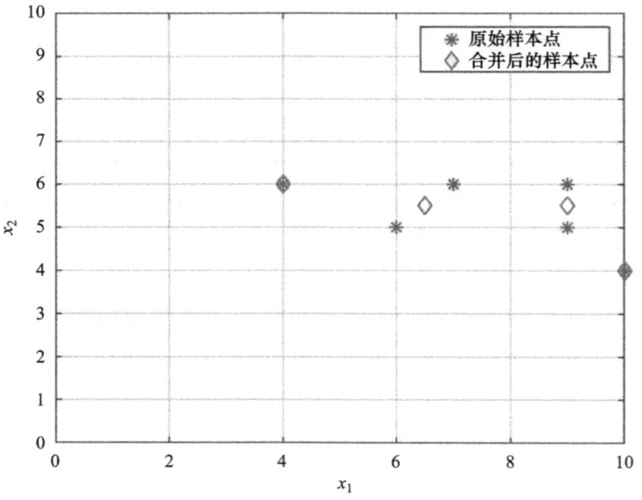

图 7-12　分级聚类第二次合并

(4) 重复执行合并操作，直到所有样本分为一类。

上述分级聚类算法程序为：

```
%% 分级聚类例程,或称为系统聚类
clc,clear all,close all
data_cluster=[4,6;6,5;7,6;9,6;9,5;10,4];
dist_0=pdist(data_cluster);% 此时计算出各数据之间的欧氏距离,对应函数为 pdist
SF=squareform(dist_0);%% 用 squareform 把 Y 转换成方阵形式,方阵中< i,j> 位置的数值
就是 X 中第 i 和第 j 点之间的距离
Z=linkage(dist_0,'average');%% 对数据进行聚类,构成一个系统聚类树,对应函数为 link-
age
H=dendrogram(Z);% 显示系统聚类树
T=cluster(Z,'maxclust',3)%% 确定怎样划分系统聚类树,得到不同的类,对应的函数为 clus-
ter
grid;
```

最终得到系统聚类图如图 7-13 所示。

生物分类就是分级聚类的一个典型例子，不同的级从高到低依次为：界、门、纲、目、科、属和种。先把许多个体集合成种，然后种集合成属，属集合成科，以此类推，示例如图 7-14 所示。这种聚类方法有一个特点，当某一级划分时归入同一类的样本，在后面的划分时，它们永远属于同一类。

另外，还可以看出，各级的类间距离可以帮助我们确定合适的聚类类别数。给定类间距离阈值 d_0，样本间距离小于阈值 d_0，归为一类，样本间距离大于阈值 d_0，则不能归为一类。选择不同的阈值会有不同的结果，d_0 太大，全部样本归于一类；d_0 太小，类别数太多甚至各类中只有一个样本。要根据实际要求进行划分。类别数确定时则划分到要求的类

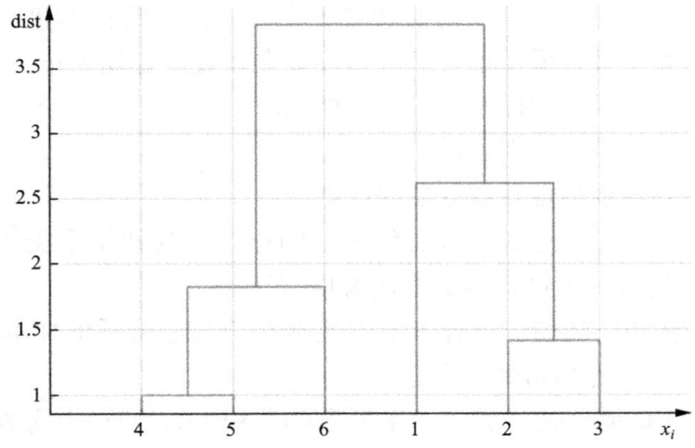

图 7-13　分级聚类结果

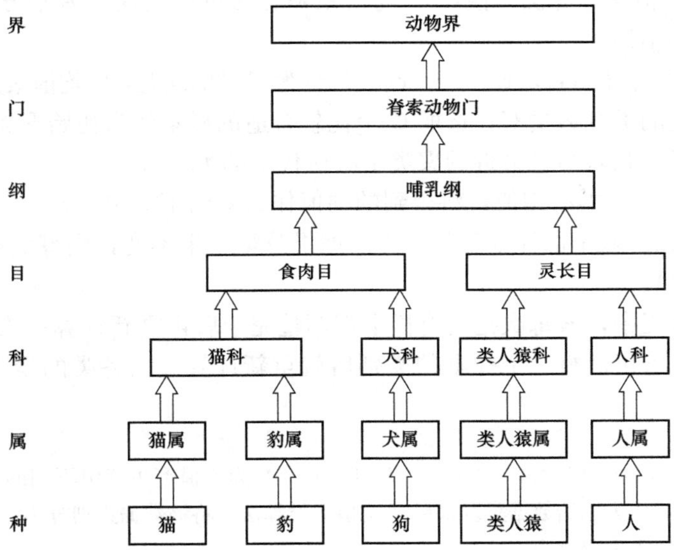

图 7-14　生物分类示例

别数量为止，类别数不确定时则根据类间距的变化幅度和类内样本数综合考虑，确定适合的 d_0。

7.3.2　动态聚类法

在前述分级聚类方法中，某个模式一旦被划分到某一类后，其类别就不再改变，这是一种非迭代聚类方法。聚类算法中还有一种迭代算法形式，动态聚类法是其中之一，其聚类过程如图 7-15 所示。

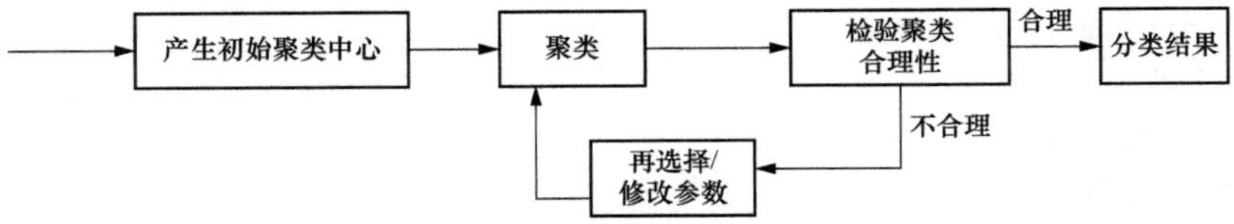

图 7-15　动态聚类法

首先选取一批有代表性的样本作为初始聚类中心，接着将样本进行初始分类。然后根据聚类准则，判断聚类是否合理，不合理就修改聚类，直至合理为止。算法的要点如下：

（1）确定某种距离度量作为样本间的相似性测度；

（2）确定评估聚类质量的准则函数；

（3）确定模式划分及聚类合并或分裂的规则。

在动态聚类法中，首先要选取一批有代表性的样本作为初始聚类中心。假定要将给定的样本集分为 C 类，选取代表性样本的方法有以下三种：

（1）根据问题的性质，凭经验从样本集中找出 C 个比较合适的样本作为初始聚类中心。

（2）用前 C 个样本作为初始聚类中心。

（3）将全部样本随机地分成 C 类，计算每类的样本均值，将样本均值作为初始聚类中心。

初始聚类中心的选取会影响聚类结果，选取方法的人为因素比较多。这里介绍动态聚类法中常用的 C 均值聚类算法。使用 C 均值聚类算法可得到使误差平方和准则式（7-2）取最小值时的聚类结果。

对于将给定的样本集 $\{\boldsymbol{x}_1, \boldsymbol{x}_2, \cdots, \boldsymbol{x}_N\}$ 划分为 C 类的问题，C 均值聚类算法的步骤为：

（1）根据指定的类别数量 C，选取 C 个比较合适的样本作为初始聚类中心。

（2）将每个样本归入与之最近的聚类中心所代表的类。

（3）重新计算 C 个类的均值，将得到的均值作为新的聚类中心。

（4）转步骤（2）对全部样本重新分类。如果分类结果不变，则算法停止；否则继续步骤（2）至步骤（4）。

算法在实现过程中，若每次把所有样本都调整完毕后再重新计算一次各类的聚类中心，称为批量修正法；若每调整一个样本的类别后就重新计算一次各类的聚类中心，称为单样本修正法。

【例 7-2】 以（0，0），（1.25，1.25）（−1.25，1.25）为均值产生三组不同的高斯分布数据，合并为不带标号的数据集，作为原始数据集。采用 C 均值聚类算法，将该数据集划分为三类。

例程 动态聚类法参考程序为：

```
n11_cjulei.m
clear all;close all;clc;
% 第一组数据
mu1=[0 0 ];  % 均值
S1=[.4 0 ;0 .1];  % 协方差
data1=mvnrnd(mu1,S1,100);   % 先产生三组不同的高斯分布数据,作为原始数据
% 第二组数据
mu2=[1.25 1.25 ];
S2=[.4 0 ;0 .1];
data2=mvnrnd(mu2,S2,100);
% 第三组数据
mu3=[-1.25 1.25 ];
S3=[.4 0 ;0 .1];
data3=mvnrnd(mu3,S3,100);
```

```
% 显示数据
plot(data1(:,1),data1(:,2),'b+');
hold on;
plot(data2(:,1),data2(:,2),'r+');
hold on;
plot(data3(:,1),data3(:,2),'g+');
grid on;
%  三类数据合成一个不带标号的数据类
data=[data1;data2;data3];
% load c_julei.mat

N=3;% 设置聚类数目
[m,n]=size(data);
pattern=zeros(m,n+1);
center=zeros(N,n);% 初始化聚类中心
pattern(:,1:n)=data(:,:);
for x=1:N
    center(x,:)=data( randi(m,1),:);% 第一次随机产生聚类中心
end
% for x=1:N
%     center(x,:)=data(x,:);% 按前三个数据产生聚类中心
% end

while 1
distence=zeros(1,N);
num=zeros(1,N);
new_center=zeros(N,n);

for x=1:m
    for y=1:N
    distence(y)=norm(data(x,:)-center(y,:));% 计算到每个类的距离
    end
    [~ ,temp]=min(distence);% 求最小的距离
    pattern(x,n+1)=temp;
end
k=0;
for y=1:N
    for x=1:m
        if pattern(x,n+ 1)==y
           new_center(y,:)=new_center(y,:)+pattern(x,1:n);
           num(y)=num(y)+1;
        end
    end
```

```
    new_center(y,:)=new_center(y,:)/num(y);
    if norm(new_center(y,:)-center(y,:))< 0.01
        k=k+1;
    end
end
if k==N
     break;
else
     center=new_center;
end
end
[m,n]=size(pattern);
% 最后显示聚类后的数据
figure;
hold on;
for i=1:m
    if pattern(i,n)==1
         plot(pattern(i,1),pattern(i,2),'r* ');
         plot(center(1,1),center(1,2),'ko');
    elseif pattern(i,n)==2
         plot(pattern(i,1),pattern(i,2),'g* ');
         plot(center(2,1),center(2,2),'ko');
    elseif pattern(i,n)==3
         plot(pattern(i,1),pattern(i,2),'b* ');
         plot(center(3,1),center(3,2),'ko');
    elseif pattern(i,n)==4
         plot(pattern(i,1),pattern(i,2),'y* ');
         plot(center(4,1),center(4,2),'ko');
    else
         plot(pattern(i,1),pattern(i,2),'m* ');
         plot(center(4,1),center(4,2),'ko');
    end
end
set(gca,'ytick',-1:1:3);
set(gca,'xtick',-3:1:3);

%% 检测是否有错误
%% 后续修订为划线
num_wrong=0;
test_pattern=pattern;
for i=1:m
    for j=1:N
        test_dist(1,j)=(test_pattern(i,1)-center(j,1))^2+(test_pattern(i,2)-cen-
```

```
    ter(j,2))^2;
    end
  [real   real_min]=min(test_dist);
test_pattern(i,4)=real_min;
if test_pattern(i,4)==test_pattern(i,3)
    num_wrong=num_wrong;
else
    num_wrong=num_wrong+1;
end
end

grid on;
```

聚类结果如图 7-16 所示。

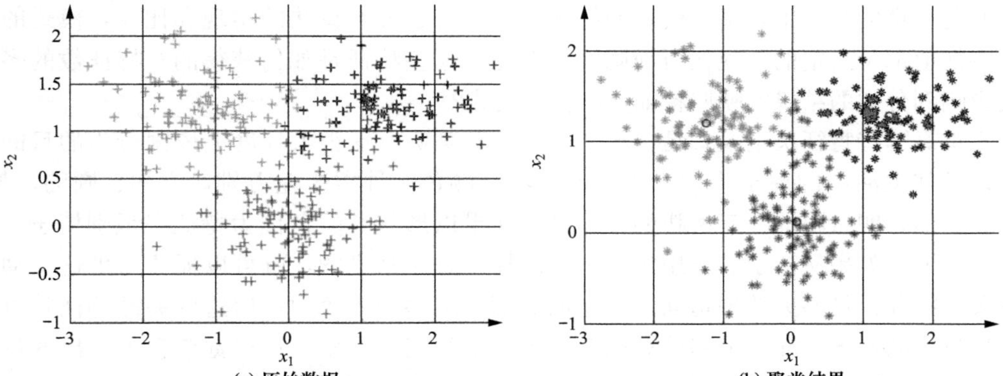

(a) 原始数据　　(b) 聚类结果

图 7-16　C 均值聚类算法

C 均值聚类算法是一种常用的聚类算法，其结果还可以作为初始划分，再用其他迭代算法进一步调整。这是一种简单的无监督学习方法，理论分析可以证明：C 均值聚类算法是以误差平方和准则函数为基础的，虽然算法中没有直接运用误差平方和准则函数，但算法最终能够取得较满意的结果。

习　题

编程实践：聚类分析。

设 $\boldsymbol{x}_1=(4,5)^{\mathrm{T}}$，$\boldsymbol{x}_2=(1,4)^{\mathrm{T}}$，$\boldsymbol{x}_3=(0,1)^{\mathrm{T}}$，$\boldsymbol{x}_4=(5,0)^{\mathrm{T}}$。

(1) 现有下列三种划分：

1) $\omega_1=\{\boldsymbol{x}_1,\boldsymbol{x}_2\}$，$\omega_2=\{\boldsymbol{x}_3,\boldsymbol{x}_4\}$；

2) $\omega_1=\{\boldsymbol{x}_1,\boldsymbol{x}_4\}$，$\omega_2=\{\boldsymbol{x}_2,\boldsymbol{x}_3\}$；

3) $\omega_1=\{\boldsymbol{x}_1,\boldsymbol{x}_2,\boldsymbol{x}_3\}$，$\omega_2=\{\boldsymbol{x}_4\}$。

若用平方误差和准则，哪种划分最好？

(2) 若使用 C 均值聚类算法将 (1) 中的数据分为两类，结果如何？

第 8 章　特征选择与提取

8.1　对特征的认识

在前 7 章的介绍中，基于模式的特征向量进行了分类算法的实现和比较，模式的特征数和特征值都是给定的。现在所面临的问题是：这些特征是如何获得的？特征数的多少是否会影响到分类的结果？哪些特征更能代表模式？

人类靠哪些特征决定模式是否相似并进行分类呢？这很大程度上依据行为的目的和方法。以日常生活中的椅子为例，椅子的形状、颜色、种类千差万别，方的、圆的、长的、白的、灰的、四条腿的、三条腿的，等等。如果以形状和颜色作为特征来识别椅子，难免会有所疏漏。如果从椅子的作用出发，考虑椅子是用来坐的，就可以抓住与坐这个动作有关的关键特征：足够大的平坦面、一定的高度、足够的支撑力，用这些关键特征就可以认识形形色色的椅子。如果采用计算机基于图像进行椅子识别，从视觉信息中得出的特征是很复杂的，早期的研究主要依赖研究者的经验来获得这些特征。

模式识别技术的特点是面向问题，在进入分类器设计和模式判别环节之前，还有特征生成和特征选择提取两个环节。

第一个环节是特征生成。

这个环节主要针对被识别的对象产生一组原始特征，构成原始特征向量。原始特征可以是传感器的直接测量值，也可以是经过计算后得到的间接值。在第 1 章水果识别例子中，水果的质量是直接测量值，而水果的红色程度是图像数据经过计算后得到的间接值。特征生成的环节涉及不同领域的研究，特征可以来自图像，可以来自声音，还可以来自各种各样的传感器以及数学计算。因此，这部分的工作需要针对不同的问题，依据各自的研究范围来进行。

第二个环节是特征选择与提取。

特征生成环节中产生的原始特征可能很多，如果把所有的原始特征都作为分类特征送入分类器，分类器的性能如何？特征维数是不是越多越好？直觉上会认为模式特征维数越多，分类错误率越小。实际上，特征维数到达某个限度后，分类器的性能不但不能改善，反而会恶化。

一方面，特征维数多，会使得分类器复杂，分类计算量大，但分类错误率并不一定小，它与特征维数并不存在单调对应关系；另一方面，在协方差矩阵估计、贝叶斯参数估计中，样本的特征维数增加，要求样本数增加，然而样本的数量往往是有限的。样本的特征维数多，会影响参数估计的准确性，从而影响分类器的性能；另外，原始的特征中甚至会存在一些伪特征，直接降低分类器的分类效果。因此，需要对特征生成环节中产生的原始特征进行选择和提取。

在统计模式识别中，特征维数是有限制的，这是模式识别问题固有的约束。因此，原始特征维数较多的情况下需要减少特征维数，以获取一组维数少且分类错误率小的特征向量，即“少而精”。减少特征维数的方法主要有两种，一种是特征选择，另一种是特征提取，目的是从 n 个特征中得出对分类最有效的 m 个特征。特征选择是从原始特征向量的 n 个特征中挑选出 m 个最有效的特征构成新的特征向量（$m<n$）；特征提取是通过映射（或变换）的方法把高维的特征向量变换为低维的特征向量。特征生成得到原始特征后，可以只作特征选择，可以只作特征提取，也可以先进行特征选择再作特征提取，视具体情况而定。

8.2 特　征　生　成

模式识别技术的特点是面向问题，针对每一个问题会有不同的特征生成方式。此处，我们以阿拉伯数字识别为例进行说明。

【例 8-1】 基于图像进行特征生成。阿拉伯数字有 0～9 共十个类别，每类有 40 张 bmp 格式图像文件，如图 8-1 所示。

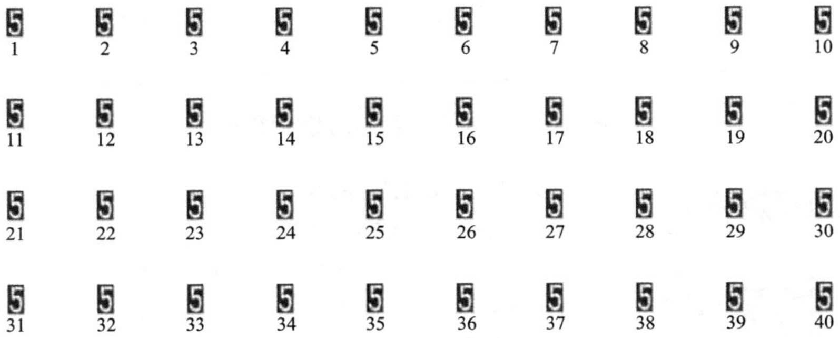

图 8-1　阿拉伯数字图像

解　每个 bmp 文件都是一个灰度矩阵，可使用 MATLAB 中的 imread 函数读取，具体读取例程如下：

```
PicA= imread('5\1.bmp')
```

结果如图 8-2 所示。

每个 bmp 文件读取为 36×20 的灰度矩阵，灰度值范围为 0～255，纯黑为 0，纯白为 255。采用 im2bw 函数对灰度图像进行二值化变换：

```
bwA=im2bw(PicA,0.5);
```

得到 36×20 的布尔矩阵，每个像素点取值为 0 或 1，如图 8-3 所示。

可以使用一种最简单的方法来获取特征向量。将图像区域划分为四个子区域，如图 8-4 所示，统计四个子区域中值 1 的个数，得到 4 个特征值构成特征向量，即 $\boldsymbol{x}=(x_1, x_2, x_3, x_4)^{\mathrm{T}}$。

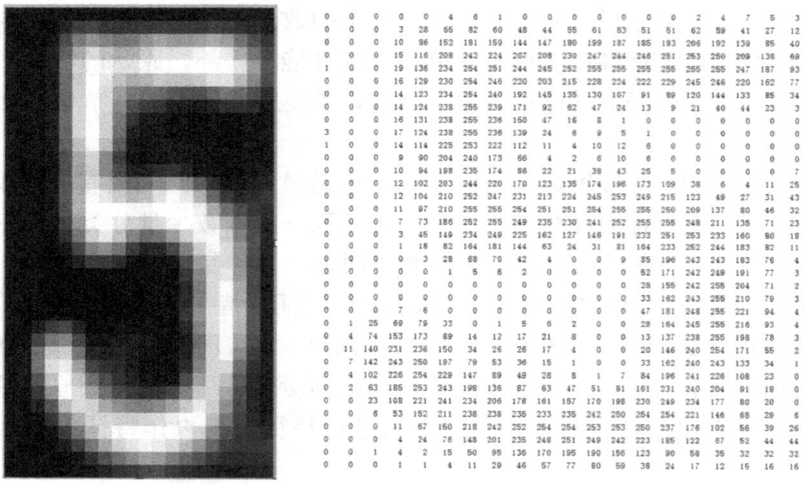

图 8－2　imread 函数读取数字图像

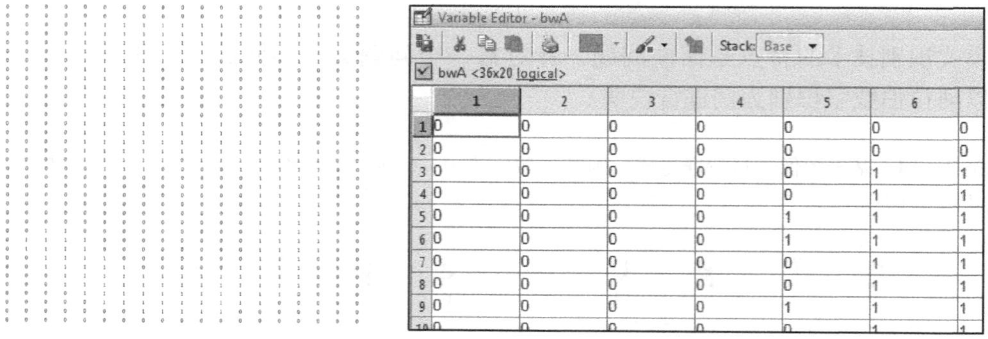

图 8－3　二值化变换后的数字图像

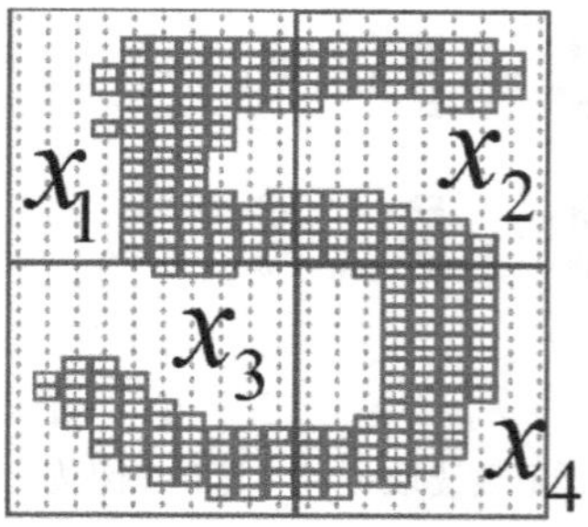

图 8－4　划分图像区域

获取特征向量的程序为：

```
%%%%%%%%%%%%%%%%%%%%%%%%
function feature=Get_Feature(A)
%%%%%%%%%%%%%%%%%%%%%%%%
%%% 灰度图像二值化
A=im2bw(A,0.5);
%%% 划分区域
a1=A(1:18,1:10);
a2=A(1:18,11:20);
a3=A(19:36,1:10);
a4=A(19:36,11:20);
%%% 统计各区域内值为 1 的个数
f1=nnz(a1);
f2=nnz(a2);
f3=nnz(a3);
```

```
f4=nnz(a4);
%% 得到该样本的特征向量
feature=[f1 f2 f3 f4]';
```

得到特征向量后，就可以使用近邻法或者线性/非线性判别法进行模式识别。具体程序见：

```
PR_Number.m
Get_Feature.m
```

每类正确判别个数：

```
r_n=    6    9    10    7    6    9    9    7    5    9
```

例程中，每类样本的前 30 个样本为训练样本，后 10 个样本为测试样本。采用基于类均值的最小距离法进行判别，最终 100 个测试样本中正确判别的数量为 77 个，正确率为 77%，错误率为 23%。

8.3 特征选择

对于特征选择，从 n 个特征中选择出 m 个特征，共有 C_n^m 种组合方式。这些组合方式中哪一种分类效果更好，需要考虑两个问题：一个问题是需要一个判别的标准，即需要一个定量的准则来衡量选择结果的好坏；另一个问题是如何进行组合的筛选。

最简单的想法是在分类器结构不变的情况下，将特征向量不同组合构成的 C_n^m 组样本集逐一代入分类器，哪一种组合的分类错误率最小，就选择该种组合，如图 8-5 所示。

图 8-5　特征组合的选择

首先考虑一下这种方法，很自然地会想到，既然目的是设计分类器，那么可以用分类错误率作为准则。也就是说，使分类错误率最小的那种特征组合，就应当是最优的。但是在实际使用中，这种方法会遇到一些困难。

从贝叶斯决策方法中可以看出，即使在当前样本条件概率密度已知的情况下，总体的错误率仍然难以计算。因为在实际问题中，有效样本概率分布与总体概率分布并不一定完全等同，因此无法直接使用样本分类错误率作为准则评价特征的有效性。同时，每一种特征组合都要进入分类器训练，如果分类器设计时采用迭代方法，如基于感知器准则函数的梯度下降算法，则计算量很大。

那么，有没有一种方法不需要计算最终的错误率，仅考察训练样本就可以得到最优的特征组合呢？方法是直接计算不同特征组合下样本的类别可分性。因此，应找出另外一些更实用的准则来衡量样本的类别可分性，即确定一种可分性准则，并满足下列三条要求：

（1）与分类错误率有单调关系，即准则函数值 J 趋于最大时，错误率趋于最小。

（2）满足度量特性：

$$\begin{cases} J_{ij} > 0，当 i \neq j 时 \\ J_{ij} = 0，当 i = j 时 \\ J_{ij} = J_{ji} \end{cases} \tag{8-1}$$

这里 J_{ij} 是第 i 类和第 j 类样本的可分性准则函数，J_{ij} 越大，两类样本的分离程度就越大。

（3）J 值与特征维数有单调关系，即加入新的特征时，准则函数值不减小。用公式表述为

$$J_{ij}(\boldsymbol{x}_1, \boldsymbol{x}_2, \cdots, \boldsymbol{x}_m) \leqslant J_{ij}(\boldsymbol{x}_1, \boldsymbol{x}_2, \cdots, \boldsymbol{x}_m, \boldsymbol{x}_{m+1}) \tag{8-2}$$

下面介绍常用的类别可分性准则。

8.3.1 基于距离的可分性准则

各类样本可以分开是因为它们位于特征空间的不同区域，显然这些区域之间距离越大，类别可分性就越大。因此，可以用几何距离来构造类别可分性判据。下面以欧氏距离为例介绍一些基本的距离定义。

1. 点与点之间的距离

在 n 维特征空间中，特征点 $\boldsymbol{a}$ 与特征点 $\boldsymbol{b}$ 之间的欧氏距离为

$$d(\boldsymbol{a}, \boldsymbol{b}) = \left[\sum\nolimits_{i=1}^{n}(a_i - b_i)^2\right]^{1/2} = [(\boldsymbol{a}-\boldsymbol{b})^{\mathrm{T}}(\boldsymbol{a}-\boldsymbol{b})]^{1/2} \tag{8-3}$$

欧氏距离的平方值为

$$d^2(\boldsymbol{a}, \boldsymbol{b}) = (\boldsymbol{a}-\boldsymbol{b})^{\mathrm{T}}(\boldsymbol{a}-\boldsymbol{b}) \tag{8-4}$$

2. 点与点集之间的距离

特征点 $\boldsymbol{a}$ 到特征点集 $\omega_i = \{\boldsymbol{x}_k^{(i)}, k=1, 2, \cdots, N_i\}$ 之间的距离为

$$\bar{d}(\boldsymbol{a}, \omega_i) = \frac{1}{N_i}\sum_{k=1}^{N_i} d(\boldsymbol{a}, \boldsymbol{x}_k^{(i)}) \tag{8-5}$$

均方欧氏距离为

$$\bar{d}^2(\boldsymbol{a}, \omega_i) = \frac{1}{N_i}\sum_{k=1}^{N_i} d^2(\boldsymbol{a}, \boldsymbol{x}_k^{(i)}) = \frac{1}{N_i}\sum_{k=1}^{N_i}[(\boldsymbol{a}-\boldsymbol{x}_k^{(i)})^{\mathrm{T}}(\boldsymbol{a}-\boldsymbol{x}_k^{(i)})] \tag{8-6}$$

式中：$d^2(\boldsymbol{a}, \boldsymbol{x}_k^{(i)})$ 表示 $\boldsymbol{a}$ 与 $\boldsymbol{x}_k^{(i)}$ 之间的欧氏距离平方。

3. 点集之间的距离

设点集 $\omega_1 = \{\boldsymbol{x}_k^{(1)}, k=1, 2, \cdots, N_1\}$ 与点集 $\omega_2 = \{\boldsymbol{x}_k^{(2)}, k=1, 2, \cdots, N_2\}$，两类点集之间的平均距离为

$$\bar{d}(\omega_1, \omega_2) = \frac{1}{N_1 N_2}\sum_{k=1}^{N_i}\sum_{l=1}^{N_j} d(\boldsymbol{x}_k^{(1)}, \boldsymbol{x}_l^{(2)}) \tag{8-7}$$

均方欧氏距离为

$$\bar{d}^2(\omega_1, \omega_2) = \frac{1}{N_1 N_2}\sum_{k=1}^{N_1}\sum_{l=1}^{N_2}[(\boldsymbol{x}_k^{(1)}-\boldsymbol{x}_l^{(2)})^{\mathrm{T}}(\boldsymbol{x}_k^{(1)}-\boldsymbol{x}_l^{(2)})] \tag{8-8}$$

4. 各类之间的距离

每类样本集中的每个点与不同类中的每个点之间都有一个距离，把所有这些距离相加求平均，则得到各类之间的距离为

$$\sum_{i=1}^{C}\sum_{j=1}^{C}\frac{1}{N_i N_j}\sum_{k=1}^{N_i}\sum_{l=1}^{N_j} d(\boldsymbol{x}_k^{(i)}, \boldsymbol{x}_l^{(j)}) \tag{8-9}$$

各类样本之间的距离越大，则类别可分性越大。因此，可以使用各类样本之间距离的

平均值作为可分性准则。

所有样本间距离为

$$\sum_{i=1}^{C}\sum_{j=1}^{C}\sum_{x^i\in\omega_i}\sum_{x^j\in\omega_j}d(\boldsymbol{x}^i,\ \boldsymbol{x}^j) \tag{8-10}$$

8.3.2　基于类内类间距离的可分性准则

如图 8-6 所示，用 $\boldsymbol{m}_i$ 表示第 i 类样本集的类中心向量为

$$\boldsymbol{m}_i=\frac{1}{N_i}\sum_{x^i\in\omega_i}\boldsymbol{x}^i \tag{8-11}$$

用 $\boldsymbol{m}$ 表示所有各类样本集的总平均向量为

$$\boldsymbol{m}=\frac{1}{N}\sum_{i=1}^{N}\boldsymbol{x}^i \tag{8-12}$$

类间离散度矩阵

$$\boldsymbol{S}_{\mathrm{b}}=\sum_{i=1}^{C}p_i(\boldsymbol{m}_i-\boldsymbol{m})(\boldsymbol{m}_i-\boldsymbol{m})^{\mathrm{T}} \tag{8-13}$$

类内离散度矩阵

$$\boldsymbol{S}_{\mathrm{W}}=\sum_{i=1}^{C}p_iE_i \tag{8-14}$$

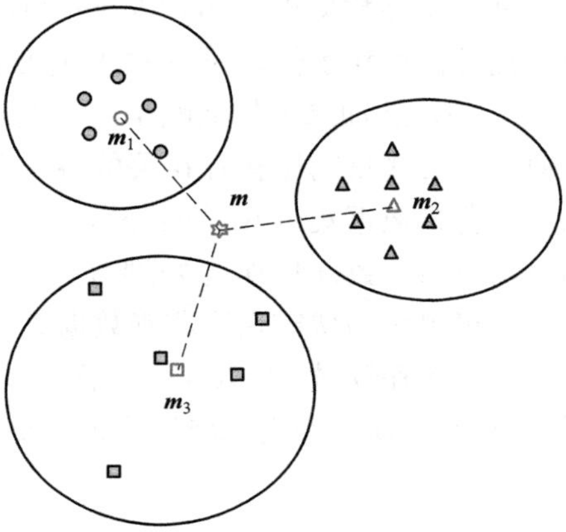

图 8-6　类内类间距离

总离散度矩阵

$$\boldsymbol{S}_{\mathrm{T}}=\frac{1}{N}\sum_{l}^{N}(\boldsymbol{x}_l-\boldsymbol{m})(\boldsymbol{x}_l-\boldsymbol{m})^{\mathrm{T}} \tag{8-15}$$

可分性准则函数 J 值计算公式为

$$J=\mathrm{tr}(\boldsymbol{S}_{\mathrm{b}})/\mathrm{tr}(\boldsymbol{S}_{\mathrm{w}}) \tag{8-16}$$

式中：N 为样本总数；$\boldsymbol{S}_{\mathrm{T}}=\boldsymbol{S}_{\mathrm{b}}+\boldsymbol{S}_{\mathrm{w}}$；$C$ 为样本种类数；$p_i=N_i/N$ 为该类别在总体样本中的先验概率；E_i 为该类别样本的协方差矩阵；tr(•) 为计算矩阵迹的算子。

8.3.3　基于可分性准则的特征选择

要从现有的 n 个特征 $\{x_1,\ x_2,\ \cdots,\ x_n\}$ 中选择出较少的 m 个特征，可以利用专家的经验，这种方法虽然简单，但是主观性太强。因此，实际中更多地采用数学方法来进行选择。常用的方法是根据上述准则函数值进行选择，比如单独最优的特征选择法和穷举法，都是简单而效果尚可的方法。

1. 单独最优的特征选择法

单独选优法的基本思路是计算 n 个特征中各特征单独使用时的判据值并递减排序，选取前 m 个分类效果最好的特征，即

$$J(x_1)>J(x_2)>\cdots>J(x_d)>\cdots>J(x_n) \tag{8-17}$$

但是，一般地讲，即使各特征是统计独立的，这种方法选出的 m 个特征也不一定是最优的特征组合。只有当可分性判据 J 是可分的，上述方法才能选出一组最优特征，即

$$J(\boldsymbol{x})=\sum_{i=1}^{d} J(x_i) \text{ 或 } J(\boldsymbol{x})=\prod_{i=1}^{d} J(x_i) \tag{8-18}$$

2. 穷举法

要从现存的 n 个特征 $\{x_1, x_2, \cdots, x_n\}$ 中直接选出 m 个特征，所有可能的组合数是 C_n^m。对这 C_n^m 种特征组合，分别计算所有的 J 值，选择出最大 J 值对应的特征组合。这里，以鸢尾花卉数据集（Iris Flower Data Set）作为一个示例。

鸢尾花卉数据集（Iris Flower Data Set）是一个经典数据集，在统计学习和机器学习领域中经常被用作示例，是一种多重变量分析的数据集。最初是由埃德加·安德森（Edgar Anderson）从加拿大加斯帕半岛上的鸢尾属花朵中提取的地理变异数据，这些数据是安德森通过直接测量鸢尾花卉花朵的各个部分得到的，所以为了纪念他，该数据集全称为安德森鸢尾花卉数据集（Anderson′s Iris Data Set）。1936 年，罗纳德·费雪（Ronald Fisher）第一次将 Iris 数据集作为判别分析的一个例子，运用到统计学中的数据挖掘实验。因此，该数据集也称为费雪鸢尾花卉数据集（Fisher′s Iris Data Set）。

鸢尾花卉数据集包含 150 个样本，分为 3 类，都属于鸢尾属下的三个亚属，分别是山鸢尾（Iris Setosa）、杂色鸢尾（Iris Versicolour）、维吉尼亚鸢尾（Iris Virginica），如图 8－7 所示。

(a) 山鸢尾　(b) 杂色鸢尾　(c) 维吉尼亚鸢尾　(d) 测量位置

图 8－7　鸢尾花

每类 50 个样本，每个样本包含 4 个属性：Sepal. Length（花萼长度）、Sepal. Width（花萼宽度）、Petal. Length（花瓣长度）和 Petal. Width（花瓣宽度），单位均为 cm。这些属性作为鸢尾花卉的 4 个特征并构成特征向量 $(x_1, x_2, x_3, x_4)^{\mathrm{T}}$。形式为：$\boldsymbol{x}_1^{(1)}=(5.1, 3.5, 1.4, 0.2)^{\mathrm{T}}$，$\boldsymbol{x}_1^{(2)}=(7.0, 3.2, 4.7, 1.4)^{\mathrm{T}}$，$\boldsymbol{x}_1^{(3)}=(6.3, 3.3, 6.0, 2.5)^{\mathrm{T}}$，可通过这 4 个特征来判别鸢尾花卉属于 Setosa、Versicolour 和 Virginica 三个种类中的具体类别。其中，Setosa 与另外两个种类是线性可分的，Versicolour 和 Virginica 是线性不可分的。

【例 8－2】 基于 Iris 花卉数据集，采用穷举法进行特征选择，从样本的 4 个特征中选出 2 个特征。

解　从 4 个特征中选择出 2 个特征，两两组合总共 6 种组合。组合 1 到组合 6 分别对应 $(x_1, x_2)^{\mathrm{T}}$、$(x_1, x_3)^{\mathrm{T}}$、$(x_1, x_4)^{\mathrm{T}}$、$(x_2, x_3)^{\mathrm{T}}$、$(x_2, x_4)^{\mathrm{T}}$、$(x_3, x_4)^{\mathrm{T}}$。

选用基于类内类间距离的可分性准则，即计算类间离散度矩阵 $\boldsymbol{S}_{\mathrm{b}}$ 与总类内离散度矩阵 $\boldsymbol{S}_{\mathrm{w}}$，两个矩阵分别代表类别之间的距离与类别内各点的距离。根据 J 值的三个原则式（8－1）和式（8－2），可以知道需要令 $\boldsymbol{S}_{\mathrm{b}}$ 尽可能大，令 $\boldsymbol{S}_{\mathrm{w}}$ 尽可能小，此时不同类别之间的差别最大，同一类别内的各个样本差别最小。

计算不同特征组合下三个类别的类别可分性准则函数 J 值，结果见表 8－1。其中："J 值（150）"为采用全部 150 个样本计算 J 值的结果；"J 值（120）"为采用前 120 个样本计算 J 值的结果。由表 8－1

可知，样本数量对 J 值的影响不大，同时，特征组合 6 的 J 值最大，特征组合 1 的 J 值最小。

表 8-1　　不同特征组合的 J 值结果

类别	组合 1 $(x_1, x_2)^T$	组合 2 $(x_1, x_3)^T$	组合 3 $(x_1, x_4)^T$	组合 4 $(x_2, x_3)^T$	组合 5 $(x_2, x_4)^T$	组合 6 $(x_3, x_4)^T$
X 轴特征	萼片长度	萼片长度	萼片长度	萼片宽度	萼片宽度	花瓣长度
Y 轴特征	萼片宽度	花瓣长度	花瓣宽度	花瓣长度	花瓣宽度	花瓣宽度
J 值（150）	1.1375	4.5992	4.6275	3.8641	3.9451	14.3127
J 值（120）	1.1027	4.3621	4.2808	3.9024	3.8458	14.127

对于表 8-1 中的六种特征组合，将前 120 个鸢尾花样本作为训练集绘制在二维图中，如图 8-8 所示。其中，圆圈为 Iris-setosa 的样本，星号为 Iris-versicolor 的样本，叉号为 Iris-virginica 的样本。

从表 8-1 可以看出，特征组合 1 的 J 值最小，特征组合 6 的 J 值最大。比较图 8-8（a）和图 8-8（f）可以看出，图（a）中 Iris-versicolor 样本与 Iris-virginica 样本存在较多的交叉，图 8-8（f）中只有较少的类别交叉点，与 J 值的计算结果基本一致。

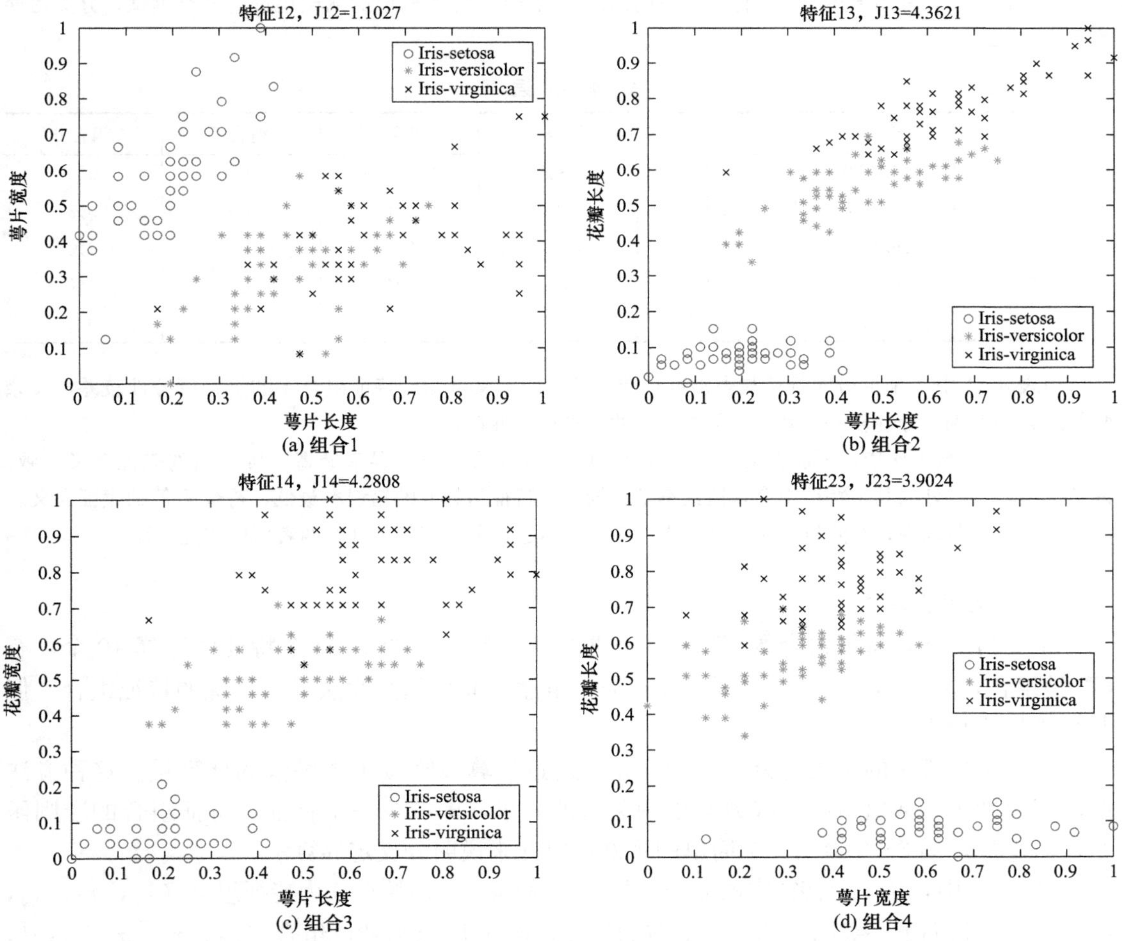

图 8-8　不同特征组合的样本分布（一）

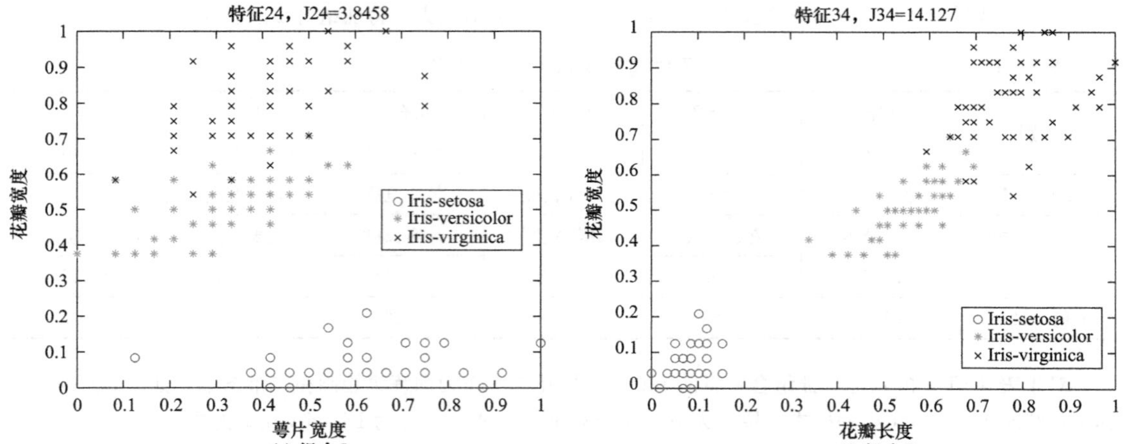

(e) 组合5　　(f) 组合6

图 8-8　不同特征组合的样本分布（二）

采用近邻法的分类错误率分析与验证：

基于该算法，利用上述 120 个样本构成的训练集与 30 个样本构成的测试集进行分类测试，分类错误率见表 8-2。

表 8-2　　分 类 错 误 率

k	组合 1	组合 2	组合 3	组合 4	组合 5	组合 6
1	36.67%	13.33%	3.33%	20.00%	0%	0%
3	26.67%	3.33%	0%	3.33%	0%	0%
5	26.67%	3.33%	0%	0%	0%	0%
7	36.67%	3.33%	0%	0%	0%	0%
9	26.67%	3.33%	0%	0%	0%	0%

由表 8-1 中 J 值的分布规律与类别可分准则函数的定义可知，特征组合 1 的类别可分性较差，其余特征组合的类别可分性较好，其中特征组合 6 的类别可分性最佳。

与表 8-2 数据比较，可以看出，特征组合 1 的 k 近邻法分类错误率最高，与 J 值的表征含义一致。除特征组合 1 以外的其余特征组合，错误率基本较低，特征组合 6 的错误率最低，符合 J 值的表征含义。

故在一定范围内，J 值与近邻法分类错误率在总体趋势上具有相关性，两者可以相互验证。

3. 分支定界算法

很多情况下，特征组合数 C_n^m 是一个非常大的数，例如从 20 个特征中选择 10 个，有 C_n^m 种组合，$n=20$，$m=10$，$C_{20}^{10}=184756$，虽然能够采用穷举法寻找最优的特征组合，但是计算量比较大。

分支定界算法的本质是穷举法的优化，通过计算策略减少穷举法的计算量。这种方法必须符合准则函数值与特征维数呈单调关系的要求，即减少一个特征，特征组合的准则函数值不增加。图 8-9 给出一个简单的示例，以此来说明分支定界算法。

图 8-9 中，从 5 个特征中取 2 个，共有 10 种组合。原始点 0 为特征组合 $(x_1, x_2, x_3, x_4, x_5)^T$，每向下一级则去掉一个对应的特征，例如 D 点为特征组合 $(x_2, x_3, x_4, x_5)^T$，C 点为 $(x_1, x_4, x_5)^T$，B 点为 $(x_1, x_3)^T$，A 点为 $(x_1, x_2)^T$，经过 3 层去掉 3 个特征后

则剩下 2 个特征。

首先，计算右侧第一分支最下方节点 A 处的准则函数值 J_A，确定界 $B=J_A=J_{(x_1,x_2)}$。接着，沿右侧第二分支从上到下计算 3 个特征组合的 J 值，若 B 点处的准则函数值 J_B 大于 J_A，则确定界 $B=J_B=J_{(x_1,x_3)}$。然后，沿右侧第三分支计算到节点 C 时，若 $J_C=J_{(x_1,x_4,x_5)}\leqslant B$，则节点 C 的下级分支不必计算。因为依照特征准则函数的单调性原则，节点 C 以下分支再减少一个特征，特征组合的准则函数值不会增加，因此也不会出现优于此时定界点 B 的特征组合。当某节点下级分支节点多的时候，如节点 D，$J_D=J_{(x_2,x_3,x_4,x_5)}\leqslant B$，则 D 的下级分支不再计算，这种方法能够大大减少计算量。

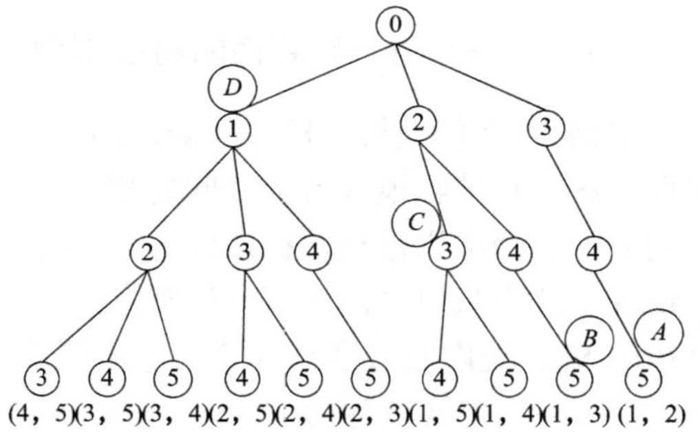

图 8-9　分支定界算法示意图

总体来说，分支定界算法是穷举法算法的一种优化，可减少组合 J 值的计算量，但它要求特征组合符合准则函数单调性原则。

8.4 特　征　提　取

特征选择是在一定准则下从 n 个特征中挑出 m 个（$m<n$），其余 $n-m$ 个特征则不被采用，直接舍弃。但是，这 $n-m$ 个特征中还会包含有信息，直接舍弃有些可惜。因此，换一种思路来考虑特征信息的处理：是否有方法能够将原始的 n 个特征中的有效信息汇集到 m 个特征中？答案是可采用数学变换的方法进行特征提取，也就是通过某种数学变换，把 n 个特征组成的向量压缩为 m 维向量，即

$$\boldsymbol{y}=\mathbf{A}^{\mathrm{T}}\boldsymbol{x} \tag{8-19}$$

其中，$\boldsymbol{x}$ 是具有 n 个特征的向量，$\boldsymbol{x}=(x_1,\ x_2,\ \cdots,\ x_n)^{\mathrm{T}}$，有

$$\boldsymbol{x}:\ n\times 1$$
$$\mathbf{A}:\ n\times m$$
$$\mathbf{A}^{\mathrm{T}}\boldsymbol{x}:\ m\times n\times n\times 1$$
$$\boldsymbol{y}:\ m\times 1$$

变换后，$\boldsymbol{y}$ 是 m 维的向量，$m<n$。

关键问题是如何求出最佳的变换矩阵，使 m 维模式空间中，每一特征向量不仅与其他特征向量的相关性最弱，且包含尽可能多的原始特征信息。两个随机分量间的相关性是指当一个随机分量变化时，另一个随机分量也随之发生具有确定倾向性的变化。两个随机分量之间存在着统计上的相依的关系，相关性强表示一个随机分量的取值较大程度地依赖于另一个随机分量，相关性弱则依赖程度低。两个随机分量间的归一化协方差相关系数刻画了这两个分量间的线性相关程度。特征提取的目的不仅是压缩维数，而且要保留类别间的鉴别信息，突出类别间的可分性。

8.4.1　基于 K－L 变换的特征提取

卡洛南-洛伊变换（Karhunen-Loève Transform），简称 K－L 变换，是一种常用的特征提取方法，在消除模式特征之间的相关性、突出差异性方面有较好的效果。K－L 变换以最小均方误差为准则进行数据压缩，是最小均方误差下的最优正交变换，分为连续和离散两种情况，这里只讨论离散 K－L 变换情况。常见的 K－L 变换矩阵有自相关矩阵、类间离散度矩阵 $\boldsymbol{S}_{\mathrm{b}}$、类内离散度矩阵 $\boldsymbol{S}_{\mathrm{w}}$、类内类间离散度矩阵 $\boldsymbol{S}_{\mathrm{w}}^{-1}\boldsymbol{S}_{\mathrm{b}}$。其中，变换矩阵为自相关矩阵时的 K－L 变换被称为 PCA（Principal Components Analysis）变换。基于 K－L 变换的数据降维过程如图 8－10 所示。

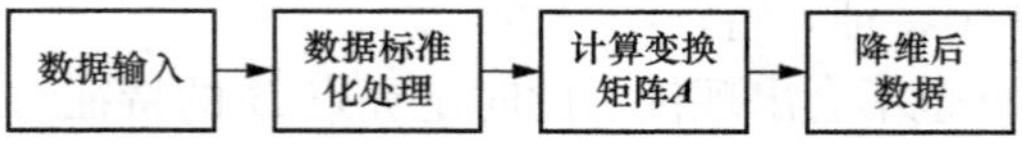

图 8－10　基于 K－L 变换的数据降维过程

1. K－L 展开式

$\boldsymbol{x}$ 是 n 维的随机向量，$\boldsymbol{x}$ 可以用 n 个基向量的加权和来表示，即

$$\boldsymbol{x}=\sum_{i=1}^{n}\alpha_i\boldsymbol{\phi}_i \tag{8-20}$$

其中，$\boldsymbol{\phi}_i$ 为基向量，α_i 为加权系数，有

$$\boldsymbol{x}=(\boldsymbol{\phi}_1,\ \boldsymbol{\phi}_2,\ \cdots,\ \boldsymbol{\phi}_n)\begin{bmatrix}\alpha_1\\ \alpha_2\\ \vdots\\ \alpha_n\end{bmatrix} \tag{8-21}$$

基向量为正交向量

$$\boldsymbol{\phi}_i^{\mathrm{T}}\boldsymbol{\phi}_j=\begin{cases}1 & i=j\\ 0 & i\neq j\end{cases} \tag{8-22}$$

$\boldsymbol{\Phi}$ 由正交向量构成，是正交矩阵

$$\boldsymbol{\alpha}=\boldsymbol{\Phi}^{\mathrm{T}}\boldsymbol{x} \tag{8-23}$$

2. 利用自相关矩阵做 K－L 变换进行特征提取

如何得到变换矩阵 $\boldsymbol{A}$ 将 $\boldsymbol{x}$ 从 n 维变换成 m 维，可以采用自相关矩阵进行 K－L 变换，具体实现步骤如下：

（1）将多类模式合为一个整体，作总体分布，平移坐标系，使均值向量为零；

（2）求取样本集 $\boldsymbol{X}$ 的自相关矩阵 $\boldsymbol{R}$

$$\boldsymbol{R}=E[\boldsymbol{X}\boldsymbol{X}^{\mathrm{T}}] \tag{8-24}$$

（3）求取 $\boldsymbol{R}$ 的特征值 λ_1，λ_2，$\cdots$，λ_n，对应特征向量 $\boldsymbol{\phi}_1$，$\boldsymbol{\phi}_2$，$\cdots$，$\boldsymbol{\phi}_n$；

（4）将特征值从大到小排序，有

$$\lambda_1\geqslant\lambda_2\geqslant\cdots\geqslant\lambda_m\geqslant\cdots\lambda_n \tag{8-25}$$

每个特征值的贡献率为

$$\mu_j=\frac{\lambda_j}{\sum_{i=1}^{m}\lambda_i} \tag{8-26}$$

进行特征提取时，一般要求所取前 m 个特征值的贡献率之和大于 0.75，即

$$\sum_{i=1}^{m}\mu_j \geqslant 0.75 \tag{8-27}$$

依据从大到小顺序取当前 m 个特征值对应的特征向量构成变换矩阵有

$$\boldsymbol{A}=(\boldsymbol{\phi}_1,\ \boldsymbol{\phi}_2,\ \cdots,\ \boldsymbol{\phi}_m) \tag{8-28}$$

（5）将 n 维向量 $\boldsymbol{x}$ 变换成 m 维新向量 $\boldsymbol{y}$

$$\boldsymbol{y}=\boldsymbol{A}^{\mathrm{T}}\boldsymbol{x} \tag{8-29}$$

3. 程序示例

【例 8-3】 已知以下两类二维样本数据：

$$\begin{pmatrix}-1\\-1\end{pmatrix},\ \begin{pmatrix}-1\\0\end{pmatrix},\ \begin{pmatrix}0\\-1\end{pmatrix},\ \begin{pmatrix}-1\\-2\end{pmatrix},\ \begin{pmatrix}-2\\-1\end{pmatrix} 和 \begin{pmatrix}1\\1\end{pmatrix},\ \begin{pmatrix}1\\2\end{pmatrix},\ \begin{pmatrix}2\\1\end{pmatrix},\ \begin{pmatrix}1\\0\end{pmatrix},\ \begin{pmatrix}0\\1\end{pmatrix}$$

两类二维样本的分布如图 8-11 所示。将这两类二维样本数据进行 K-L 变换，由二维降至一维。

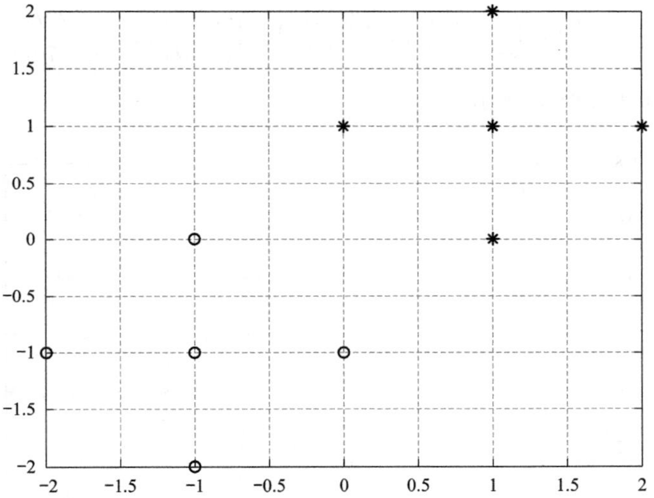

图 8-11　两类二维样本

解　具体步骤如下：

（1）样本的总体均值向量为

$$m=\frac{1}{10}\left[\begin{pmatrix}-1\\-1\end{pmatrix}+\begin{pmatrix}-1\\-0\end{pmatrix}+\cdots+\begin{pmatrix}0\\1\end{pmatrix}\right]=\begin{bmatrix}0\\0\end{bmatrix}$$

总体均值向量为 0，因此无须作坐标系平移。

（2）求取自相关矩阵，有

$$\boldsymbol{R}=\frac{1}{10}\left[\begin{pmatrix}-1\\-1\end{pmatrix}(-1,\ -1)+\begin{pmatrix}-1\\0\end{pmatrix}(-1,\ 0)+\cdots+\begin{pmatrix}0\\1\end{pmatrix}(0,\ 1)\right]=\begin{bmatrix}1.4 & 1.0\\1.0 & 1.4\end{bmatrix}$$

（3）求解特征方程，确定特征值和特征向量

$$\begin{vmatrix}1.4-\lambda & 1.0\\1.0 & 1.4-\lambda\end{vmatrix}=0$$

即

$$(1.4-\lambda)^2-1.0^2=0$$

解得

$$\lambda_1=2.4,\ \lambda_2=0.4$$

贡献率为

$$\mu_1 = 85.7\%, \ \mu_2 = 14.3\%$$

由 $\boldsymbol{R\phi}_j = \lambda_j \boldsymbol{\phi}_j$，解得特征向量，见表 8-3。

表 8-3　特　征　向　量

$\boldsymbol{\phi}_1$	$\boldsymbol{\phi}_2$
0.7071	−0.7071
0.7071	0.7071

变换后的两类二维样本及分布如下：

$$\begin{pmatrix} -1.4142 \\ 0 \end{pmatrix}, \begin{pmatrix} -0.7071 \\ -0.7071 \end{pmatrix}, \begin{pmatrix} -0.7071 \\ 0.7071 \end{pmatrix}, \begin{pmatrix} -2.1213 \\ 0.7071 \end{pmatrix}, \begin{pmatrix} -2.1213 \\ -0.7071 \end{pmatrix},$$

$$\begin{pmatrix} 1.4142 \\ 0 \end{pmatrix}, \begin{pmatrix} 2.1213 \\ -0.7071 \end{pmatrix}, \begin{pmatrix} 2.1213 \\ 0.7071 \end{pmatrix}, \begin{pmatrix} 0.7071 \\ 0.7071 \end{pmatrix}, \begin{pmatrix} 0.7071 \\ -0.7071 \end{pmatrix}$$

变换后的数据分布如图 8-12 所示。

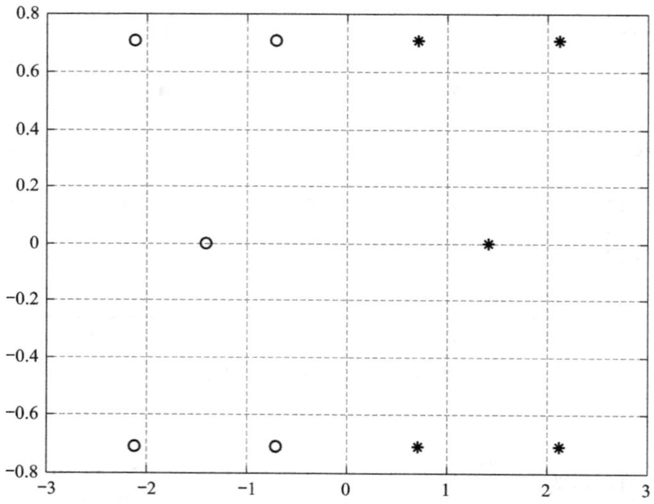

图 8-12　变换后的数据分布

(4) 转换为一维：

第一个特征值 λ_1 的贡献值大于 0.75，所以可以选取 $\boldsymbol{\phi}_1$ 作为变换矩阵，即：$\boldsymbol{A} = \boldsymbol{\phi}_1$，通过计算 $\boldsymbol{y} = \boldsymbol{A}^{\mathrm{T}}\boldsymbol{x}$，将原样本变换成一维的样本，即

$$\left(-\frac{2}{\sqrt{2}}\right), \left(-\frac{1}{\sqrt{2}}\right), \left(-\frac{1}{\sqrt{2}}\right), \left(-\frac{3}{\sqrt{2}}\right), \left(-\frac{3}{\sqrt{2}}\right),$$

$$\left(\frac{2}{\sqrt{2}}\right), \left(\frac{3}{\sqrt{2}}\right), \left(\frac{3}{\sqrt{2}}\right), \left(\frac{1}{\sqrt{2}}\right), \left(\frac{1}{\sqrt{2}}\right)$$

映射成一维的样本分布如图 8-13 所示。

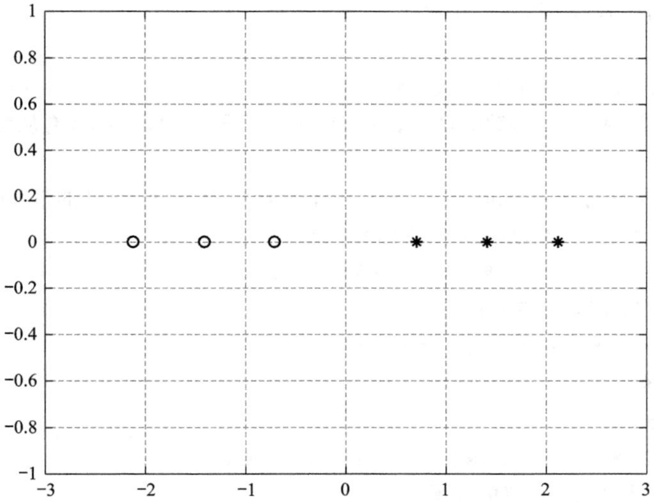

图 8 - 13　映射成一维的样本分布

上述 K - L 变换程序为：

```
%%%%%%%%%%%%%%%%%%%%%%%%%%%%%%%%%%%%%
clc;clear all; close all;
% 样本数据,共 10 个,每个样本两个特征
X=[-1 -1;-1 0;0 -1;-1 -2;-2 -1;1 1;1 2;2 1;1 0;0 1]
%%%%%%%%%%%%%%%%%%%%%%%%%%%%%%%%%%%%%%
%% 采用的是自相关矩阵
%% 第一步,求样本的总体均值向量
%%%%%%%%%%%%%%%%%%%%%%%%%%%%%%%%%%%%%%
[n_X,m_X]=size(X); %% 保持一致 ,n 为样本个数,m 为特征个数
mean_X=mean(X);  %% 各特征(列)的平均值

% 平移坐标,中心为零。
for i=1:n_X
    X(i,:)=X(i,:)-mean_X;
end
%%%%%%%%%%%%%%%%%%%%%%%%%%%%%%%%%%%%%%
% 第二步,求自相关矩阵,这里面的自相关矩阵可以换为其他形式的矩阵
%%%%%%%%%%%%%%%%%%%%%%%%%%%%%%%%%%%%%%
R=zeros(m_X);  % 设自相关矩阵初值
for i=1:n_X     % 各向量自相关计算,累积求和
   R=R+X(i,:)'* X(i,:);
end
R=R/(n_X-1)  % 除(样本个数-1),得最终的协方差矩阵
%%%%%%%%%%%%%%%%%%%%%%%%%%%%%%%%%%%%%%
% 第三步,求特征值和特征向量
%%%%%%%%%%%%%%%%%%%%%%%%%%%%%%%%%%%%%%
```

```
% 求特征值和特征向量:使用 eig 函数
[V,D]=eig(R);
% V 是特征向量,可以在运行环境中观察到
% D 是特征值,不同 MATLAB 函数的输出结果排序可能不同,有从小到大,有从大到小。重新排序比较
  可靠
[Y,I]=sort(diag(D),'descend'); % 统一到降序排列,有些版本默认的是升序
V_Descend=V(:,I); %% 经过调整,得到标准形式
%%%%%%%%%%%%%%%%%%%%%%%%%%%%%%%%%%%%%%%%%%%%%%%%
% 第四步,得到变换矩阵,获取新数据
%%%%%%%%%%%%%%%%%%%%%%%%%%%%%%%%%%%%%%%%%%%%%%%%
%% PCA 后的数据:
X_A=X* V_Descend;
%%%%%%%%%%%%%%%%%%%%%%%%%%%%%%%%%%%%%%%%%%%%%%%%
% 第五步,将原样本变换成一维的样本
%%%%%%%%%%%%%%%%%%%%%%%%%%%%%%%%%%%%%%%%%%%%%%%%
X_pca=X* V_Descend(:,1)    % 将原样本变为一维样本
```

由图 8－13 可见，映射后的样本仍然是线性可分的，显然，降维后的模式分类更为便捷。

8.4.2　不同形式的离散 K－L 变换

理论上，K－L 变换能消除分量间的（线性）相关性。在几何上，K－L 变换实际上是坐标系（或平移后）旋转，也就是说分量间的这种相依关系可以通过坐标系的旋转予以消除。在模式识别中，可以结合分类信息和类别可分性，采用不同形式的矩阵进行 K－L 变换，有不同的应用范围和变换效果。

采用自相关矩阵作 K－L 变换，将多类模式合为一个整体，作总体分布，其作用是消除数据分量之间的相关性，突出差异性。采用自相关矩阵是在原分布可分性好的情况下进行。采用自相关矩阵作 K－L 变换过程中并未包含类别信息。

类别的可分性不仅取决于类间的距离，还取决于各类样本围绕其中心的分布情况，而各类内离散度矩阵、总的类内离散度矩阵、类间离散度矩阵、总体分布矩阵中含有这方面的信息。因此，可以根据 $\boldsymbol{S}_w$、$\boldsymbol{S}_b$、$\boldsymbol{S}_T$ 或等价地依据相应的协方差矩阵进行 K－L 变换，凸显变换后所得矢量的各分量对分类识别的贡献，即线性判别分析算法（Linear Discriminant Analysis，LDA）。

基于 $\boldsymbol{S}_w$、$\boldsymbol{S}_b$ 作 K－L 变换，减弱各特征（分量）之间的相关性，再利用统计、线性代数或模式识别的某些概念或性质去选取主分量，来达到特征提取与选择、数据压缩等目的。该方法需要较多的已知类别的样本去估计 $\boldsymbol{S}_w$ 和 $\boldsymbol{S}_b$。如果有一些类别的分布知识，可据此指导选择适当的离差阵进行 K－L 变换，这样效果会更好，否则可以使用“比选”方法，确定实际进行 K－L 变换所依据矩阵的类别。

8.4.3　实例分析

1. 针对 IRIS 数据的特征提取分析

采用不同的矩阵进行 K－L 变换，最终的特征提取效果会有一定的差别。一般常用的矩阵主要有：①协方差矩阵 Cov；②类间离散度矩阵 $\boldsymbol{S}_b$；③类间离散度矩阵与类内离散度矩

阵之比 $\boldsymbol{S}_{\mathrm{w}}^{-1}\boldsymbol{S}_{\mathrm{b}}$。

采用上述三种矩阵进行特征提取，可得到样本点分布如图 8－14 所示，特征值与贡献值见表 8－4。

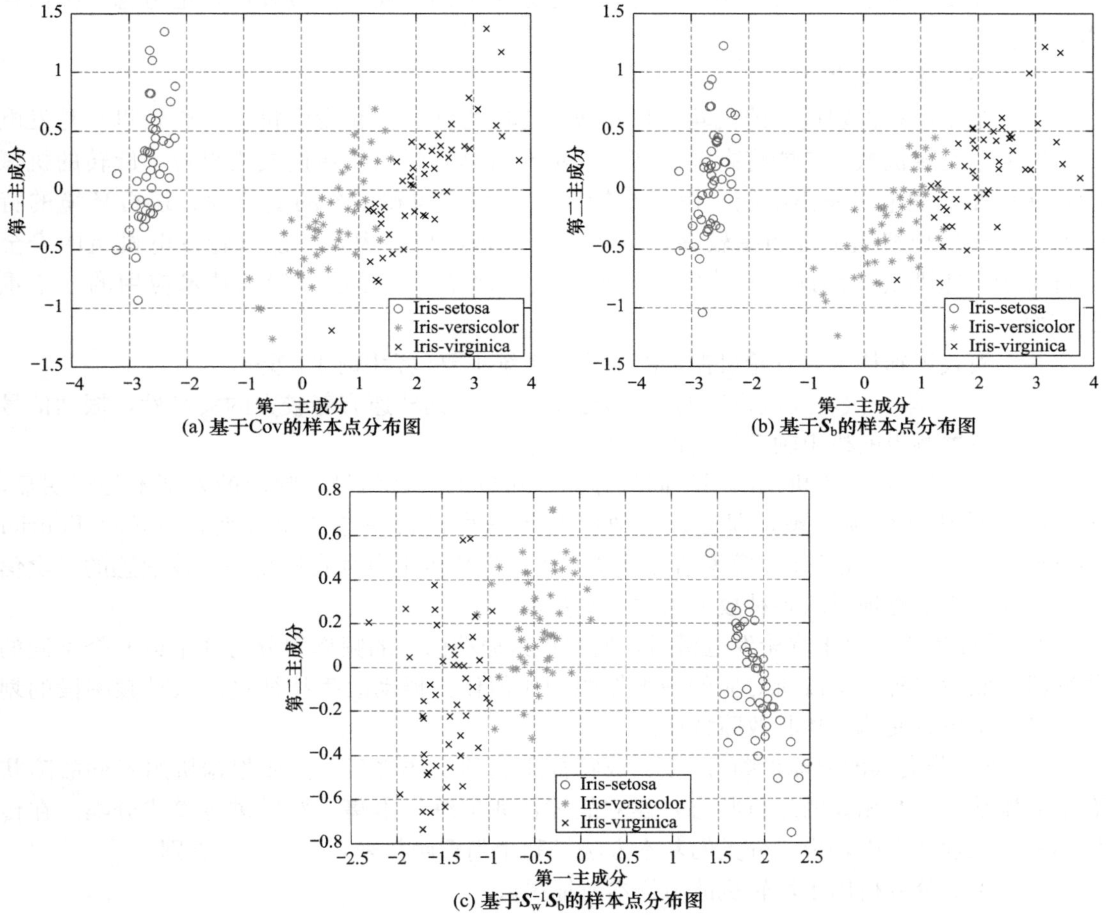

(a) 基于Cov的样本点分布图

(b) 基于S_b的样本点分布图

(c) 基于$S_w^{-1}S_b$的样本点分布图

图 8－14　K－L 变换后的样本点分布

表 8－4　**特征值与贡献值**

Cov 特征值	Cov 贡献率	$\boldsymbol{S}_{\mathrm{b}}$ 特征值	$\boldsymbol{S}_{\mathrm{b}}$ 贡献率	$\boldsymbol{S}_{\mathrm{w}}^{-1}\boldsymbol{S}_{\mathrm{b}}$ 特征值	$\boldsymbol{S}_{\mathrm{w}}^{-1}\boldsymbol{S}_{\mathrm{b}}$ 贡献率
4.2248	92.46%	3.9096	99.16%	32.2720	99.15%
0.2422	5.30%	0.0333	0.84%	0.2776	0.85%
0.0785	1.72%	0.0000	0.00%	0.0000	0.00%
0.0237	0.52%	0.0000	0.00%	0.0000	0.00%

比较图 8－8 与图 8－14 可以看出，K－L 变换后的三类样本点分布较变换前更加明显，即 K－L 变换能够较好地完成特征提取任务。比较图 8－14 中（a）、（b）两图可以看出，图（b）中三类样本分布比图（a）中三类样本分布差别更大。比较图（b）与图（c），图（c）

中每一类样本点之间距离较小，即类内差别较小。

上述实验证明了基于协方差矩阵的K-L变换是将所有点看作一个整体，寻找最优特征压缩空间，但没有考虑类别之间的离散程度。而基于$\boldsymbol{S}_b$的K-L变换考量了类别与类别之间的离散程度，基于$\boldsymbol{S}_w^{-1}\boldsymbol{S}_b$的K-L变换既考虑了类别之间的离散程度，也考虑了类内样本聚集程度。

2. 针对汽轮机数据的特征提取分析

（1）基于模式识别技术的汽轮机振动故障诊断方法。汽轮发电机组（汽轮机）是发电厂中的大型旋转机械，它能将高温、高压的蒸汽所具有的内能转换成机组转子旋转的机械能，从而驱动发电机发出电能。由于汽轮发电机组结构和系统的复杂性、运行环境的特殊性，汽轮发电机组的故障率较高，且故障的危害性也很大，保证汽轮发电机组的安全运行是十分重要的。因此，汽轮发电机组的故障诊断一直是故障诊断技术应用的一个重要方面。

基于模式识别技术的汽轮机振动故障诊断系统主要包含以下四部分。

1）信号采集。汽轮发电机组的大部分振动故障与其转速有着较大的关联性，振动信号是指由传感器测得的机组轴系处的振动时域信号。

2）信号预处理。当机组出现不同故障时，对应的时域信号反映出的差别不是很明显，因此通常对其进行预处理，即通过对故障时域信号进行快速傅里叶变换（Fast Fourier Transform，FFT）或AR建模等信号处理方法，将其转化为对故障类别比较敏感的二次信号，以便能更清楚地反映各种故障间的征兆差别。

3）特征生成。对于汽轮发电机组，通常将其振动信号的频率划分为8个或9个不同的频率段，然后以各频率段所对应的最大振幅的比值作为振动故障特征量。振动频率段的划分只是为了更方便地描述其故障特征。

4）故障分类（即故障诊断）。在完成特征生成的工作之后，需要根据机组不同故障状态下的振动信号及相关的运行状态，建立故障征兆训练样本集，然后进行模式分类。在传统的模式识别技术中，模式分类的基本方法是利用判别函数来划分每一个类别。

（2）主成分分析用于汽轮机故障样本特征提取。

通过对振动信号的频率划分得到的特征向量为八维或九维形式。传统的振动故障诊断系统都是基于这些八维或九维样本数据进行的，无论从计算的复杂程度还是分类器的性能来看都是不适宜的，因此需要进行特征选择或特征提取。

从实验台中选取四组故障14个样本进行试验分析，分别是不平衡、碰磨、裂纹、无故障。原始数据为九维的频率数据，见表8-5。

表8-5　　样本数据及诊断结果

序号	征兆									诊断结果
	A	B	C	D	E	F	G	H	I	
1	0.00256	0.00122	0.00993	0.01826	0.81123	0.07904	0.04958	0.04958	0.0039	不平衡
2	0.05129	0.00267	0.00227	0.01846	0.75780	0.09388	0.03373	0.03373	0.0059	
3	0.00493	0.00162	0.00131	0.01049	0.84174	0.05299	0.01962	0.01962	0.0032	

续表

序号	征兆									诊断结果
	A	B	C	D	E	F	G	H	I	
4	0.11805	0.01598	0.00831	0.12527	0.56643	0.01725	0.04653	0.02356	0.0786	碰磨
5	0.03012	0.01275	0.02175	0.16904	0.61279	0.01977	0.05657	0.02518	0.0520	
6	0.11670	0.00545	0.00523	0.17401	0.56365	0.02107	0.05358	0.01288	0.0534	
7	0.00344	0.00344	0.00553	0.00723	0.54074	0.15488	0.12893	0.12893	0.0268	裂纹
8	0.00178	0.00178	0.00323	0.00566	0.58058	0.15624	0.11422	0.11422	0.0223	
9	0.01320	0.00261	0.00281	0.00642	0.63413	0.14974	0.07667	0.07667	0.0377	
10	0.02475	0.18273	0.39201	0.19642	0.05736	0.09657	0.02254	0.02254	0.0051	无故障
11	0.00482	0.24000	0.50575	0.07214	0.08549	0.03526	0.02535	0.02535	0.0059	
12	0.02363	0.14473	0.53938	0.10211	0.05216	0.09117	0.02069	0.02069	0.0054	
13	0.00755	0.26129	0.48180	0.07610	0.08415	0.03498	0.02331	0.02331	0.0055	
14	0.01321	0.23394	0.48800	0.06358	0.09938	0.03841	0.02777	0.02777	0.0079	

注　频域征兆：

A：$(0.01\sim0.39)f_1$；B：$(0.40\sim0.49)f_1$；C：$0.5f_1$；D：$(0.51\sim0.99)f_1$；E：$1f_1$；F：$2f_1$；G：$(3\sim5)f_1$；H：odd f_1；I：$>5f_1$；其中 f_1 为转速工频，odd f_1 为奇数倍 f_1。

经主成分变换之后的二维数据见表 8-6，得到的矩阵特征值与特征向量见表 8-7 和表 8-8。示例程序见配套数字资源。

表 8-6　　PCA 变换后的前两维数据

序号	x_1	x_2
1	0.3961	−0.0721
2	0.3600	−0.0405
3	0.4217	−0.0631
4	0.2020	0.1385
5	0.2253	0.1159
6	0.2007	0.1707
7	0.2023	−0.0660
8	0.2332	−0.0724
9	0.2715	−0.0627
10	−0.4609	0.0832
11	−0.5155	−0.0394
12	−0.5364	−0.0220
13	−0.5082	−0.0296
14	−0.4918	−0.0404

表 8-7　　特征值与贡献率

λ	λ_1	λ_2	λ_3	λ_4	λ_5	λ_6	λ_7	λ_8	λ_9
特征值	0.1563	0.0075	0.0058	0.0010	0.0007	0.0003	0.000	0.000	0.000
贡献率	90.93%	4.36%	3.40%	0.60%	0.41%	0.20%	0.04%	0.01%	0.00%

表 8-8　　特　征　向　量

$\boldsymbol{\phi}_1$	$\boldsymbol{\phi}_2$	$\boldsymbol{\phi}_3$	$\boldsymbol{\phi}_4$	$\boldsymbol{\phi}_5$	$\boldsymbol{\phi}_6$	$\boldsymbol{\phi}_7$	$\boldsymbol{\phi}_8$	$\boldsymbol{\phi}_9$
0.0518	0.2735	−0.3781	0.3160	0.7255	−0.1080	−0.0250	0.3750	0.0214
−0.0366	0.3525	−0.0318	0.4480	−0.3787	−0.6284	−0.2364	−0.1110	−0.2571
0.0240	0.3234	−0.0966	−0.2791	0.1626	0.3563	−0.4572	−0.3101	−0.5908
0.0837	0.3077	−0.1375	−0.0275	−0.4925	0.3616	−0.0219	0.7076	−0.0646
0.0161	0.3336	−0.0837	−0.0515	−0.0639	0.1045	−0.4941	−0.2091	0.7589
−0.1154	0.3769	0.1400	0.5188	−0.0247	0.4692	0.4656	−0.3427	0.0294
−0.6140	0.3099	−0.3762	−0.4529	−0.0536	−0.2022	0.3601	−0.0718	0.0426
0.7719	0.2248	−0.2790	−0.2536	−0.0760	−0.1540	0.3682	−0.2129	0.0328
0.0448	0.4492	0.7627	−0.2820	0.2190	−0.2001	0.0885	0.1962	0.0242

表 8-7 列出了 K-L 变换后的特征值与贡献率，可见前两个特征值占整个特征总量的 95.29%，按照主成分的选用要保留的信息量达到 75%以上的原则，可以选用前两个主成分分量作为最佳特征。

图 8-15 所示为二维最佳特征空间的模式向量投影，其中圆形数据点为不平衡数据，“×”数据点为碰磨数据，“*”数据点为裂纹数据，“+”形数据点为无故障数据，类别可分性很直观，因此选二维特征作为最佳特征子集是完全可行的。

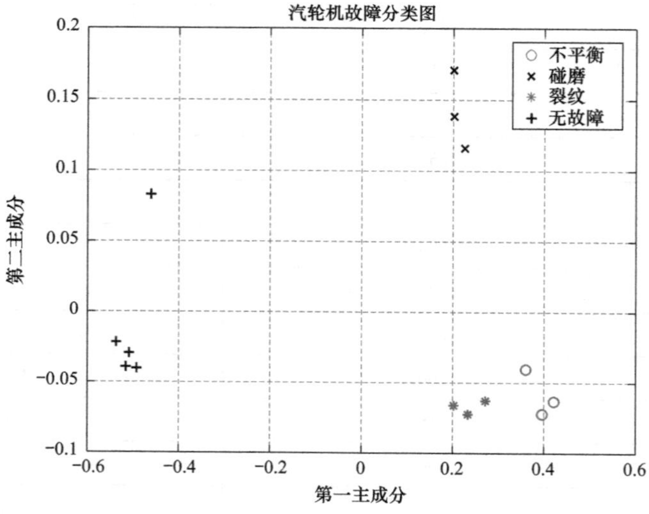

图 8-15　二维最佳特征空间的模式向量

同样，也可以用类间离散度矩阵 $\boldsymbol{S}_b$ 作为变换矩阵，对原始数据进行特征提取。得到的矩阵特征值与贡献率以及特征向量分别见表 8－9 和表 8－10，变换之后的二维数据分布如图 8－16 所示。

表 8－9　特征值与贡献率

λ	λ_1	λ_2	λ_3	λ_4	λ_5	λ_6	λ_7	λ_8	λ_9
特征值	0.1445	0.0063	0.0042	0.0000	0.0000	0.0000	0.0000	0.0000	0.0000
贡献率	93.19%	4.08%	2.73%	0.00%	0.00%	0.00%	0.00%	0.00%	0.00%

表 8－10　特征向量

$\boldsymbol{\phi}_1$	$\boldsymbol{\phi}_2$	$\boldsymbol{\phi}_3$	$\boldsymbol{\phi}_4$	$\boldsymbol{\phi}_5$	$\boldsymbol{\phi}_6$	$\boldsymbol{\phi}_7$	$\boldsymbol{\phi}_8$	$\boldsymbol{\phi}_9$
0.0226	0.3661	−0.0907	0.2037	0.2037	0.1996	0.0242	0.0242	0.0775
−0.2584	−0.0337	0.2248	−0.4566	−0.4566	−0.1343	−0.1768	−0.1768	0.0384
−0.5902	−0.1349	0.5489	0.5116	0.5116	−0.2771	−0.1620	−0.1620	0.2391
−0.0669	0.6521	−0.1502	0.1626	0.1626	−0.3704	−0.0808	−0.0808	0.0583
0.7585	−0.0323	0.5435	0.2125	0.2125	−0.2576	−0.1640	−0.1640	0.1670
0.0300	−0.5193	−0.2387	0.0763	0.0763	−0.0810	0.1253	0.1253	0.2709
0.0437	−0.1581	−0.3597	0.1815	0.1815	0.0845	0.1040	0.1040	0.6698
0.0339	−0.3052	−0.2938	0.3452	0.3452	−0.6065	−0.5807	−0.5807	−0.5384
0.0243	0.1806	−0.2221	0.2965	0.2965	−0.5294	−0.4707	−0.4707	0.3036

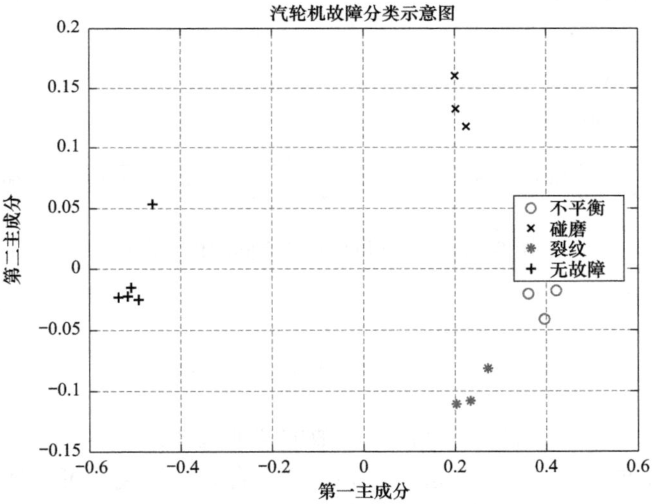

图 8－16　二维最佳特征空间的模式向量

用 $\boldsymbol{S}_w^{-1}\boldsymbol{S}_b$ 作为变换矩阵，对原始数据进行特征提取，得到的矩阵特征值与贡献率以及特征向量分别见表 8－11 和表 8－12，变换之后的二维数据分布如图 8－17 所示。

表 8－11　特征值与贡献率

λ	λ_1	λ_2	λ_3	λ_4	λ_5	λ_6	λ_7	λ_8	λ_9
特征值	2913.5	422.2	118.0	0	0	0	0	0	0
贡献率	84.36%	12.22%	3.42%	0.00%	0.00%	0.00%	0.00%	0.00%	0.00%

表 8-12　特　征　向　量

$\boldsymbol{\phi}_1$	$\boldsymbol{\phi}_2$	$\boldsymbol{\phi}_3$	$\boldsymbol{\phi}_4$	$\boldsymbol{\phi}_5$	$\boldsymbol{\phi}_6$	$\boldsymbol{\phi}_7$	$\boldsymbol{\phi}_8$	$\boldsymbol{\phi}_9$
0.1257	−0.1289	0.2409	−0.0252	0.2747	0.3918	0.1884	0.1884	0.1231
0.0744	−0.0371	0.0033	−0.0237	−0.0040	−0.0652	0.0648	0.0648	0.2276
0.1582	−0.0528	0.1475	−0.0829	−0.0368	0.0092	−0.0673	−0.0673	−0.0718
0.2165	−0.0582	0.2379	−0.2265	0.0803	−0.2508	−0.4276	−0.4276	0.2411
0.0336	−0.0756	0.1518	−0.0841	−0.0193	−0.0462	−0.0722	−0.0722	0.0412
−0.1307	−0.0039	−0.2084	0.1540	−0.0266	0.0856	−0.3069	−0.3069	−0.1840
−0.6296	0.6158	−0.4764	0.3813	−0.5842	0.5389	0.5560	0.5560	−0.1143
0.6898	−0.6774	0.7441	−0.8691	0.7079	−0.6396	−0.4482	−0.4482	0.6891
−0.1276	0.3634	−0.1282	0.0956	−0.2705	−0.2651	−0.0426	−0.0426	−0.5884

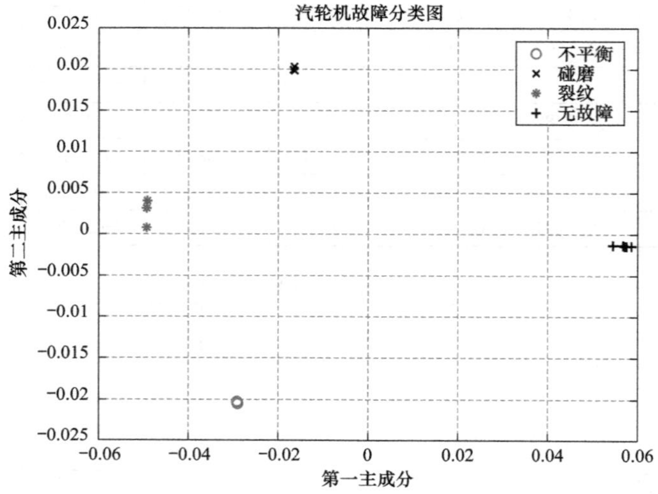

图 8-17　二维最佳特征空间的模式向量

习　题

8.1　编程实践：基于类别可分性准则函数的特征选择。

(1) 对 IRIS 数据进行两个特征选择，共六种组合，计算类别可分性准则函数 J 值，得出最好的分类组合，画出六种组合的分布图；

(2) 使用前期习题里面的程序，对六种组合分别使用不同方法进行基于 120 个训练样本 30 个测试样本的学习误差和测试计算，并分析结果。

8.2　编程实践：PCA 特征提取。

(1) 对 IRIS 数据进行特征提取，使用基于自相关矩阵的 PCA 方法，将四维特征转化为二维，画出 PCA 后二维数据的分布图；

(2) 使用前期习题里面的程序，对 PCA 后二维数据分别使用不同方法进行基于 120 个训练样本 30 个测试样本的学习误差和测试计算，并分析结果。

第 9 章　深　度　学　习

9.1　特征生成问题

模式识别中特征生成是一个非常重要的环节。早期的特征生成一般是采用人工生成方法，针对某一个具体的模式识别问题，从不同的角度思考其特征。首先以直观的手写数字识别为例来说明特征生成的问题。手写数字识别一般指将灰度手写数字图片识别为相应的数字，如图 9－1 所示。

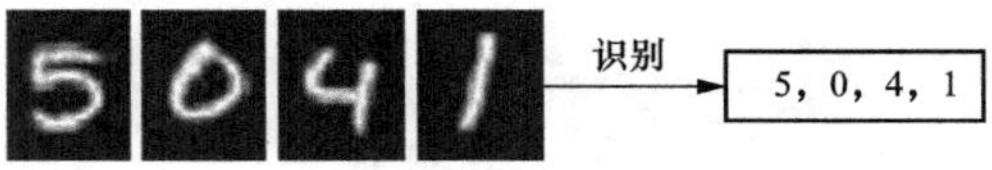

图 9－1　手写体数字识别

MNIST[1] 手写数字数据集是模式识别领域中非常经典的一个数据集。共有 7 万张图片样本，训练数据集包含 6 万张样本，取自美国人口普查局的员工，而测试数据集包含 1 万张样本，取自美国高中生，其中部分手写数字数据集如图 9－2 所示。

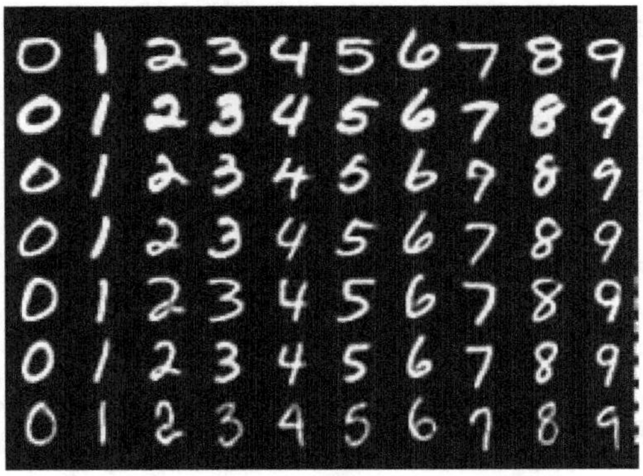

图 9－2　MNIST 手写数字数据集

每个样本都是一张 28×28 像素的灰度手写数字 0～9 图片，可以将其理解为一个二维数组的结构。图 9－3 所示为放大的灰度手写数字图像。

[1] MNIST 是 Mixed National Institute of Standards and Technology（美国国家标准与技术研究院）的缩写。

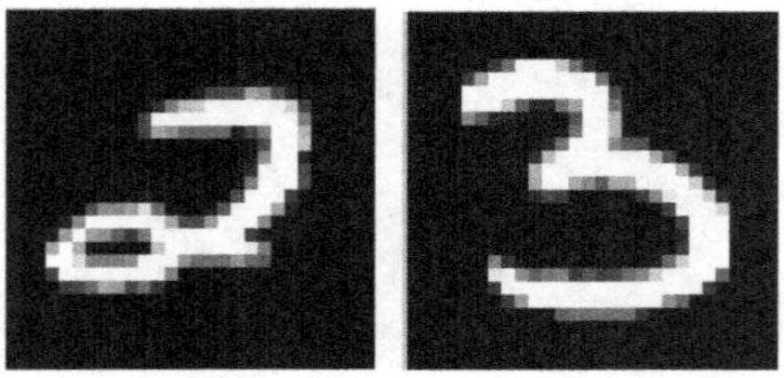

图 9－3　放大的灰度手写数字图像

识别这些灰度手写数字图片所对应的数字，可以采用不同的模式识别方法。

第一种方法，可以使用一致的扁平化方法，将这个 28×28 的数组生成由 784 个数字组成的一维数组，作为 BP 神经网络或者 SVM 的输入。从数学意义上讲，是将每张 MINIST 图片上的每个像素点看成是 784 维度向量空间中的一个点。

另一种方法，可以利用生成特征来完成数字的识别。生成特征的方法可以使用人工的方式，例如第 8 章中介绍的一个非常简单的方法，将字符点阵划分为四个区域，统计各个区域中值为 1 的像素的个数，生成 4 维特征向量 $\boldsymbol{x}=(\boldsymbol{x}_1, \boldsymbol{x}_2, \boldsymbol{x}_3, \boldsymbol{x}_4)^{\mathrm{T}}$，如图 9－4 所示。再将特征向量送入分类器，得到相应的分类结果。

也可以采用生成投影特征完成数字识别，如图 9－5 所示。将一个字符点阵划分为四个区域，共有十二条边线，将每一个字符点阵中的每一个点向最近的四条边线沿水平和垂直方向投影，用十二条边线上的投影长度作为投影特征，一共有十二个特征。

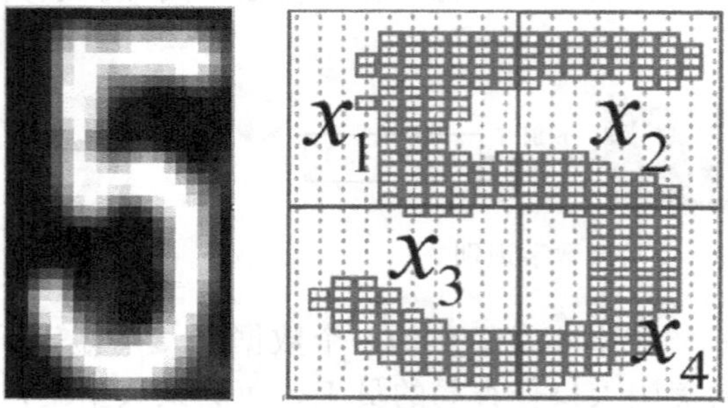

图 9－4　区域像素统计

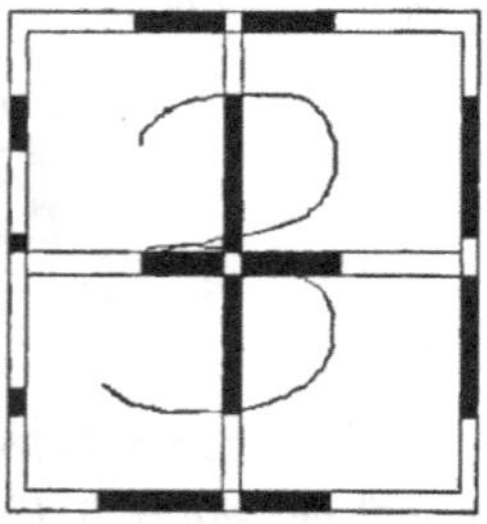

图 9－5　投影特征示意图

还可以根据笔画的方向获得方向特征完成数字识别，如图 9－6、图 9－7 所示。每个笔画像素点和它周围的 8 个点构成一个九点窗，根据 8 个方向，获得笔画像素点的方向特征。

P1	P2	P3
P8	P0	P4
P7	P6	P5

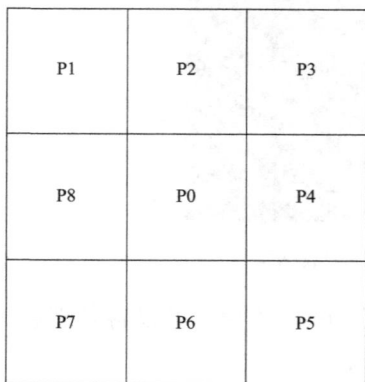

图 9－6　九点窗示意图

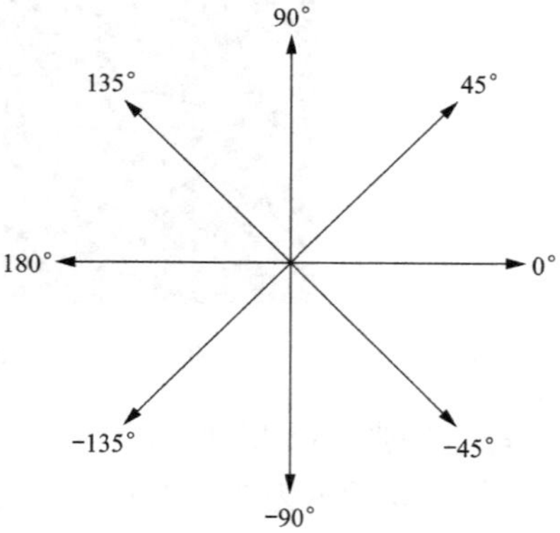

图 9－7　8 个方向特征提取示意图

针对手写体数字的特征生成，还可以有傅里叶系数特征、笔画密度特征、轮廓特征、投影特征、重心及重心矩特征、粗网格特征等方法，不一而足。

对于更复杂的问题，如进行人脸识别，我们的大脑也会快速地通过一些关键特征进行检测。如眼睛的形状、鼻子的轮廓、嘴唇的曲线等。事实证明，这些特征可以通过观察总结各种面部的相对定位要点以及它们之间的距离来生成，如图 9－8 所示。

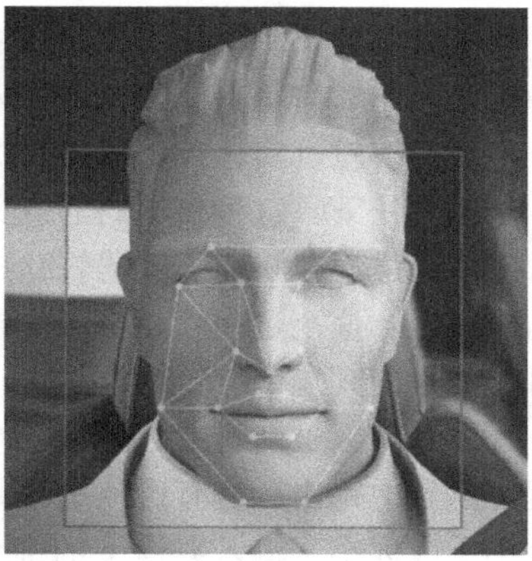

图 9－8　人脸识别特征生成示意图

对于很多问题，特征是不容易生成和选择的。同时，人工生成的特征主观性强，研究者会根据自己的想法，生成各种各样的特征，人工特征生成方法非常依赖于人工设计的技巧。

9.2　自　编　码　器

9.2.1　自编码器的组成

这里介绍一种新的特征生成方法——自编码器（AutoEncoders，AE）。1986 年，鲁梅尔哈特（Rumelhart）提出了自动编码器的概念，并将其用于高维复杂数据处理，促进了神经网络的发展。一个自编码器包括两部分：编码器（Encoder）和解码器（Decoder），如图 9－9 所示。

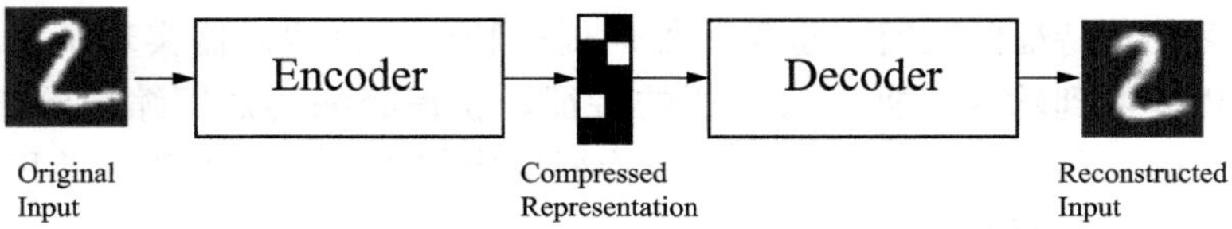

图 9－9　自编码器的构成

图 9－9 中，Original Input：原输入，初始数据流；Encoder：编码器；Compressed Representation：压缩表示；Decoder：解码器；Reconstructed input：重构输入。

编码器将输入压缩为潜在空间表征，用函数 $f(\boldsymbol{x})$ 来表示，解码器将潜在空间表征重构为输出，用函数 $g(\boldsymbol{x})$ 来表示，压缩和解压缩算法都可以通过神经网络来实现。图 9－10 所示为自编码神经网络的示例。

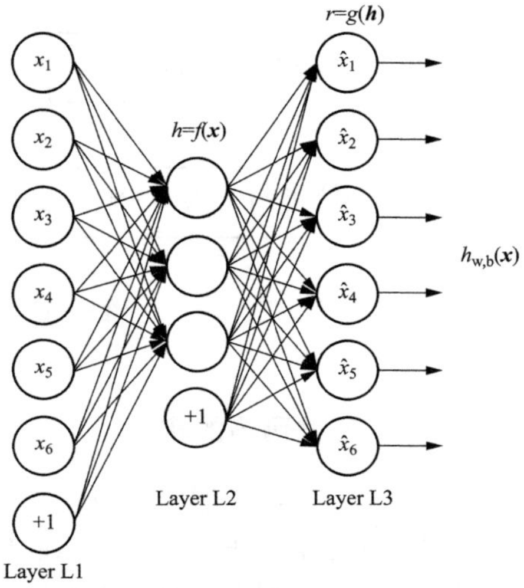

图 9－10　自编码神经网络的示例

自编码神经网络可以看作由两部分组成：一个编码器函数 $h=f(\boldsymbol{x})$ 和一个生成重构的解码器 $r=g(\boldsymbol{h})$。自编码神经网络是一种自监督的算法，尝试学习一个 $h_{\mathrm{w,b}}(\boldsymbol{x})\approx\boldsymbol{x}$ 的函数，就是尝试逼近一个恒等函数，从而使得输出 $\hat{x}$ 接近于输入 x。如果通过网络求得的函数［即图中输入和隐层之间的对应关系 $f(x)$］，其对应的反函数能够最大限度地反映出原始的输入，说明这个函数能够较真实体现出输入数据的特性，是原始数据的另外一种表达形式。

思考一下：这种自编码的意义是什么呢？作用又是什么呢？可以看到，自编码可以使得网络通过学习将输入编码转化成一组另外的量，这组量又可以通过译码恢复成接近原始的输入量，这个过程就相当于先求函数，再求反函数的过程。对于自编码器来说，训练的目的就是使其输入等于输出。

恒等函数虽然看上去不太有学习的意义，但是当为自编码神经网络加入某些限制后，就可以从中得出一些有价值的结果。例如，限定隐层神经元的数量，使得隐层神经元的个数小于或远小于输入数据 x 的维数，则经过编码器压缩函数 $f(x)$ 的输出就是原始输入的另外一种表达形式，也就是特征。对于许多模式识别研究者来说，自编码器是一个激动人心的自监督学习方法，实现了特征学习（又称表示学习），基于此方法所取得的进展已经超过了数十年间研究人员所研究的人工生成特征方法。

图 9－11 所示为特征工程与特征学习示意图。以图像识别为例，传统的模式识别方法采用人工设计特征的方式进行特征生成与提取，构成特征工程。人工特征工程需要大量的人力并且依赖于非常专业的知识，且不便于推广。模式识别任务通常要求输入在数学上或在计算上便于处理，这就要求特征学习技术整体设计有效、自动化且易于推广。在现实世界中的数据，如图片、视频以及传感器的测量值等都非常复杂，冗余且多变。那么，如何有效地提取出特征并且将其表达出来非常重要。特征学习是学习一个特征的技术的集合：将原始数据转换成为能够被机器学习来有效开发的一种形式。避免了手动提取特征的麻烦，允许计算机学习使用特征的同时，也学习如何提取特征。自编码器实现了表示学习，其核心价值在于可以学习到输入数据中最重要的特征，获得经编码器压缩后的潜在空间表征。杰弗里・辛顿（Geoffrey Hinton）将其用于特征生成与提取，并实现了卷积神经网络，开启了新一轮人工智能研究的热潮。

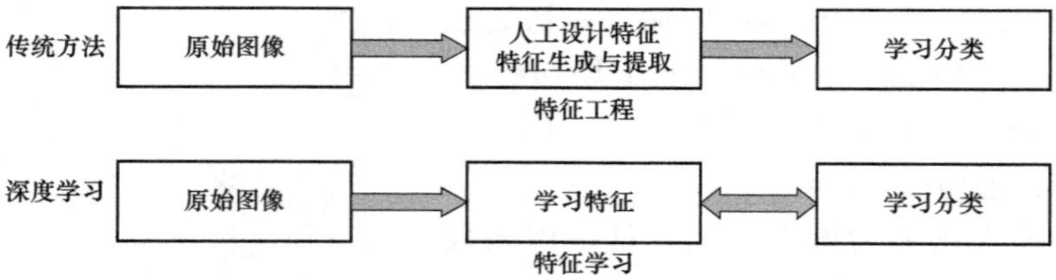

图 9－11　特征工程与特征学习示意图

9.2.2　自编码器的实现

搭建一个自动编码器要完成三个过程：搭建编码器、搭建解码器、设定损失函数。损失函数用来衡量由于压缩而损失掉的信息。编码器和解码器一般都是参数化的方程，关于损失函数可导，典型情况是使用神经网络。编码器和解码器的参数可以通过最小化损失函数进行优化，如采用随机梯度下降法（Stochastic Gradient Descent，SGD）。

这里介绍一种基于简单的 BP 神经网络实现的自编码器。

在一般 BP 神经网络中，进行数据训练时，对于一组输入数据，就会对应一组输出数据，通过调整预测输出数据跟真实输出数据之间的差值（表示为损失函数的形式），对权值进行微调，从而得到各层网络的权值。

【例 9－1】 根据 MNIST 手写体数据集，基于 BP 神经网络设计自编码器，如图 9－12 所示。

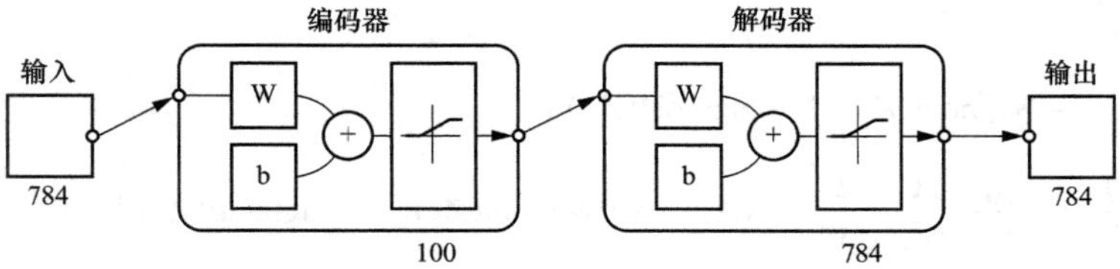

图 9－12　BP 神经网络实现的自编码器

解　搭建一个三层 BP 神经网络，包含一个输入层、一个隐层、一个输出层；隐层和输出层的输出函数采用单极性 Sigmoid 函数，如图 9－13 所示。输入 $\boldsymbol{x}$ 是 28×28 的灰度图像，共 784 个像素，即输入 $\boldsymbol{x}$ 的维数为 784。设计神经网络隐层神经元个数为 100，输出维数也是 784 维，需要由 100 个隐层神经元重构出 784 维的像素灰度值输入，参数设置见表 9－1。由于只有 100 个隐层神经元，远小于输入数据维数，因此，通过自编码神经网络学习能够获得输入数据的压缩表示。

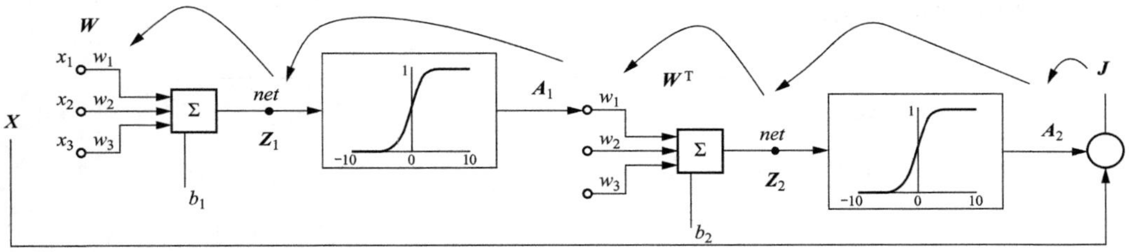

图 9－13　神经网络自编码器的 BP 算法

表 9－1　　**神经网络自编码器算法参数**

参数	Size
$\boldsymbol{W}$	100×784
$\boldsymbol{b}_1$	100×1
$\boldsymbol{b}_2$	784×1
$\boldsymbol{x}$	784×batch _ size

1. 前向计算

前向计算公式为

$$\text{Sigmoid}(\boldsymbol{X})=\frac{1}{1+\exp(-\boldsymbol{X})}$$

$$\boldsymbol{Z}_1=\boldsymbol{W}\cdot\boldsymbol{X}+\boldsymbol{b}_1$$

$$\boldsymbol{A}_1=\text{Sigmoid}(\boldsymbol{Z}_1)$$

$$Z_2 = W^{\mathrm{T}} \cdot A_1 + b_2$$

$$A_2 = \mathrm{Sigmoid}(Z_2)$$

$$J = \frac{1}{2}(X - A_2)^2$$

2. 反向传播

误差反向传播计算公式为

$$\frac{\partial J}{\partial A_2} = A_2 - X$$

$$\frac{\partial A_2}{\partial Z_2} = \mathrm{Sigmoid}(Z_2)[1 - \mathrm{Sigmoid}(Z_2)]$$

$$\frac{\partial J}{\partial W^{\mathrm{T}}} = \frac{\partial J}{\partial A_2}\frac{\partial A_2}{\partial Z_2}\frac{\partial Z_2}{\partial W^{\mathrm{T}}} = (A_2 - X)\mathrm{Sigmoid}(Z_2)[1 - \mathrm{Sigmoid}(Z_2)] \cdot A_1^{\mathrm{T}}$$

$$\frac{\partial J}{\partial b_2} = (A_2 - X)\mathrm{Sigmoid}(Z_2)[1 - \mathrm{Sigmoid}(Z_2)]$$

$$\frac{\partial J}{\partial W} = \frac{\partial J}{\partial Z_2}\frac{\partial Z_2}{\partial A_1}\frac{\partial A_1}{\partial Z_1}\frac{\partial Z_1}{\partial W} = \left(W \cdot \frac{\partial J}{\partial Z_2}\right)\mathrm{Sigmoid}(Z_2)[1 - \mathrm{Sigmoid}(Z_2)] \cdot X^{\mathrm{T}}$$

$$\frac{\partial J}{\partial b_1} = \left(W \cdot \frac{\partial J}{\partial Z_2}\right)\mathrm{Sigmoid}(Z_2)[1 - \mathrm{Sigmoid}(Z_2)]$$

3. 输出结果

经过误差反传，梯度下降法迭代修正，得到权值 W、隐层神经元阈值 b_1、输出层神经元阈值 b_2。自编码器训练损失如图 9 - 14 所示。

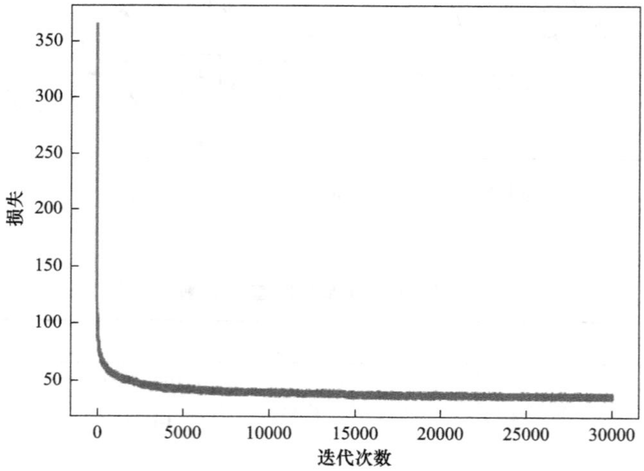

图 9 - 14　自编码神经网络训练损失

采用梯度下降法迭代修正的优化算法，可以对训练样本产生很好的压缩效果，但是并不能保证神经网络可以对所有样本都有较好的压缩效果。因此，一般采用去噪自动编码器（DAE）的方法，提高自编码器的编解码性能。

去噪自动编码器方法的核心思想很简单，就是随机地将原始信号 x 的一些维度数值变为 0（相当于加入噪声信号），变 0 的维度数量可以达到原始信号维度数量中的一半。将这个加入了随机噪声的信号 $\boldsymbol{x}'$输入去噪自动编码器，将得到的输出 $\hat{\boldsymbol{x}}$ 与原始输入信号 $\boldsymbol{x}$ 之间计算误差，采用随机梯度下降算法对权值进行调整，使误差达到最小。在输入中加入一些随机噪声，是因为一些信号中很多内容是冗余的，去掉部分冗余内容不影响信息量。例如，我们对图像内容的理解，当图像信号有一些雪花（噪声）时，以及如图像中物体被遮盖、破损的情况下，还是可以识别出图像中的内容。通过在去噪自动编码机（DAE）加入随机噪声，试图使其具有与人类似的能力。

自编码神经网络的运算结果如图 9－15 所示。可以看出，原始的 28×28 灰度图像，经过编码器压缩为 100 维的特征表示，然后又通过解码器，重构为 28×28 的灰度图像。

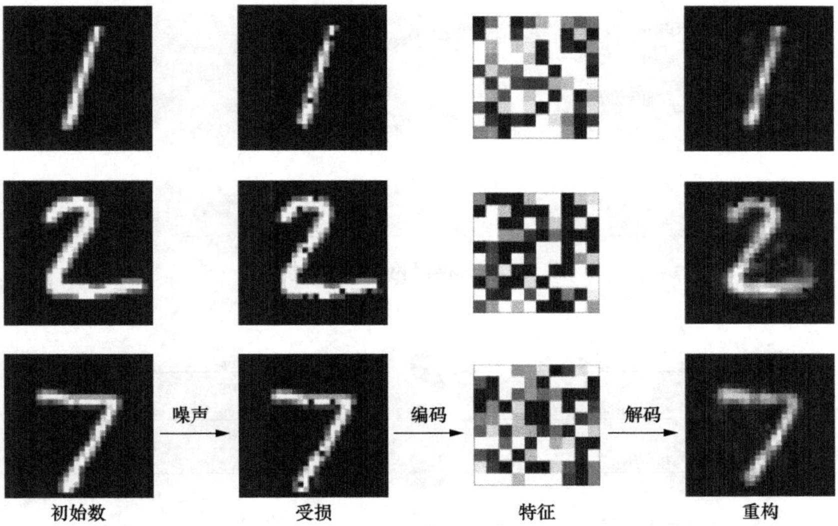

图 9－15　自编码神经网络的运算结果

可以基于 MATLAB 实现自编码器。MALTAB 中，使用 trainAutoencoder 函数进行编码器和解码器的搭建，为减少内存使用，0～9 每个类别均分别使用 500 张图片进行训练，100 张进行测试，共 6000 张图片。自编码器运行界面如图 9－16 所示，结果显示如图 9－17 所示，可以看出每个类别使用 500 张图片已能完成自编码器任务。

图 9－18 所示为原始输入图像和自编码器训练后的图像。可见，基于 BP 神经网络实现的自编码器在 MNIST 数据集上实现的效果不错。从本质上来看，自编码器是一种数据压缩算法，并且是一种数据有损的压缩算法。通过优化算法，可以对训练样本产生很好的压缩效果，同时在测试样本集上有很好的表现。

自编码器是一种自监督学习方法，它能够在没有标签的情况下学习到数据的有效表达。自编码器通常有两个方面的应用：一是数据降维或特征学习，二是数据去噪。在适当的维度和系数约束下，自编码器可以得到比主成分分析（PCA）结果更优的输入数据的低维表示。自编码器的另一个主要应用就是给数据去噪。同样是 MNIST 数据集，在原始数据上增加一些噪声，经过自编码器训练之后的噪声图像还原效果如图 9－19 所示，可以看出自编码器具有优秀的去噪能力。

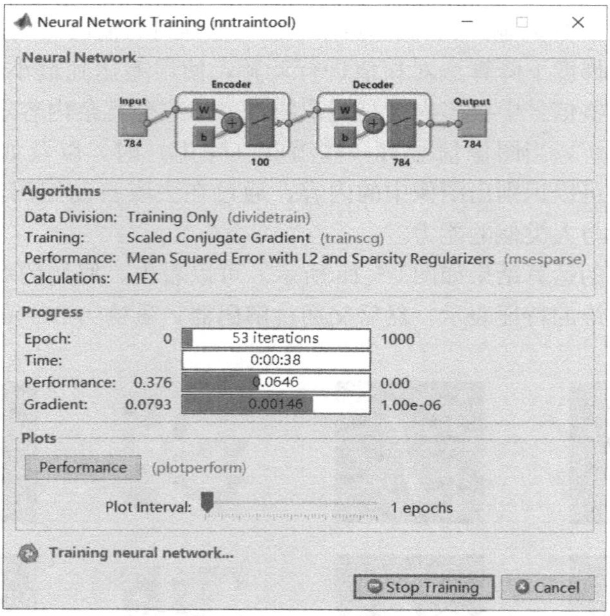

图 9－16　神经网络训练过程

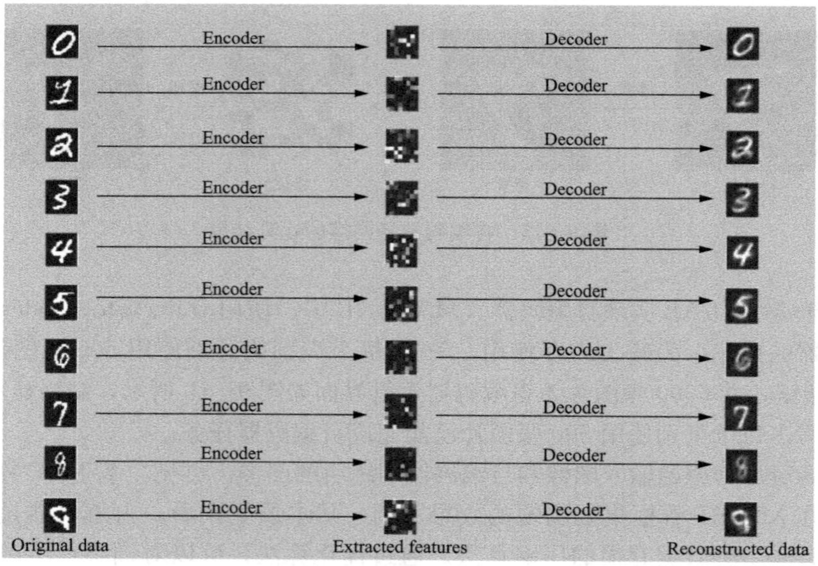

图 9－17　图像编码和解码过程

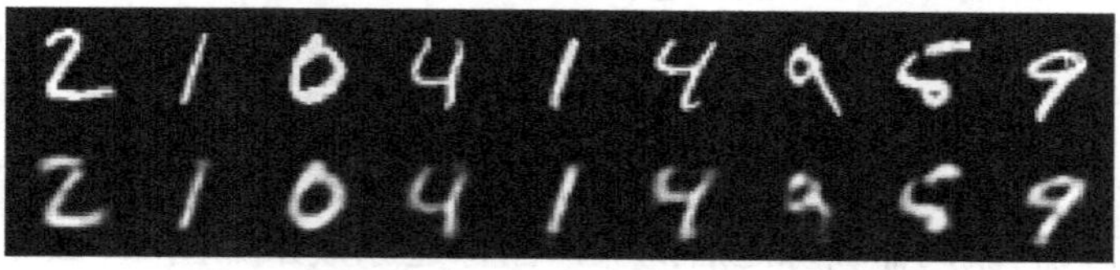

图 9－18　原始输入图像和自编码器训练后的图像

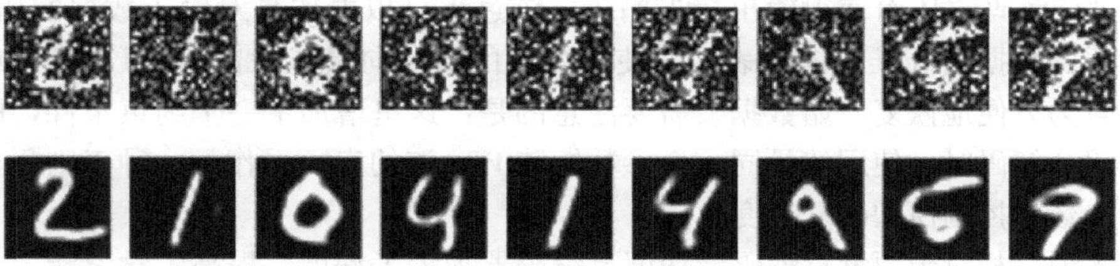

图 9－19　自编码器的降噪作用

自编码器主要有下述三个特点：

（1）数据相关性。自编码器只能压缩与自己此前训练数据类似的数据，例如，我们使用 MNIST 训练出来的自编码器，只能用于压缩手写体数字，如果用来压缩人脸图片，效果很差。

（2）数据有损性。与原始输入相比，自编码器在解压时得到的输出会有信息损失，因此自编码器是一种数据有损的压缩算法。

（3）自动学习性。自动编码器是从数据样本中自动学习的，这意味着它很容易对指定类的输入训练出一种特定的编码器，而不需要完成任何新工作。

需要注意的是，如果网络的输入数据是完全随机的，例如每一个输入都是一个与其他特征完全无关的独立同分布高斯随机变量，那么这一压缩表示将会非常难学习。但是如果输入数据中隐含着一些特定的结构，如某些输入特征是彼此相关的，那么这一算法就可以发现输入数据中的这些相关性。

9.2.3　深度自编码器

通过自编码器实现数据降维的思想最初由杰弗里·辛顿（Geoffrey Hinton）于 2006 年提出，他在顶级期刊《科学》（*Science*）上发表学术论文《使用神经网络降低数据维度》（*Reducing the dimensionality of data with neural networks*），该篇经典之作也被视为深度学习的开山之作。

辛顿对原型自编码器结构进行改进，提出了深度自编码器（Deep Auto Encoder，DAE）。原型自编码器结构如图 9－20 所示，首先用 $\boldsymbol{W}$ 对输入进行编码，经过激活函数后，

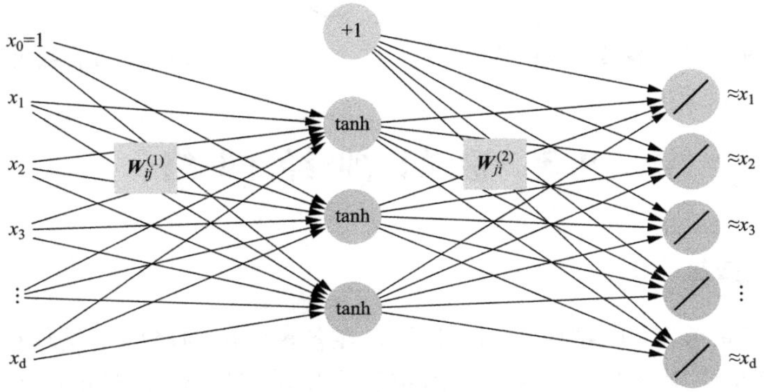

图 9－20　原型自编码器结构图

再用 W^T 进行解码，从而使得输出接近输入。该过程可以看作是对输入数据的压缩编码，将高维的原始数据用低维的向量表示，使压缩后的低维向量能保留输入数据的典型特征，从而能够较为方便地恢复原始数据。需要注意的是：这里增加了一个约束条件，即在对数据进行编码和解码时，使用的是同一个参数矩阵 W。该约束可看作是一种正则化，用于减少参数的个数，控制模型的复杂度。

简单来说，相对于原型自编码器深度自编码器加大了深度，提高了学习能力，更利于预训练。图 9 - 21 所示为一个五层的深度自编码器，隐层节点数从高到低，再从低到高，最终只需要取得 L_3 的向量即可。

辛顿提出了深度自编码器的参数训练方法。先用无监督逐层贪心训练算法完成对隐含层的预训练，如图 9 - 22 所示。首先，确定第一层的权重参数，并固定第一层的参数，再对第二层的参数进行训练，以此类推，直到得到所有权重值。然后，用 BP 算法对整个神经网络进行系统性参数优化调整，可显著降低神经网络的性能指数，有效改善 BP 算法易陷入局部最小的不良状况。

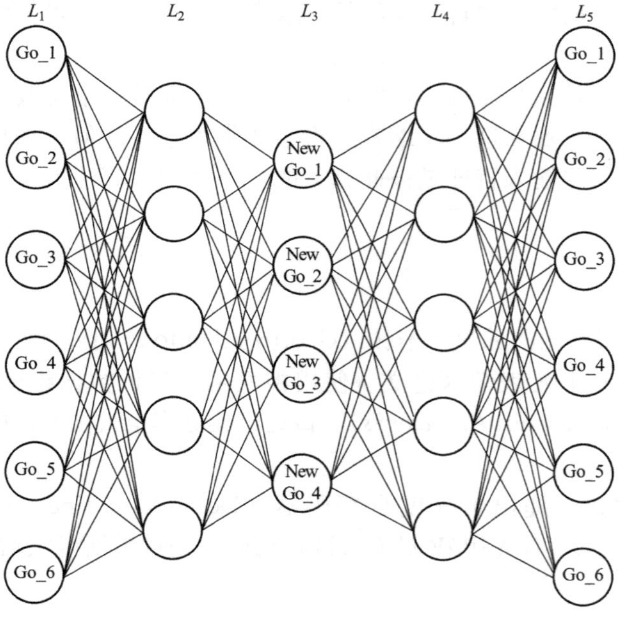

图 9 - 21 深度自编码器

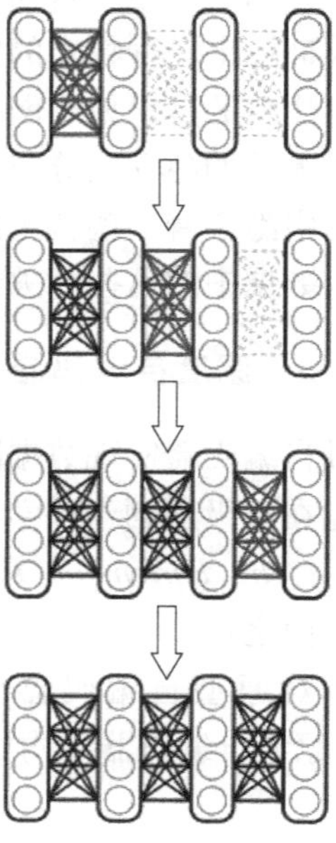

图 9 - 22 深度自编码神经网络的参数训练

9.3 卷积神经网络

9.3.1 卷积运算

深度神经网络重叠了很多隐层（中间层），在各种深度神经网络结构中，卷积（Convolution）神经网络是应用最广泛的一种，由雅恩·乐昆（Yann LeCun）在 1989 年提出。卷积神经网络在早期被成功应用于手写字符图像识别。2012 年，更深层次的 AlexNet 网络研究取得成功，此后卷积神经网络蓬勃发展，被广泛用于各个领域，在很多问题上都取得了很好的性能。

一维信号的卷积是数字信号处理技术中的一种经典方法。在图像处理领域，卷积也是一种常用的运算。它被用于图像去噪、增强、边缘检测等问题，还可以提取图像的特征。卷积运算用一个称为卷积核（Convolution Kernel）的矩阵自上而下、自左向右在图像上滑动，将卷积核矩阵的各个元素与它在图像上覆盖的对应位置的元素相乘，然后求和，得到输出像素值。以 Sobel 边缘检测算子为例，它的卷积核矩阵为

$$\begin{bmatrix} -1 & 2 & -1 \\ 0 & 0 & 0 \\ 1 & 2 & 1 \end{bmatrix}$$

假设输入图像的矩阵为以点（x，y）为中心的 3×3 子图像，有

$$\begin{bmatrix} I_{x-1,\ y-1} & I_{x,\ y-1} & I_{x+1,\ y-1} \\ I_{x-1,\ y} & I_{x,\ y} & I_{x+1,\ y} \\ I_{x-1,\ y+1} & I_{x,\ y+1} & I_{x+1,\ y+1} \end{bmatrix}$$

在该点处的卷积结果按照下述方式计算

$$-I_{x-1,\ y-1}+2I_{x,\ y-1}-I_{x+1,\ y-1}+I_{x-1,\ y+1}+2I_{x,\ y+1}+I_{x+1,\ y+1}$$

即以点（x，y）为中心的子图像与卷积核的对应元素相乘，然后相加。通过卷积核作用于输入图像的所有位置，可以得到图像的边缘图。边缘图在边缘位置具有更大的值，在非边缘处的值接近于 0。图 9 - 23 所示为 Sobel 算子对图像卷积的结果，图（a）为输入图像，图（b）为卷积后的结果。

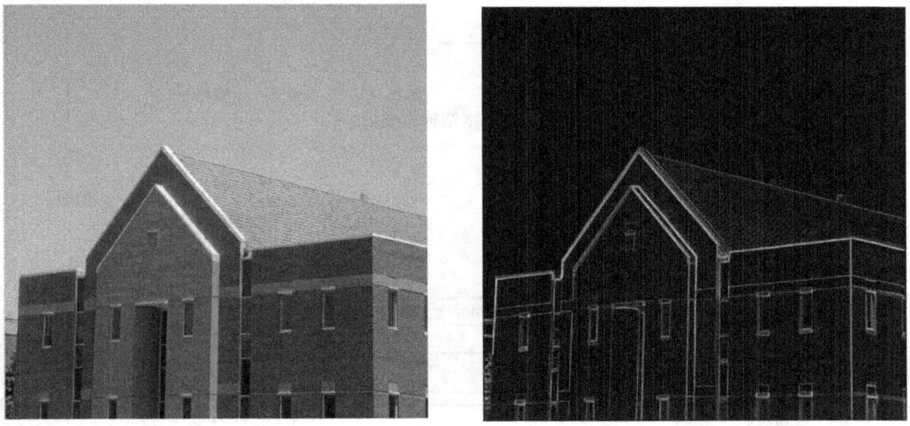

(a)　　(b)

图 9 - 23　Sobel 算子对图像卷积的结果

从图 9 - 23 可以看到，通过卷积可以将图像的边缘信息凸显出来。除了 Sobel 算子之外，常用的还有 Roberts、Prewitt 算子等，它们实现卷积的计算方法相同，但采用不同的卷积核矩阵，可以提取不同的图像特征。

在传统的数字图像处理技术中，这些卷积核矩阵的数值是人工设计的。而卷积神经网络的出现，提供了另外一种思路，即采用自动学习的手段来得到不同的卷积核，从而描述

各种不同类型的特征。

9.3.2 卷积神经网络示例

这里，通过一个最简单的例子来介绍和分析一下卷积神经网络的结构和思想。示例很简单，能够很好地帮助我们理解卷积神经网络。

【例 9-2】 建立一个卷积神经网络，用来识别 6×6 像素的图像，分为 1、2、3 三个类别的阿拉伯数字。训练数据每类 32 张共 96 张图像。部分原始图像数据如图 9-24 所示。

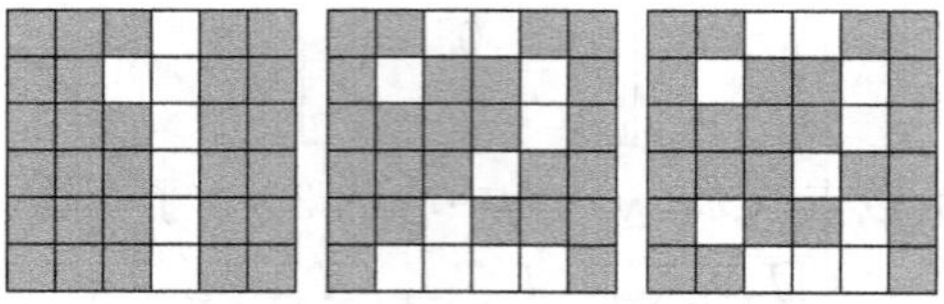

图 9-24　原始图像数据

解　卷积神经网络结构中，隐含层由卷积层和池化层构成，可以包括多组卷积层和池化层。为简化起见，本例介绍只有一组卷积层和池化层的最简结构。整个卷积神经网络的结构如图 9-25 所示。

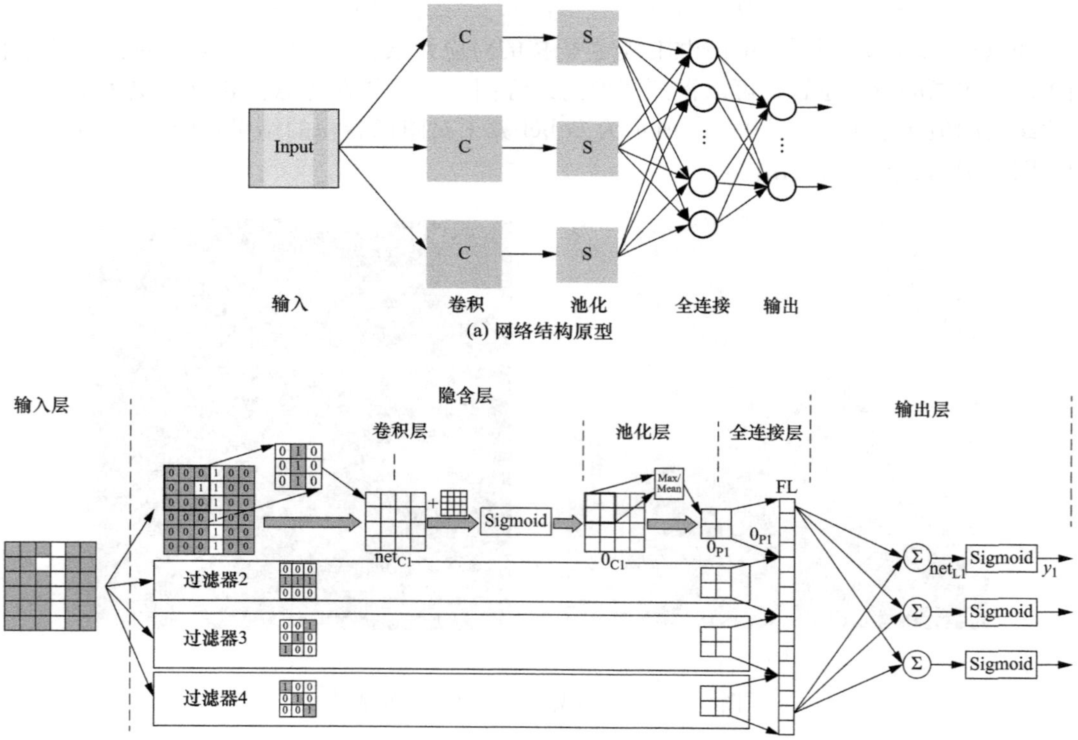

(a) 网络结构原型

(b) 网络结构细节

图 9-25　最简结构的卷积神经网络

1. 输入层

输入数据为 6×6 像素的图像，这些像素值直接代入到输入层的神经元中。用 x_{ij} 表示所读入图像的 i 行 j 列位置的像素数据，并把这个符号用到输入层的变量名和神经元的名称中，如图 9-26 所示。

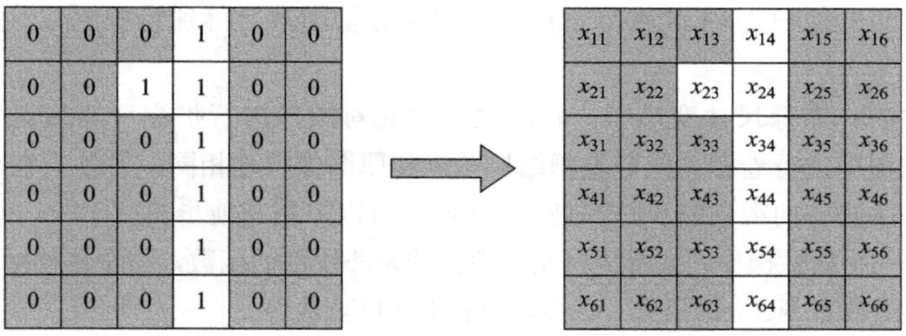

图 9－26　输入层

2. 卷积层

卷积层是卷积神经网络的核心。卷积核是用来提取特征的，也称为过滤器（Filter），构成卷积核的数值是模型的参数。卷积核的大小通常是 5×5，这里为简化计算，使用更为紧凑的 3×3 大小。F 是过滤器的首字母，w 右上角 F1 代表第一种卷积核，如图 9－27 所示。

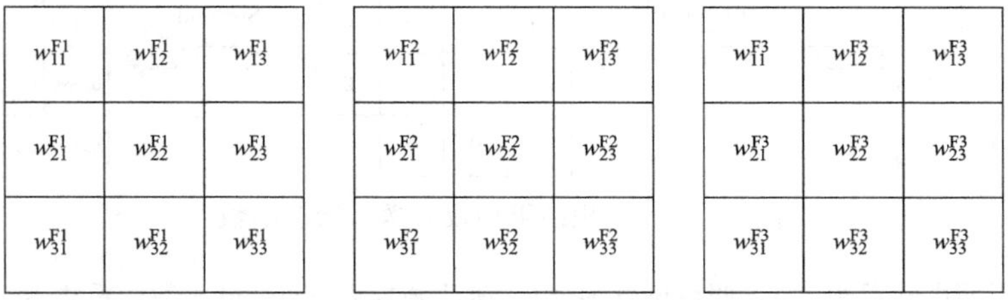

图 9－27　卷积核（过滤器）

通常会准备多种卷积核，以提取不同的特征。例如，对于手写数字识别，某一个卷积核提取横线特征，另一个卷积核提取竖线特征。当然实际要比这复杂得多，但基本原理都是一致的。这里以四种可提取不同特征的卷积核为例进行介绍，如图 9－28 所示。

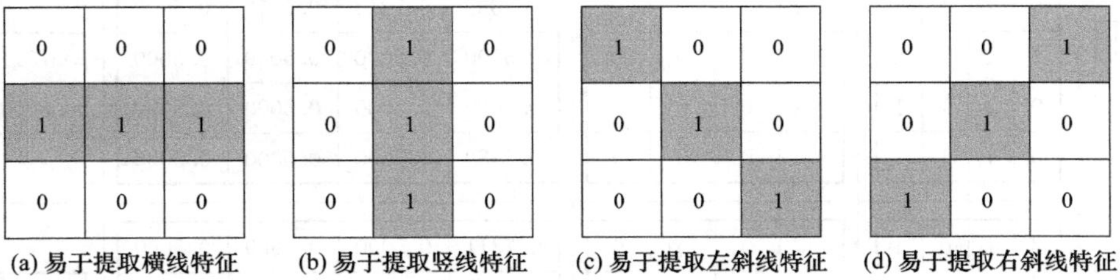

图 9－28　提取不同特征的卷积核

利用卷积核进行卷积处理，首先用图像第一个位置处的子图像，即左上角的子图像，和卷积核对应元素相乘，然后相加。卷积处理过程如图 9－29 所示。如果使用第一个卷积核，则有

$$net_{11}^{C1} = w_{11}^{F1} * x_{11} + w_{12}^{F1} * x_{12} + w_{13}^{F1} * x_{13} + \cdots + w_{32}^{F1} * x_{32} + w_{33}^{F1} * x_{33}$$

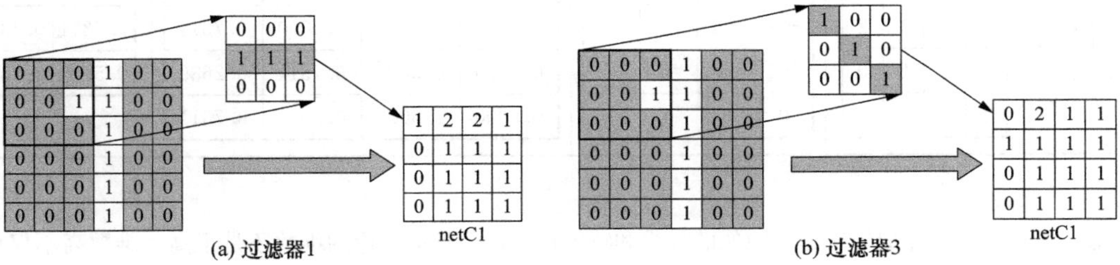

图 9－29　利用卷积核进行卷积处理

将输入层从左上角开始的 3×3 区域与卷积核的对应分量相乘，得到卷积值 C，依次滑动卷积核，得到卷积的结果。

经过卷积运算之后，图像尺寸变小了。我们也可以先对图像进行扩充（padding），例如在周边补 0，然后用尺寸扩大后的图像进行卷积，保证卷积结果图像和原图像尺寸相同。另外，在从上到下，从左到右滑动过程中，水平和垂直方向滑动的步长都是 1，我们也可以采用其他步长。

卷积运算显然是一个线性操作，而神经网络要拟合的是非线性的函数，与全连接网络类似，需要加上激活函数，常用的激活函数有 Sigmoid 函数、tanh 函数和 ReLU 函数等。

得到卷积的结果之后，将对应的卷积值加上偏置作为加权输入，送入激活函数，得到卷积层的最终输出，称为特征映射（Feature Mapping），如图 9-30 所示。

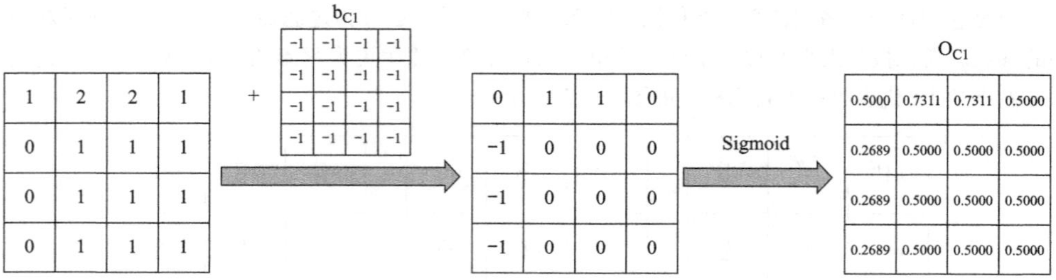

图 9-30　卷积结果加权后送入激活函数

例如，卷积层使用的卷积核 3，假设偏置为−1，激活函数为 Sigmoid 函数，重复上述各步骤，得到的对应三个图像的输出结果，见表 9-2。

表 9-2　　卷积层数据流程示例（过滤器 3）

原始图像	卷积结果	卷积结果加权	送入激活函数	最大值池化
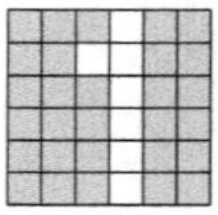	0 2 1 1 1 1 1 1 0 1 1 1 0 1 1 1	−1 1 0 0 0 0 0 0 −1 0 0 0 −1 0 0 0	0.2689 0.7311 0.5000 0.5000 0.5000 0.5000 0.5000 0.5000 0.2689 0.5000 0.5000 0.5000 0.2689 0.5000 0.5000 0.5000	0.7311 0.5000 0.5000 0.5000
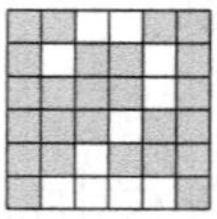	2 1 0 1 0 0 1 2 0 0 3 0 0 3 1 1	1 0 −1 0 −1 −1 0 1 −1 −1 2 −1 −1 2 0 0	0.7311 0.5000 0.2689 0.5000 0.2689 0.2689 0.5000 0.7311 0.2689 0.2689 0.8808 0.2689 0.2689 0.8808 0.5000 0.5000	0.7311 0.7311 0.8808 0.8808
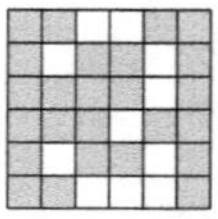	2 1 0 1 0 0 1 2 0 1 2 0 1 1 1 2	1 0 −1 0 −1 −1 0 1 −1 0 1 −1 0 0 0 1	0.7311 0.5000 0.2689 0.5000 0.2689 0.2689 0.5000 0.7311 0.2689 0.5000 0.7311 0.2689 0.5000 0.5000 0.5000 0.7311	0.7311 0.7311 0.5000 0.7311

3. 池化层

通过卷积操作，完成了对输入图像的降维和特征抽取，但特征图像的维数还是很高。维数高不仅计算耗时，而且容易导致过拟合。为此引入了下采样（pooling）技术，即池化操作。

池化的做法是对图像的某一个区域用一个值代替，如最大值或平均值。如果采用最大值，则为最大值（max）池化；如果采用均值，则为均值池化。除了降低图像尺寸之外，下采样的另外一个优点是平移、旋转不变性，因为输出值由图像的一片区域计算得到，对于平移和旋转并不敏感。

卷积神经网络中设置有用于压缩卷积层信息的池化层，如图 9 - 25 所示。把每一个 2×2 个神经单元压缩为 1 个神经单元，这些压缩后的神经单元，就构成了池化层。通过一次池化操作，卷积层的神经单元数量就缩减到原来的$\frac{1}{4}$。当然，也并非全部采用 2×2 大小的单元。

均值池化法和最大值池化法都可以完成下采样操作，前者是线性函数，而后者是非线性函数，一般情况下最大值池化有更好的效果，最大值池化操作如 9 - 31 所示。

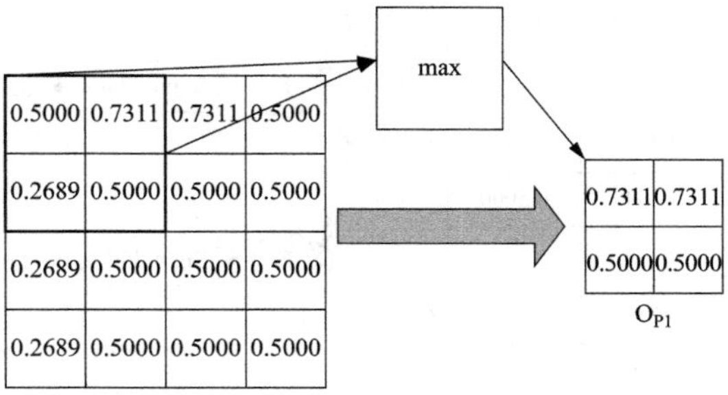

图 9 - 31　最大值池化后结果

实际应用中，会使用多种卷积核，来获取更多的特征。例如，如果使用 4 个不同的滤波器，则对应的每一个阿拉伯数字，能生成 4 个池化层，输出见表 9 - 3。

表 9 - 3　　池化层数据示例

原始图像 / 池化输出 / 卷积核	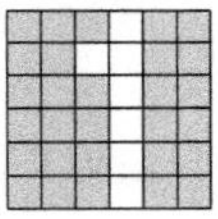	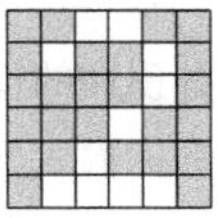	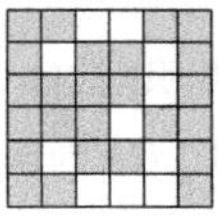
0 0 0 1 1 1 0 0 0	0.7311 0.7311 0.5000 0.5000	0.5000 0.5000 0.5000 0.5000	0.5000 0.5000 0.5000 0.5000
0 1 0 0 1 0 0 1 0	0.7311 0.8808 0.2689 0.8808	0.5000 0.7311 0.7311 0.7311	0.5000 0.7311 0.5000 0.7311
1 0 0 0 1 0 0 0 1	0.7311 0.7311 0.5000 0.5000	0.7311 0.7311 0.7311 0.5000	0.7311 0.7311 0.7311 0.7311
0 0 1 0 1 0 1 0 0	0.7311 0.5000 0.5000 0.5000	0.7311 0.7311 0.8808 0.8808	0.7311 0.7311 0.5000 0.7311

4. 全连接层

全连接层，是把多个池化层的输出连接在一起，构成全连接层。例如，对应上述数字 1 就是把第二列 4 个 2×2 池化输出连接构成 16×1 向量。

5. 输出层

为了识别手写数字 1、2、3，输出层设置 3 个神经单元，接收上一层即池化层的所有神经单元的输出，即全连接。如本例中，每个输出神经单元共有 16 个输入，共有 3 个神经单元，则共包含 4×4×3=48 个连接权值，如图 9-32 所示。

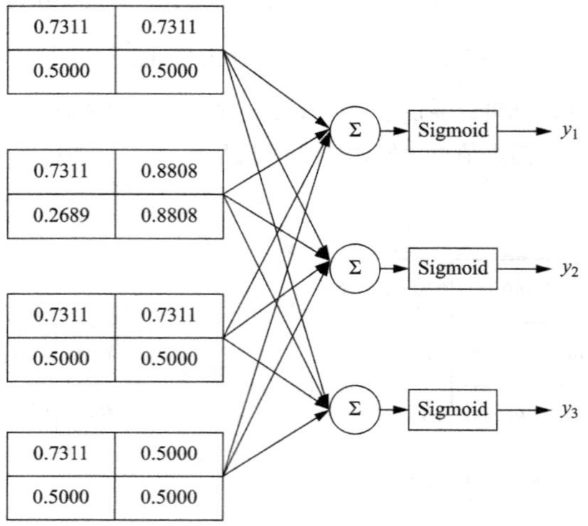

图 9-32　输出层

对于每个神经单元，加权输入为 $\boldsymbol{z}=\boldsymbol{w}^{\mathrm{T}}\boldsymbol{x}+b$，输出激活函数选择 Sigmoid 函数，则输出为

$$\hat{y}=\frac{1}{1+\mathrm{e}^{-z}}$$

6. 修正参数

对于卷积网络，获取输出之后，需要对预期的输出进行分析。

首先确定准则函数。输出的期望值如下：输入为数字 1 时，输出 $y_1=1$，$y_2=0$，$y_3=0$；输入为数字 2 时，输出 $y_1=0$，$y_2=1$，$y_3=0$；输入为数字 3 时，输出 $y_1=0$，$y_2=0$，$y_3=1$。

采用误差平方和准则函数，则有

$$J=\frac{1}{2}\sum_{i=1}^{N}[(y_1-\hat{y}_1)^2+(y_2-\hat{y}_2)^2+(y_3-\hat{y}_3)^2]$$

得到准则函数之后，依旧可以使用链式推导方式修正参数，BP 算法是其中之一，修正参数方式如图 9-33 所示。

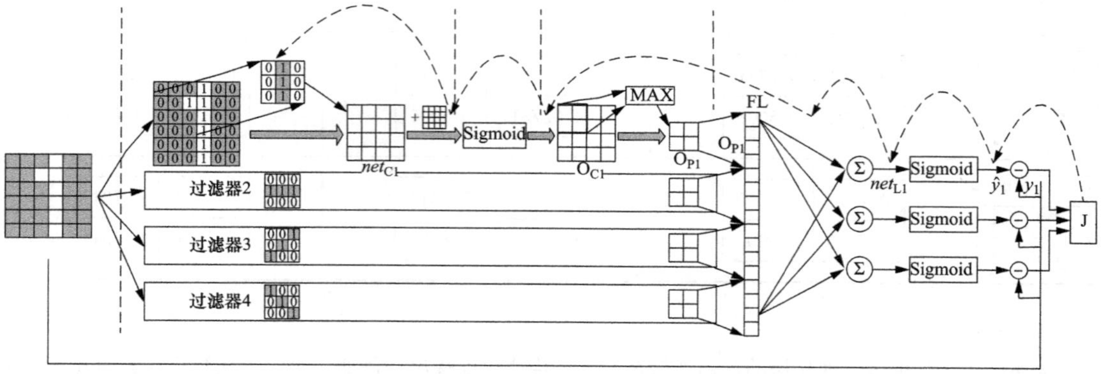

图 9-33　基于链式推导的 BP 修正参数方式

9.3.3 典型的卷积神经网络（LeNet）

LeNet是杨立昆（Yann LeCun）在1998年提出的，把卷积神经网络应用到深度学习中。图9-34所示为典型的卷积神经网络（LeNet）结构。

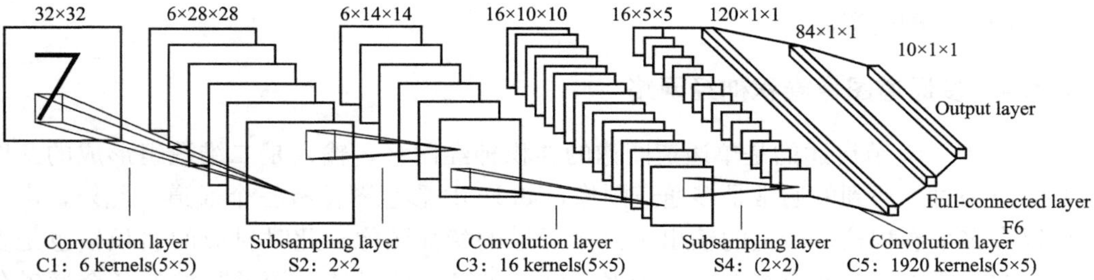

图9-34 典型的卷积神经网络（LeNet）结构

典型的卷积神经网络由卷积层、池化层、全连接层构成。LeNet网络的输入为灰度图像；由2个卷积层、2个池化层、3个全连接层组成，前面两个卷积层后面都有1个池化层；输出层有10个神经元，表示0～9这10个数字。

1. 第一层：数据输入层

卷积神经网络的强项在于图片的处理，LeNet的输入为32×32的矩阵图片，这里需要注意下述两点：

（1）数据的归一化。这里的归一化是广义的，不一定归一到[0，1]，但应是相同的一个区间范围。

（2）数据的去均值。如果样本有非零的均值，而且与测试部分的非零均值不一致，可能就会导致识别率的下降，去均值操作是为了增加系统的鲁棒性。

2. 第二层：卷积层C1

卷积层是卷积神经网络的核心，通过不同的卷积核，来获取图片的特征。卷积核相当于一个滤波器，不同的滤波器提取不同的特征。

3. 第三层：池化层S2

基本每个卷积层后边都会连接一个池化层，目的是降维。一般都将原来的卷积层的输出矩阵大小变为原来的一半，方便后边的运算。另外，池化层增加了系统的鲁棒性，把原来的准确描述变为了概略描述（原来矩阵大小为28×28，现在为14×14，必然有一部分信息丢失，一定程度上防止了过拟合）。

4. 第四层：卷积层C3

与卷积层C1类似，在前述的特征中进一步提取特征，对原样本进行更深层次的表达。

5. 第五层：池化层S4

与池化层S2类似。

6. 第六层：卷积层（全连接）C5

这里有120个卷积核，这里是全连接的。将矩阵卷积成一个数，方便后边网络进行判定。

7. 第七层：全连接层 F6

和 MLP 中的隐层一样，获得高维空间数据的表达。

8. 第八层：输出层

这里一般采用 RBF 网络，每个 RBF 的中心为每个类别的标志，网络输出越大，代表越不相似，输出的最小值即为网络的判别结果。

具体例程见配套资源。

9.3.4 多通道图像卷积神经网络

9.3.1～9.3.3 节讲述的是单通道图像的卷积神经网络，输入是二维数组形成的灰度图像。实际应用时，遇到的通常是多通道图像，如 RGB 彩色图像有三个通道。此外，由于每一层可以有多个卷积核，产生的输出也是多通道的特征图像，此时对应的卷积核也是多通道的。因此需要采用多通道图像卷积神经网络来处理具体做法是用卷积核的各个通道分别对输入图像的各个通道进行卷积，然后把对应位置处的像素值按照卷积核的各个通道累加。图 9－35 所示为一个简单的多通道图像卷积神经网络。

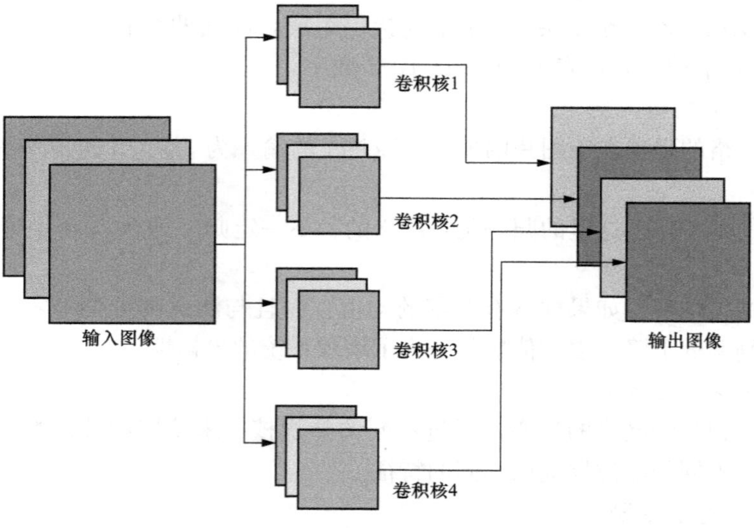

图 9－35　多通道图像卷积神经网络

图 9－35 中，输入图像是 3 通道的，对应的卷积核也是 3 通道的。在进行卷积操作时，分别用每个通道的卷积核对其所对应通道的图像进行卷积，然后将同一个位置处的各个通道值累加，得到一个单通道图像。图 9－35 中有 4 个卷积核，每个卷积核产生一个单通道的输出图像，4 个卷积核共产生 4 个通道的输出图像。

由于每一层允许有多个卷积核，卷积操作后输出多张特征图像，因此第 L 个卷积层的卷积核通道数必须和输入特征图像的通道数相同，即等于第 $L-1$ 个卷积层的卷积核的个数。

9.3.5 卷积神经网络的解释与分析

对卷积神经网络的理论解释和分析来自两个方面。第一个方面是从数学角度的分析，对网络的表示能力、映射特性的数学分析；第二个方面是卷积网络和动物视觉系统关系的研究，分析两者的关系有助于理解、设计更好的方法，同时也促进了神经科学的进步。

1. 数学特性

神经网络代表了人工智能中的连接主义思想，它是一种仿生的方法，被看作是对大脑神经系统的模拟。实现中，它又和大脑的结构不同。从数学角度看，多层神经网络本质上是一个复合函数。既然神经网络在本质上是一个复杂的复合函数，这会产生一个问题：这个函数的建模能力有多强？它能模拟什么样的目标函数？研究人员已经证明，只要激活函数选择得当，神经元个数足够多，使用三层即包含一个隐层的神经网络就可以实现对任何一个从输入向量到输出向量的连续映射函数的逼近，这个结论称为万能逼近（universal approximation）定理。

万能逼近定理可以逼近定义在单位立方体空间中的任何一个连续函数到任意指定的精确度。这一结论和多项式逼近类似，后者利用多项式函数来逼近任何连续函数到任何精确度。这个定理的意义在于，从理论上保证了神经网络的拟合能力。

卷积神经网络本质上是权重共享的全连接神经网络，因此万能逼近定理对它是适用的。但卷积网络的卷积层、池化层又具有其他特性。从数学的角度来看，卷积神经网络可以看作是用一组级联的线性加权滤波器和非线性函数对数据进行散射。卷积神经网络的卷积操作分为两步：第一步是线性变换；第二步是激活函数变换。第一步可以看成是将数据线性投影到更低维的空间；第二步是对数据的压缩非线性变换。

神经网络的万能逼近定理只是一个理论结果，具体实现时还会面临许多问题，例如：神经网络需要多少层？每层要多少个神经元？这些问题只能通过实验和经验来确定，以保证效果。另外一个问题是训练样本，要拟合出一个复杂的函数需要大量的训练样本，而且会面临过拟合的问题，这些工程实现的细节也至关重要。卷积神经网络在 1989 年就已经出现了，却直到 2012 年才取得成功，原因有下述几点：

（1）训练样本数量的限制。早期的训练样本非常少，没有大规模采集，不足以训练出一个复杂的卷积网络。

（2）计算能力的限制。20 世纪 90 年代的计算机能力太弱，没有 GPU 这样的高性能计算技术，要训练一个复杂的神经网络不现实。

（3）算法本身的问题。神经网络长期以来存在梯度消失的问题，由于反向传播时每一层都要乘上激活函数的导数值，如果这个导数的绝对值小于 1，次数多了之后梯度很快趋近于 0，使得前面的层无法得到更新。

AlexNet 网络的规模，尤其是层数比之前的网络更深，但使用 ReLU 作为激活函数，抛弃了 Sigmoid 和 tanh 函数，一定程度上缓解了梯度消失问题；加上 Dropout 机制，减轻了过拟合问题。这些技术上的改进，加上 ImageNet 这样的大样本集，以及 GPU 的计算能力，保证了 AlexNet 的成功。研究表明：加大网络的层数、参数数量，能够明显地增加网络的精确度。

2. 卷积神经网络与视觉神经科学

卷积神经网络通过卷积和池化操作自动学习图像在各个层次上的特征，这符合人类理解图像的常识。人类在认知图像时是分层抽象的，首先理解的是颜色和亮度，然后是边缘、角点、直线等局部细节特征，接下来是纹理、几何形状等更复杂的信息和结构，最后形成整个物体的概念。

视觉神经科学（Visual Neuroscience）对视觉机理的研究验证了这一结论，动物大脑的视觉皮层具有分层结构。眼睛将看到的景象成像在视网膜上，视网膜把光学信号转换成电信号，传递到大脑的视觉皮层（Visual Cortex），视觉皮层是大脑中负责处理视觉信号的部分。1959 年，大卫（David）和威塞尔（Wiesel）进行了一次实验，他们在猫的大脑初级视觉皮层内插入电极，在猫的眼前展示各种形状、空间位置、角度的光带，然后测量猫大脑神经元释放出的电信号。实验发现，当光带处于某一位置和角度时，电信号最为强烈；不同的神经元对各种空间位置和方向偏好不同。这一成果后来让他们获得了诺贝尔奖。

目前已经证明，视觉皮层具有层次结构，如图 9－36 所示。从视网膜传来的信号首先到达初级视觉皮层（Primary Visual Cortex），即 V1 皮层。V1 皮层简单神经元对一些细节、特定方向的图像信号敏感。V1 皮层处理之后，将信号传导到 V2 皮层。V2 皮层将边缘和轮廓信息表示成简单形状，然后由对颜色信息敏感的 V4 皮层神经元进行处理。复杂物体最终在下颞叶皮层（Inferior Temporal Cortex，IT 皮层）被表示出来。

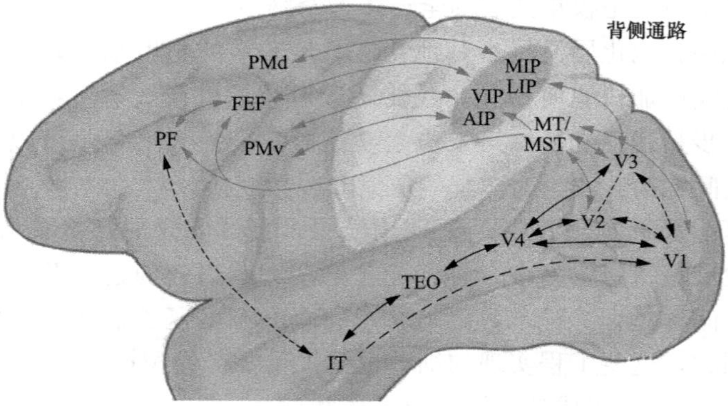

图 9－36　视觉皮层结构

卷积神经网络可以看成是上述机制的简单模仿。它由多个卷积层构成，每个卷积层包含多个卷积核，用这些卷积核从左向右、从上往下依次扫描整个图像，得到称为特征图（Feature Map）的输出数据。网络前面的卷积层捕捉图像局部、细节信息，有小的感受野，即输出图像的每个像素只利用输入图像很小的一个范围。后面的卷积层感受野逐层加大，用于捕获图像更复杂，更抽象的信息。经过多个卷积层的运算，最后得到图像在各个不同尺度的抽象表示。

9.4　计算机视觉

9.4.1　深度神经网络与计算机视觉

卷积神经网络与人脑视觉系统的关系对于卷积神经网络的解释和设计有重要的意义，这涉及两个方面的问题。第一个问题是深度卷积神经网络是否能够取得和人脑视觉系统相似的性能，这涉及二者能力的对比。第二个问题是二者在结构上是否具有一致性，这是从系统结构上分析二者的关系。从更深层来看，这些问题也是人工智能无法回避的问题。很多人都会有一个疑问：我们是否要理解了大脑的工作机理才能实现出和它相当的人工智能？这个问题的答案有两种观点。第一种观点认为，必须先弄清楚大脑的原理，才能研制出和它功能相当的人工智能。第二种观点认为，即使没有弄清大脑的工作原理，也能研制出和它能力相当的人工智能。一个典型例子就是飞机的发明过程。长期以来，人们希望通过仿照鸟的飞行方式来制造飞机，即扇动翅膀，结果均以失败告终。而螺旋桨的使用，使得采用另外一种方法也能让飞机飞起来。后面出现的喷气发动机甚至让我们突破了音速，远比鸟强大，如图 9－37 所示。事实上，大脑可能不是实现和它具有同等功能的智能的唯一方案。

(a) 鸟类　　(b) 螺旋桨飞机　　(c) 喷气式飞机

图 9－37　智能与人工智能

人脑的视觉神经系统在物体样例变化、几何变换、背景变化的情况下仍然可以达到很高的识别性能，这主要归功于下颞叶皮层，简称 IT 皮层的表示能力。通过深度卷积神经网络训练的模型，在物体识别问题上同样达到了很高的性能。分析结果表明，深度神经网络在视觉目标识别任务上的性能可以达到大脑 IT 皮层的表示能力。

目前对深度神经网络工作机理、理论的研究还不完善，脑科学的研究还处于比较低级的阶段。相信在未来通过人类不断的努力，能够更清楚地理解大脑的工作机理，也能够设计出功能更强大的神经网络。

计算机视觉是深度学习技术最先取得突破的领域，也是应用最广泛的领域。在 AlexNet 出现之后，卷积神经网络很快被用于机器视觉里的各种任务中，包括通用目标检测、行人检测、人脸检测、人脸识别、图像语义分割、边缘检测、目标跟踪、视频分类等各种问题，都取得了成功。

自然语言处理领域大多数的问题都是时间序列问题，这是循环神经网络擅长处理的问题。但对于有些问题，使用卷积神经网络也能进行建模并且得到了很好的结果，典型的是文本分类和机器翻译。除此之外，卷积神经网络在语音识别、计算机图形学等其他方向也有应用。

9.4.2　深度学习网络 AlexNet

AlexNet 是 2012 年 ImageNet 竞赛冠军获得者辛顿（Hinton）和他的学生亚历克斯·克里切夫斯基（Alex Krizhevsky）设计的。在此之后，研究人员提出了更多的更深的神经网络，如 VGGNet、GoogleNet、ResNet。AlexNet 的官方提供的数据模型准确率达到 57.1%，top-5 精度达到 80.2%。对于传统的机器学习分类算法而言，AlexNet 已经相当地出色。亚历克斯·克里切夫斯基（Alex Krizhevsky）、伊利亚·苏茨克沃（Ilya Sutskever）、杰弗里·辛顿（Geoffrey E. Hinton）发表论文《深度卷积神经网络的 ImageNet 分类》

(*ImageNet Classification with Deep Convolutional Neural Networks*)，这篇论文是深度学习这种机器学习的方法征服计算机视觉领域的开山之作。该文所述的网络结构被称为 AlexNet，这种网络结构示意图如图 9－38 所示。

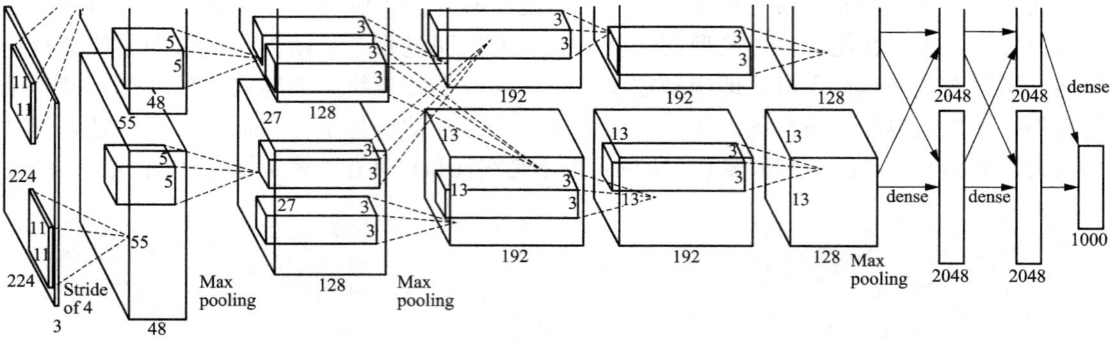

图 9－38　AlexNet 结构示意图

因为当时的 GPU 计算力有限，所以用了两块 GPU，型号为 GTX 580。AlexNet 精简版的结构如图 9－39 所示。

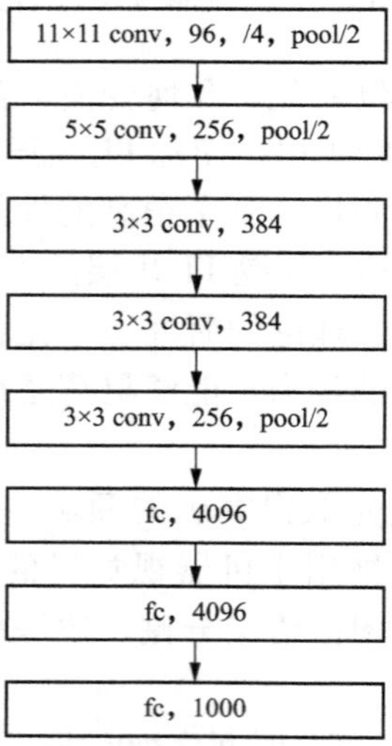

图 9－39　AlexNet 精简版的结构

AlexNet 共有 8 层，有 60MB 以上的参数量。前 5 层为卷积层（convolutional layer），后 3 层为全连接层（fully connected layer）。最后一个全连接层输出具有 1000 个输出的 softmax，softmax 就是多类的逻辑回归。AlexNet 结构详细参数如图 9－40 所示。

（1）第一层：

1）输入图片为 224×224×3（学界普遍认为应该是 227×227×3），表示长宽都是 224 个像素，RGB 彩色图通道为 3 通道，所以要乘以 3。

2）然后采用了 96 个 11×11×3 的卷积核。在 Stride 为 4 的设置下，对输入图像进行卷积操作。经过卷积操作后，输出成为 55×55×96 的 data map。这 3 个数字的由来为：$(227-11)/4+1=55$，96 是卷积核的个数。

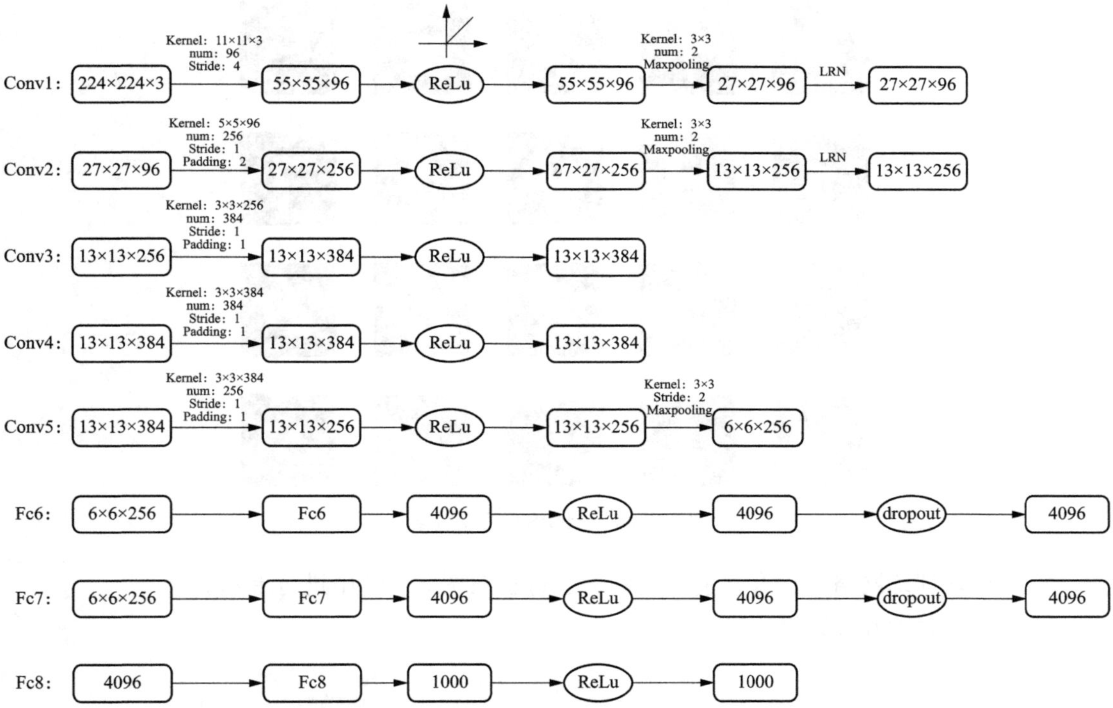

图 9 - 40　AlexNet 的结构详细参数

3）然后经过激活函数 ReLu，再进行池化操作（pooling）：卷积核的大小为 3×3，步长 Stride 为 2，所以池化后的输出为 27×27×96。其中，(55−3)/ 2+1=27，96 是卷积核的个数。

4）LRN，局部响应归一化。

（2）第二到第五层：计算过程与第一层类似。

（3）第六、七层为全连接层：全连接层其实就是一个矩阵运算，完成一个空间上的映射。输入为 6×6×256，可以看成一个维度为 9216(6×6×256) 的列向量 X 和参数矩阵 W 相乘，参数矩阵 W 设置为 4096×9216，最后全连接层的输出就是矩阵相乘 $Y=W\cdot X$，得 4096×1 的矩阵。

（4）第八层：输出为 1000×1 的矩阵，即维度为 1000 的一个列向量，对应 softmax regression 的 1000 个标签。

9.4.3　AlexNet 用于 MNIST 手写数据集识别

用 AlexNet 对 MNIST 手写数据集识别程序见配套资源。

第一步，加载数据，所使用的函数为 imageDatastore 函数。

第二步，从数据集中展示部分图像，如图 9 - 41 所示。

第三步，搭建所需要的深度神经网络 AlexNet。

第四步，指定训练参数，使用具有动量的随机梯度下降（SGDM）训练网络，初始学习率为 0.01，最大训练轮数设置为 10。

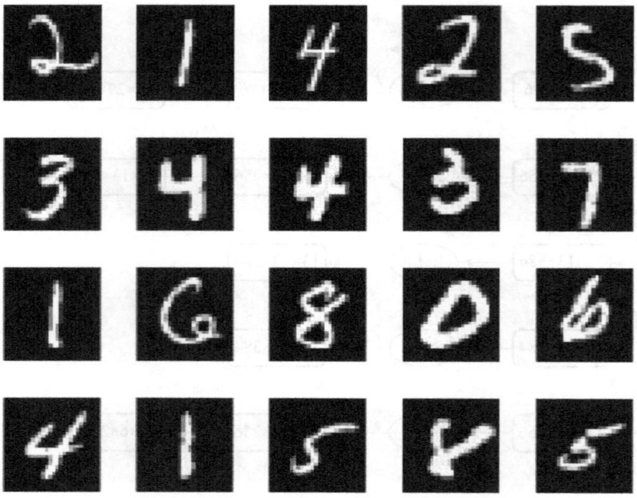

图 9－41　MNIST 手写数字

第五步，训练网络并保存，前五轮的训练过程在图 9－42 中进行展示。

第六步，验证并计算准确度。

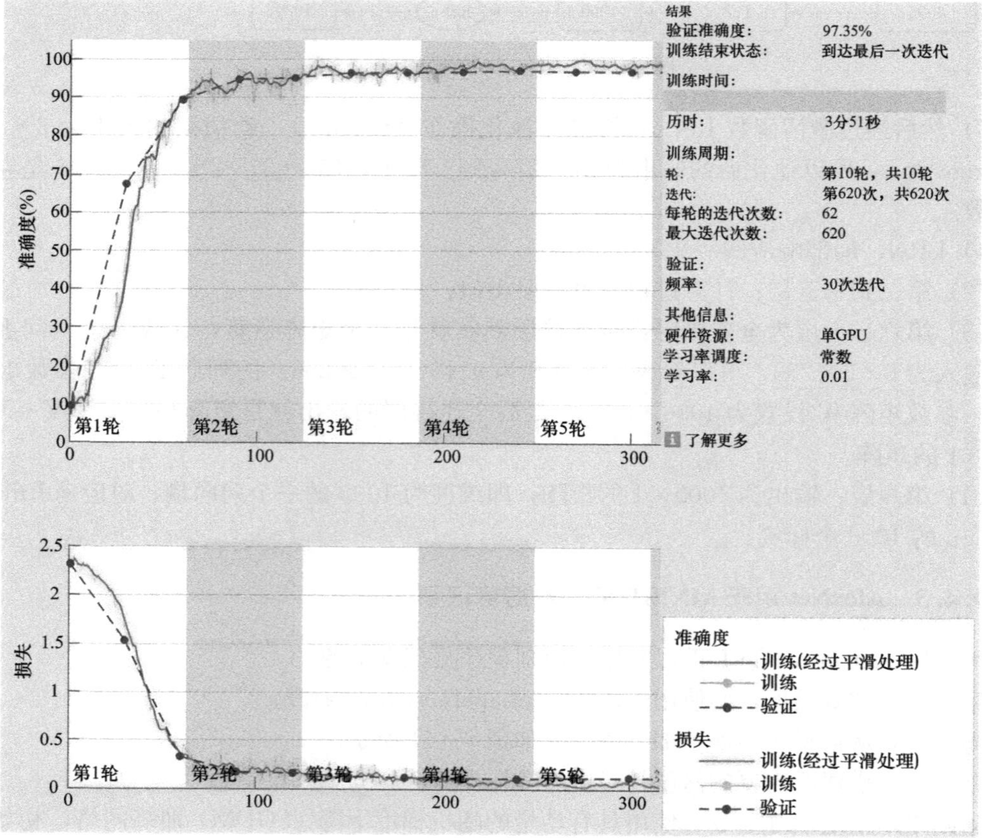

图 9－42　AlexNet 训练过程

9.5 电力视觉技术

计算机视觉是目前人工智能领域最为活跃的子领域之一，在人脸识别、医学图像识别、无人驾驶等领域取得了大量的研究成果，并将其广泛应用在自动驾驶、医学、零售、制造、军事、遥感和公共安全等领域。随着计算机视觉技术的发展，研究者也在电力行业中开展了研究及应用工作。

20 世纪出现的大规模电力系统是人类工程科学史上最重要的成就之一，电力工业作为国民经济发展中重要的能源产业，与人们的日常生活、社会稳定密切相关。在电力生产过程中，设备及作业过程的状态监测对于安全性有着重要的作用，需要及时对电力设备及作业过程进行状态监测。常规的电力设备及作业过程状态监测一般采用人工巡检的方式，这种方式简单有效，是电力安全监测必不可少的环节。视觉巡检是日常巡检的主要工作内容，但是常规的人工视觉巡检方式存在许多问题：

（1）巡检人员的安全难以保证。需要进行巡检的电力设备一般都是带电设备，且电压等级比较高。一旦巡检人员发生安全事故，无法进行及时有效的处理。

（2）人工巡检的效率低下。采用人工的方式进行设备巡检，需要对电力设备进行逐步的排查，巡检人员的工作强度较大，如果遇上恶劣天气更加影响工作效率。

（3）易出现故障漏检且无法进行实时监测。由于人工视觉巡检主要通过肉眼来判断，主观性较强，容易出现漏检问题；同时户外环境恶劣，设备随时有故障隐患的发生，日常定时巡视会导致缺陷无法及时发现。

因此，人工视觉巡检方式的信息化智能化程度低且工作量繁重，需要采用人工智能技术进行辅助或替代工作。

9.5.1 概述

电力人工智能是人工智能的相关理论、技术和方法与电力系统的物理规律、技术与知识融合形成的电力“专用人工智能”。在电力人工智能的框架下，提出电力视觉技术概念。电力视觉技术是一种利用机器学习、模式识别、数字图像处理等方法，结合电力行业领域知识解决电力系统各环节中视觉问题的电力人工智能技术。

电力视觉技术是计算机视觉技术在电力行业中的研究及应用，主要研究如何将计算机视觉技术与电力工业特点相结合，研究如何将人工肉眼进行的视觉检查方式用计算机视觉技术进行辅助或替代工作，并进行实际的算法实现与系统应用。电力视觉技术针对电力工业的应用场景，面向新一代电力系统发展的需求，涵盖“发输变配用”各个环节；结合电力行业领域知识，探索将计算机视觉用于电力工业场景的方法，形成与行业领域相结合的专用计算机视觉技术；从模型设计、算法选择、场景应用几个方面进行研究与实践，以解决电力系统各环节中视觉问题。电力视觉技术框架如图 9－43 所示。重点场景包括架空输配电线路、变电站、开关站、光伏电站、风电场、火力发电厂、核电厂、水电站、垃圾电站等。电力视觉涉及多种关键技术，包括目标识别、目标检测、目标分割、目标跟踪、模型压缩、边缘计算等。

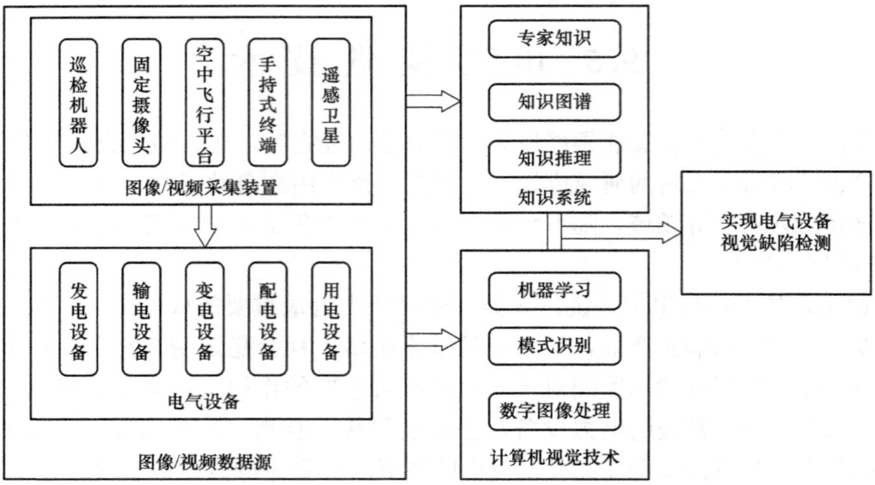

图 9-43　电力视觉技术框架

9.5.2　应用范围

总体上看，电力视觉技术在输电线路检测方面的研究和应用较多（见图 9-44），重点在于航拍图像的智能处理，这源于电网企业急需解决繁重的人工巡检问题。近些年迅速推广使用无人机巡检模式，尤其是多旋翼无人机技术的发展，使得各电网企业能够在较快的时间内大范围地推广无人机巡检方式。在无人机搭载摄像头进行巡检工作之后，海量的航拍图像汇集于各电网企业，为当前以深度学习算法为代表的目标检测技术提供了海量的数据集，输电线路图像又具有图像目标分类较明确、目标形态较规范等特点，因此，其他领域行之有效的目标检测算法则能很快地移植应用到这里，算力问题则采用配置大量 GPU 服务器的方法来解决。数据、算法、算力这三个条件实现后，航拍图像目标及缺陷检测则成为电力视觉研究及应用最为火热的细分领域。

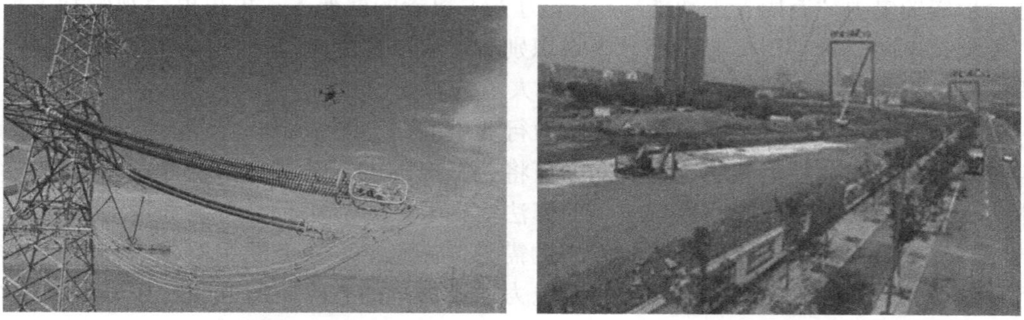

(a) 场景一　　(b) 场景二

图 9-44　电力视觉在输电线路中的应用场景

变电环节，电力视觉技术主要结合巡检机器人和在线监测系统的应用，如图 9-45 所示。一方面，变电站巡检的工作任务和工作强度不及输电线路巡检，用户需求没有那样强烈；另一方面，结合巡检机器人方式的巡检硬件价格比较高，配置巡检机器人的覆盖面和数量远不如旋翼无人机。因此，从数据量来看，电力视觉技术在变电环节应用获取的数据量不及输电环节。从目标识别和缺陷检测角度来看，变电站的设备及部件种类繁多，缺陷的类型也更加复杂；变电站设备和部件的缺陷产生的原因和表象更加复杂，缺陷图像数量更少，缺陷分析需要更全面的电力行业领域知识，这也增加了计算机视觉技术的应用难度。电力视觉技术在变电环节的研究和应用有待加强，需要开发更多的结合行业知识特点的计算机视觉算法。

(a) 场景一

(b) 场景二

图 9－45　电力视觉技术在变电站中的应用场景

发电环节，电力视觉技术应用则更加分散，原因在于发电行业的视觉检测场景较少，更多的监测通过丰富的传感器来完成，包括温度、压力、振动、声音等，大量布置于发电设备本体上的传感器基本能够完成生产环节的安全监测，这一点和电网系统不太一样。电网系统的区域更广，需要视觉观测的场景更多；而发电环节设备相对集中，视觉观测主要集中于现场表计数据的读取等，设备外观缺陷较少，因此，计算机视觉技术在发电环节的应用较少。一方面，随着巡检机器人的推广，以及各类检修机器人的研发，计算机视觉技术将更多地应用于机器人的视觉定位和目标检测。另一方面，随着新能源发电技术的发展，近年来，光伏、风电已成为国内新增发电装机的主体力量，光伏、风电企业有大量的智能巡检业务需求，成为电力视觉技术研究及应用的重要领域，如图 9－46 所示。

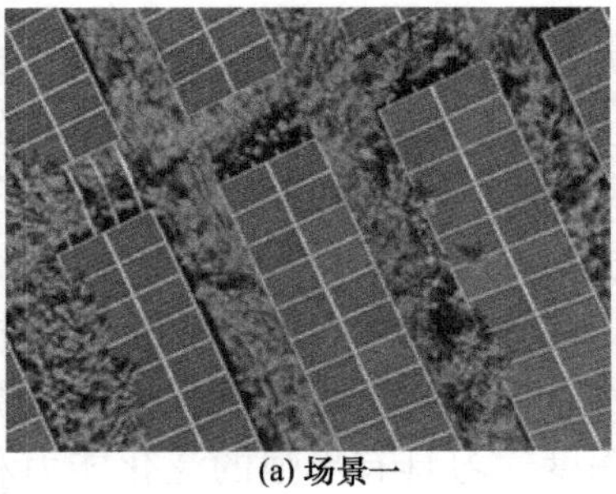

(a) 场景一

(b) 场景二

图 9－46　电力视觉技术在新能源发电中的应用场景

9.5.3　任务划分

电力视觉技术具体的研究内容主要包括图像/视频获取，预处理，数据库与知识库构建，目标识别、检测、分割，缺陷分析与解释等。研究目的是实现对电气设备表面缺陷的视觉检测及作业过程的风险辨识，保障电力生产安全运行。电力视觉任务可以按照处理的智能强度从低到高进行层次划分。低级处理包括图像/视频的获取和预处理，中级处理包括目标识别、检测、分割，高级处理包括缺陷分析与解释。图 9－47 所示为电力视觉技术的任务层次划分。

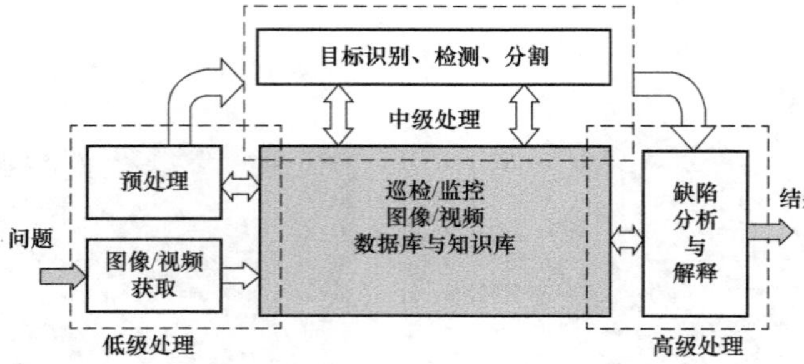

图 9－47　电力视觉技术的任务层次划分

电力视觉技术研究的基础为巡检（或监控）图像（或视频）构成的数据库，以及专家知识构成的知识库。采集到的图像（或视频）经过预处理之后进行目标识别、检测、分割，得到部件及缺陷的检测结果，并与知识库结合，形成最终的缺陷分析与解释。

通过不同的方式进行图像/视频获取，包括输配电线路的无人机巡线、变电站的移动机器人巡检、变电设备的固定视频监控、发电厂移动平台检测、作业过程布控球与执法仪监测、输配线路和变电站的卫星遥感监测等，可产生海量多源图像视频大数据。

目标识别、检测、分割，以深度学习算法为主要方法，针对不同的应用场景，选择不同的目标识别、检测和分割模型，实现对部件及缺陷的检测。

缺陷分析与处理是通过协调数据驱动和模型驱动，结合先验知识与逻辑推理，形成缺陷分析与解释的最终结果。

9.5.4　常用模型

早期基于图像处理和特征工程的视觉缺陷检测方法对图像质量的要求较高，无法真正应用于现实复杂的电力行业视觉检测环境；随着深度学习的兴起，基于深度学习的检测模型可以有效地将部件目标及缺陷从复杂的图像中提取出来，既节省了人工设计特征的时间，又可以在性能上显著提升，因此逐渐成为主流研究方法。

相较于基于数字图像处理的目标检测方法而言，基于深度学习的计算机视觉技术最大的优点在于目标检测准确度高。同时还有许多其他优点：深度学习可以从原始数据中自主提取多层次多角度的特征而不需要人工提取特征；深度学习具有更强的泛化能力和表达能力，即具有平移不变性；深度学习技术能够处理复杂背景下的目标检测，虽然复杂环境对于基于深度学习的目标检测模型有不可忽略的影响，但是依然比传统方法更适应于复杂多变的现实环境。因此，基于深度学习的目标检测模型是目前处理电力巡检图像/视频的最优选择。

9.5.5 研究重点

目前，电力视觉技术在研究中存在以下难点问题，也是研究重点。

（1）电气设备所处的室外和室内环境复杂，获取的图像/视频背景复杂，不易分辨视觉研究对象和背景；

（2）无人机、机器人等获取的图像/视频中存在较多干扰因素，如光照、遮挡、尺度及旋转等；

（3）视觉研究对象多种多样，其中存在较难判别的相似目标，同种目标的缺陷由于其不规则性（形状、颜色、纹理或其他属性等）难以进行特征表达；

（4）对于小样本、小尺度缺陷的检测在理论和应用上的研究还远远不够；

（5）目标检测模型只专注直观感知类问题，存在泛化能力弱、解释性差、没有推理能力、过拟合等问题，对电力部件语义及结构关系等知识利用不足；

（6）需要将电力行业知识与现有的检测模型相结合，构建基于数据和知识双驱动的人工智能模型；

（7）电力生产作业过程复杂，安全风险蕴含在作业人员-电气设备-环境等多元交互过程中，如何从复杂的动态作业过程影像中进行风险研判是进一步的研究重点。

9.5.6 电力视觉技术展望

（1）从数据预处理层面来看，针对电力视觉检测中缺陷样本不足，或出现新的缺陷等问题，少样本或零样本学习方法是一个值得尝试的解决途径；针对训练样本不平衡问题，生成式对抗网络、扩散模型等方法作为样本扩增方式，可以为该问题提供解决思路，具有研究及应用价值。此外，解决缺陷样本不足和样本不平衡的问题，也可以采用平行视觉及平行图像方法。

（2）从视觉检测算法层面来看，只采用基于数据的视觉技术不能很好地解决电力部件缺陷检测问题。为了应对未来应用中的难点视觉问题，必须结合电力行业的领域知识。例如，把电力领域知识经验形成知识图谱，引入机器学习算法，利用知识与数据双驱动方式来解决电力视觉检测中的难点问题。为了更好地进行缺陷分析与解释，还需要高层常识知识的推理。所以，通过深入研究电力部件与其缺陷的属性、结构、关联规则、因果关系来完成视觉推理，是视觉检测技术能满足电力生产需求的精度与效率的有益尝试。

（3）从电力行业专有知识的提取方面来看，仅仅利用通用目标检测算法难以有效解决电力视觉检测的特殊性和突出性问题，这类问题集中在如何有效地对部件间复杂关系的建模上。电力设备各部件存在大量复杂的专业性知识，并决定其缺陷的判断，常常表现为部件与背景的关系、部件与部件的关系、缺陷与背景的关系、缺陷与部件的关系。可以通过对部件间关系构建出符合故障判定标准的缺陷检测模型，从模型自动知识学习和外部专家知识指导两种思想开展研究，主要涉及缺陷知识的自动提取、各部件位置和标签之间的关系聚类、输电线路部件缺陷知识图谱的构建等方法。

（4）从本地工程应用层面来看，电力视觉技术和边缘智能彼此赋能催生出电力视觉边缘智能新范式，即通过边缘智能对电力视觉影像进行处理，在更靠近感知终端处完成视觉影像的分析和计算，是一种新型的电力视觉计算模式。通过在无人机、机器人和摄像头等智能感知终端上搭载边缘计算装置，或者利用附近的边缘服务器计算资源，对智能终端感知的视觉影像数据进行实时地分析和处理，从而快速检测出巡检视觉影像中存在的设备缺陷，对识别出缺陷的电力设备及时报警，并将识别的结果和部分视觉影像上传至云计算中心。

（5）从场景落地应用角度来看，以无人机、机器人、固定视频监控、安全管控球、执法仪、智慧安全帽采集的多源影像为基础，通过机器视觉、图表示学习和风险性分析等技术手段，挖掘工业生产中人、工器具、设备、环境和专业性作业等之间的关联关系，借助面向生产安全知识的知识图谱及高层图像理解技术，揭示和描述工业生产外在安全风险的特征属性，实现对电力生产运维过程中输变电设备、作业安全风险及潜在隐患的存在性分析及智能化解译。另外，依据电力领域的场景特殊性，制定电力视觉场景专用的算法性能评价体系，开发标准的算法性能测试工具，将会是电力视觉技术落地应用的关键。

习　题

编程实践：MINIST 数字识别。

使用卷积神经网络进行 MINIST 数字识别，并与课程讲授的其他方法进行比较，包括：①以各类平均值为类中心的最小距离法；② k 近邻法；③BP 神经网络；④支持向量机，等等，对识别结果进行分析。

参 考 文 献

[1] 张学工，汪小我. 模式识别（模式识别与机器学习）[M]. 4版. 北京：清华大学出版社，2021.
[2] 张学工. 模式识别 [M]. 3版. 北京：清华大学出版社，2010.
[3] 杨光正，吴岷，张晓莉. 模式识别 [M]. 合肥：中国科学技术大学出版社，2001.
[4] 周志华. 机器学习 [M]. 北京：清华大学出版社，2016.
[5] 西奥多里蒂斯，库特龙巴斯. 模式识别 [M]. 4版. 李晶皎，王爱侠，王骄，等译. 北京：电子工业出版社，2010.
[6] 汪增福. 模式识别 [M]. 合肥：中国科学技术大学出版社，2010.
[7] 杨淑莹，张桦. 模式识别与智能计算—MATLAB技术实现 [M]. 3版. 北京：电子工业出版社，2015.
[8] 涌井良幸，涌井贞美. 深度学习的数学 [M]. 杨瑞龙，译. 北京：人民邮电出版社，2020.
[9] 齐敏，李大健，郝重阳. 模式识别导论 [M]. 北京：清华大学出版社，2009.
[10] 孙即祥. 现代模式识别 [M]. 北京：高等教育出版社，2008.
[11] 翟永杰. 基于支持向量机的故障智能诊断方法研究 [D]. 保定：华北电力大学，2004.
[12] 赵振兵，翟永杰，张珂，等. 电力视觉技术 [M]. 北京：中国电力出版社，2020.